全国一级建造师执业资格考试红宝书

市政公用工程管理与实务

历年真题解析及预测

2022 版

主　编　左红军

副主编　丁　雷

主　审　胡宗强　陈　明

机械工业出版社

本书以历年一级建造师、二级建造师真题为载体，以现行法律法规、标准规范为依据，通过对经典真题的解析，在突出答题技巧的同时，兼顾知识体系框架的建立，使考生能够快速掌握命题的趋势和方向，抓住应试要点，达到融会贯通的目的。

针对难度比较大的题目，对解题思路进行了梳理，解决了考生无从下手的难题，让考生答题思路更加清晰。针对争议比较大的题目，在解析中也进行了提示，对此类题目，考生不必纠结对错，主要是掌握和了解解题思路，拓展对知识点的掌握。

本书将采分点以分值的形式在对应的答案后标出，方便考生规范答题、紧扣采分点，解决考生长篇大论却不得分的问题。在做案例分析题时，一定要注意字要少，突出关键词；点要多，完全覆盖有可能得分的点，这样才能拿到尽可能多的分值。

本书适用于参加全国一级建造师执业资格考试的考生，同时可作为二级建造师、监理工程师、造价工程师执（职）业资格考试的重要参考资料。

图书在版编目（CIP）数据

市政公用工程管理与实务：历年真题解析及预测：2022 版/左红军主编. —2 版. —北京：机械工业出版社，2021. 12
全国一级建造师执业资格考试红宝书
ISBN 978-7-111-69920-0

Ⅰ. ①市… Ⅱ. ①左… Ⅲ. ①市政工程 – 工程管理 – 资格考试 – 题解 Ⅳ. ①TU99-44

中国版本图书馆 CIP 数据核字（2021）第 261703 号

机械工业出版社（北京市百万庄大街 22 号 邮政编码 100037）
策划编辑：何月秋 王春雨 责任编辑：何月秋 王春雨 李含杨
责任校对：张亚楠 张 薇 封面设计：马精明
责任印制：单爱军
河北鑫兆源印刷有限公司印刷
2022 年 1 月第 2 版第 1 次印刷
184mm×260mm · 20. 25 印张 · 502 千字
0001—4000 册
标准书号：ISBN 978-7-111-69920-0
定价：69.00 元

电话服务　　　　　　　　网络服务
客服电话：010-88361066　机 工 官 网：www.cmpbook.com
　　　　　010-88379833　机 工 官 博：weibo. com/cmp1952
　　　　　010-68326294　金 书 网：www.golden-book.com
封底无防伪标均为盗版　机工教育服务网：www.cmpedu.com

本书编审委员会

主　　编　左红军

副 主 编　丁　雷

主　　审　胡宗强　陈　明

编写人员　左红军　　丁　雷　　朱思思　　刘丽平　　丘炉锋　　王　雄

　　　　　陶秀霞　　戴庆黎　　樊生利　　宋　姗　　刘洪江　　潘龙基

　　　　　张瑞峰　　项　届　　李成富　　秦欢欢　　尹　涛　　孙　雪

　　　　　唐　源　　徐　盼　　赵　乾　　刘俊良　　赖　琦　　陈晓玲

　　　　　董宪闯　　陈　思　　丁　红　　周　鹏　　江　超　　曹丽霞

　　　　　苏世意　　何兴华　　苟国朋　　屈　爽　　毕　琳　　邬　红

　　　　　赵月嫦　　姜克寒　　黎汉君　　郭红艳　　戈　如　　孔维松

　　　　　郁　犇　　江永梅　　李庆荣　　李晓敏　　徐春平　　李嘉欣

　　　　　马艳华　　陈广东　　孔　跃　　吴松平

前　言

——通关必读

历年真题是市政公用工程管理与实务考试科目命题的风向标，也是考生顺利通过 96 分的"生命线"。在搭建框架、锁定题型、填充细节三部曲之后，对历年真题精练 5 遍，96 分就会指日可待。所以，历年真题解析是考生应试的必备资料。

本书严格按照现行的法律、法规、部门规章和标准规范的要求，针对 2004—2021 年的真题以框架体系的形式进行解析，从根源上解决了"会干不会考，考场得分少"的应试通病。本书的主要内容概括如下：

一、客观试题

1. 单项选择题（20 分）

（1）规则：4 个备选项中，只有 1 个备选项最符合题意。

（2）要求：在考场上，题干读 3 遍，细想 3 秒钟，看全备选项。

（3）例外：没有复习到的考点先放行，可能案例部分对其会有提示。

（4）图形：没有复习到的图形题目，应如何确定备选项？

（5）综合：没有复习到的"关于……表述正确的是（　　）"，应如何确定备选项？

2. 多项选择题（20 分）

（1）规则：多项选择题的程序规则是①至少有 2 个备选项是正确的；②至少有 1 个备选项是错误的；③错选，本题不得分；④少选，每个正确选项得 0.5 分，本题最多得 2 分。

（2）依据①：如果用排除法已经确定 3 个备选项不符合题意，剩下的 2 个备选项怎么办？全选！

（3）依据②：如果用排除法确定备选项，发现每个备选项均不能排除，说明该考点没有完全掌握到位，怎么办？

（4）依据③：如果已经选定了 2 个正确的、第 3 个不能确定，或者已经选定了 3 个正确的、第 4 个不能确定，怎么办？

（5）依据④：如果该考点是根本就没有复习到的专业技术知识，怎么办？

上述一系列的怎么办，请考生参照历年真题解析中的应试技巧，不同章节有不同的选定方法，但总的原则是"胆大心细规则定，无法排除 AE 并，两个确定不选三，完全不知 C 上挺"。该原则也适用于公共课的多项选择题。

二、主观试题

1. 分值分布

满分 120 分；前 3 个案例题，每题 20 分；后 2 个案例题，每题 30 分。

2. 前提背景

每个案例分析中的第一段为前提背景。在一级建造师"建筑工程管理与实务"（简称建筑实务）早些年的考试题目中，除了招标投标和危险性较大的分部分项工程，前提背景不设问，与核心背景也没有关系。但在一级建造师"市政公用工程管理与实务"（简称市政实务）考试题目中，前提背景作为隐项条件在答案中必须考虑，如某沿海城市新建道路工程于某年 5 月 1 日开工，当年 9 月 30 日竣工，你想到了什么？

3. 核心背景

除个别年份的个别题目外，案例分析题的核心背景一般均以"段落"形式出现，其后的设问也是针对每个段落提出问题。2012 年以前，每年案例分析题中共设置段落 22 个 ±2 个；从 2012 年开始，段落增加到 28 个 ±3 个，题量突增导致多数考生答不完题，这是控制通过率的一项重要措施。每个案例分析题中，段落与段落之间以关联为原则，以不关联为例外。

（1）以关联为原则的含义：在回答段落二的设问时，应当考虑前提背景和段落一对段落二的影响。管理部分的段落之间一般相互关联，技术体系的段落之间一般也相互关联。段落之间相互关联增大了作答的难度，这是控制通过率的又一项重要措施。

（2）以不关联为例外的含义：管理部分与技术体系之间一般不关联。一级建造师市政实务考题是以关联为原则，而一级建造师建筑实务考题则是以不关联为原则。

案例分析题的核心背景是一段、一段、又一段，一级建造师市政实务考题一直以来都是这种核心背景的形式，而一级建造师建筑实务考题是以事件为单元，针对每一个事件设问，这是参与建筑实务考试增项市政实务科目的考生需要特别注意的核心问题。

4. 收尾背景

案例分析题可以有收尾背景，也可以罗列几个段落后戛然而止。如果设有收尾背景，则是工程验收要素、工程资料管理、工程档案管理、竣工备案管理和功能试验五个方面中的一个。

三、基本题型

根据问题的设问方法和答题模板，案例分析题型可分为六大类，即"错艺作文三主打，计算画图现辅助"。

1. 开口找错题

找错题分为两类，首先是开口找错题，即指出不妥之处（或错误之处、违规之处、不足之处、存在的问题等类似语句），说明理由并写出正确做法。

（1）1 分论：问题设问的是"指出不妥之处"，没有要求说明理由并写出正确做法，则只需要找出不妥之处，无须说明理由，也无须写出正确做法，这就是有问必答、没问不答的应试准则。

（2）2 分论：问题设问的是"指出不妥之处，并说明理由"，就需要严格按历年真题中的答题模板练习，但无须写出正确做法。

（3）3 分论：问题设问的是"指出不妥之处，说明理由并写出正确做法"，就必须严格按历年真题中 3 分题的答题模板练习。

（4）形式：94 个考点中的 74 个考点均能以找错题的形式出现在案例分析题中，形式可以是文字找错、表格找错或图形找错。

（5）原则：究竟需要找几个错？有的题是很明确的，但多数题可以拆分或合并，这就涉及答题中的模板问题；再就是本来对的做法，只是语言不够规范，如果按"错误"的答题模板作答了，标准答案中没有这个答案，原则是不扣分的，但不能因此得出多多益善的结论，因为答题时间不允许，当然也不能少找，否则会丢分。找多少个合适的问题，考生可反复研读历年真题解析，务必掌握分值分配的原则。

2. 闭口找错题

找错题的另一类是闭口找错题，即是否妥当（或是否正确、是否违规、是否齐全等类似语句）并说明理由（或不妥当的说明理由）。闭口找错题与开口找错题的答题模板基本相同，其差异在于开口找错题具有一定的柔性，而闭口找错题则是刚性答案。

（1）是否妥当？说明理由。这类设问的答题模板：妥当与不妥当均需说明理由，考生在答题时，不妥当的，说明理由较为简单；而妥当的，说明理由则无从下手，这就需要按题型对历年真题进行"百问"训练。对一级建造师市政实务考生而言，这类题目是主打题目，是力求多拿分的题目，必须达到无意识作答的程度。

（2）是否妥当？不妥当的，说明理由。如果是这种问法，妥当的，就无须再回答理由了。考生针对历年真题进行训练时，应精准掌握闭口找错题两种设问的差异。

（3）考生在考场无法判定某种行为或做法是否妥当时，说明平时对该考点没有精准掌握，该考点"超纲"或该考点语言不规范。如何处理？没有万全之策，需要考生结合上下文和已经找出的妥当与不妥当的个数，在考场综合判定。特别需要注意的是"惯性思维分数低"，命题人一定会揣摩考生的思维惯性。

无论开口题还是闭口题，找错题都是一级建造师市政实务考试的主打题型，要通过对历年真题的反复研读，形成市政实务考试答题的定式。

找错题针对的对象是段落中某方主体的行为、做法、观点，专业技术中的方法、流程、构造，或者通用管理中的依据、内容、程序等。

3. 作文题

作文题是一级建造师市政实务考题中的另一个主打题型，其范围包括94个考点中的59个考点，每个考点都有可能作为作文题的命题点；考虑公共课的可能性，合计考点约为120个。这是绝大多数考生无能为力的。所以，迫切需要在整个学习过程中，通过对历年真题的演练、演变和延伸，掌握50个左右的作文命题点。更重要的是，根据历年真题的答案和上下文背景，固定作文题的思维方式。

（1）纯粹作文题：早些年的一级建造师考试，每年均有3个纯粹作文题，如支架预拱度应考虑的因素、悬浇法的工艺流程等，教材中写了几条，就必须答出几条，写出1条得1分。因此，很多考生最害怕这类题。实际上，通过历年真题的演练，可以掌握这类题的规律性。

（2）补齐作文题：在考场上，绝大多数考生对这类题型无从下手。例如，教材某个章节中写了10条，试卷上给了7条，让你补齐剩下的3条。这种题从2010年至今每年均设1~2问，仔细分析历年真题，就会发现回答这类问题的技巧。

（3）补不齐的作文题：教材中超过10条以上的命题点，定义为补不齐的作文题。对于这类作文题，需要在平时通过较长时间的揣摩，找出此类命题点的内在规律，如从时空角

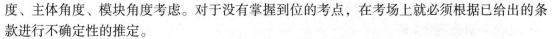

度、主体角度、模块角度考虑。对于没有掌握到位的考点，在考场上就必须根据已给出的条款进行不确定性的推定。

（4）程序性的作文题：这是一级建造师管理实务考点的常见题型，如答出项目部施工成本管理的程序，质量、安全、环保、合同、风险等的管理程序。对这类题目，要找出前、中、后的规律，因为它们有很强的逻辑性。当然，也有一些异类程序，如噪声扰民后的项目经理处理程序、基坑验槽时对废弃砖井的处理程序、改变支护结构的编批程序等，需要在平时学习中归类总结。

（5）工艺流程作文题：这是一级建造师市政实务题目在作文题中的主打考题，如答出箱涵顶进工艺流程、沉桩施工工艺流程、开槽埋管工艺流程等。

（6）施工现场作文题：这也是一级建造师市政实务题目在作文题中的主打考题，没有标准答案，需要对若干知识点进行整合，是施工现场应知应会的内容，要靠平时积累。

4. 填空题

填空题是工艺流程简答题简化后演变出的一类题型，背景中会给出一个较大的工艺流程，其中有几个步骤以①、②、③、④表示，然后问①、②、③、④分别是什么？例如，泥浆护壁成孔灌注桩的工艺流程、有粘结预应力施工的工艺流程等。

5. 计算题

一级建造师市政实务考题中计算题的出题背景主要依附三个管理体系，即清单计价规范、网络进度计划、现场平面尺寸。体系性的计算题需要参照历年真题并投入一定的精力，因为体系知识的逻辑性极强，要么放弃，要么学精。

历年真题具有很强的借鉴意义。建议考生按体系框架整理历年真题中的计算题，带着系列问题去学习每个体系中的每个考点。

6. 画图题

进度控制中的横道图和网络图是必须要掌握的图形题目。本书通过对各专业历年真题的归类，总结出画图题的经典题目，建议考生用7天左右的时间深入研究进度计划的基本理论，这样不仅可以解决实务考题中5~6分的题目，也为项目管理这门课试卷中的12分客观试题奠定了基础。

四、考生注意

1. 背书肯定考不过

在整个应试学习过程中，背书是肯定考不过的。理解是前提，记忆是辅助。特别是非本专业考生，必须借助历年真题解析中的大量图表去理解每一个知识体系模块的内容。

2. 勾画教材考不过

从2009年开始，通过勾画教材进行押题的神话已经成为"历史上的传说"。一级建造师考题的显著特点是以知识体系为基础的"海阔天空"，试题本身的难度并不大，但涉及的面很宽。考生必须首先搭建起属于自己的知识体系框架，然后通过对真题的反复演练，在知识体系框架中填充题型。

3. 只听不练难通过

听课不是考试过关的必备条件，但听好老师的讲课对于搭建知识体系框架和突破体系难点会有很大帮助，特别是非本专业考生。听完课后要配合历年真题精练5遍，反复校正答题模板，形成定式，特别是结合现场的作文题。

4. 区别对待不同体系

在对历年真题总结归纳的基础上，区别对待不同的知识体系：造价控制和进度控制应当在知识体系的基础上固定题型，质量管理和安全管理则应在熟悉题型的基础上按照一定的程序精读体系条款，招标投标管理的关键是程序，合同管理的核心是索赔，专业技术则是市政实务考试的重点。

5. 细节决定考试成败

一方面我们强调前期知识体系和历年真题的重要性，另一方面更要关注考点聚焦，因为细节决定成败，最终要用约 28 个段落量化考试分数。

6. 先实务课后公共课

实务考题最大的特点是融合了三门公共课教材的内容：《建设工程项目管理》的内容是实务教材的宏观框架；《建设工程经济》中的第三章是造价计算的基础；《建设工程法规及相关知识》中的"三法两条例"是采购管理、合同管理、质量管理、安全管理的法定依据。

7. 有问必答自建序号

一定要知道：你在应试，不是写论文，固定的答题模板就像乒乓球训练一样：答题→校正→重新答题→再校正。对不同知识体系的题型，要形成不同的答题模板：计算题要有过程，找错题一二三步，补齐作文题四五六条等。通过历年真题的训练，完整地形成六大题型的答题定式，同时兼顾公共课的选择题，因为公共课的选择题实际上就是实务课中的找错题。

8. 真题答案的说明

2004—2021 年，真题重复出现一次的占总年数的 72%，真题重复出现两次的占 48%，索赔、方案、工艺等年年出现在考试中，但问题的答案差异很大，这称为真题答案的动态性。本书力求在言简意赅的基础上，按现行的标准规范，给出不丢分的答案。

五、超值服务

凡购买机械工业出版社出版的正版《市政公用工程管理与实务　历年真题解析及预测（2022 版）》的考生，可免费享受：

（1）备考纯净学习群：群内会定期分享核心备考所需资料，全国考友齐聚此群交流分享学习心得。QQ 群：536275184。

（2）20 节配套视频课程：由左红军师资团队根据本书内容及最新考试方向精心录制，实时根据备考进度更新。

（3）2022 最新备考资料：电子版备考指导书、2022 备考指导免费公开课。

（4）1 对 1 专属顾问：给您持续发送最新备考资料、监督学习进度、提供最新考情通报。

本书编写过程中得到了业内多位专家的启发和帮助，在此深表感谢！由于时间和水平有限，书中难免有疏漏和不当之处，敬请广大读者批评指正。

愿我们的努力能够帮助广大考生一次顺利通关！

编　者

目　　录

第一篇 专业技术

第一章 城镇道路工程

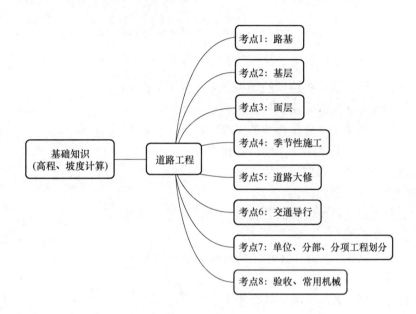

一、案例及参考答案

案例一 【2021年一建真题】

某公司承接一项城镇主干道新建工程，全长 1.8km，勘察报告显示 K0+680—K0+920 段为暗塘，其他路段为杂填土且地下水丰富。设计单位对暗塘段采用水泥土搅拌桩方式进行处理，杂填土段采用改良土换填的方式进行处理。全路段土路基与基层之间设置一层 200mm 厚级配碎石垫层，部分路段垫层顶面铺设一层土工格栅。K0+680、K0+920 处地基处理横断面如图1所示。

项目部确定水泥掺量等各项施工参数后进行水泥搅拌桩施工，质检部门在施工完成后进行了单桩承载力、水泥用量等项目的质量检验。

垫层验收完成后，项目部铺设固定土工格栅和摊铺水泥稳定碎石基层，采用重型压路机进行碾压，养护3天后进行下一道工序施工。

项目部按照制定的扬尘防控方案，对土方平衡后多余的土方进行了外弃。

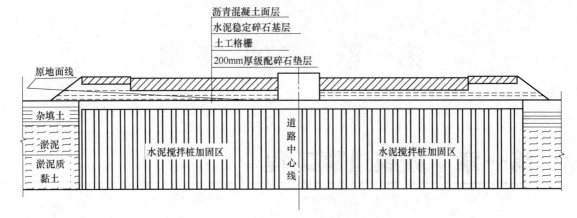

图 1 K0 + 680—K0 + 920 处地基处理横断面

问题：

1. 土工格栅应设置在哪些路段的垫层顶面？说明其作用。 （6分）

2. 水泥搅拌桩在施工前采用何种方式确定水泥掺量。 （2分）

3. 补充水泥搅拌桩地基质量检验的主控项目。 （4分）

4. 改正水泥稳定碎石基层施工中的错误之处。 （4分）

5. 项目部在土方外弃时应采取哪些扬尘防控措施？ （4分）

【参考答案】

1. 土工格栅应设置在哪些路段的垫层顶面？说明其作用。

（1）杂填土段。 （1分）

作用：过滤、排水、加筋、防护，提高道路结构稳定性。 （1分）

（2）暗塘段。 （1分）

作用：加筋防护，提高道路结构稳定性。 （1分）

（3）暗塘与杂填土交界处。 （1分）

作用：加筋防护，防止或减少不均匀沉降。 （1分）

【解析】

暗塘、暗浜是不良地质情况的一种。意思是原来某个地方是河道或池塘，有淤泥沉积，后来被土填没了，但沉积的淤泥仍在，这种情况不利于施工，尤其对基础存在很大危害。

处理方法：对浅层暗塘进行清淤，之后换填；对深度较大的暗塘，用水泥压密注浆或水泥搅拌桩加固。

暗塘在实际施工中用水泥土搅拌桩进行加固后，一般要铺设土工格栅。杂填土段承载力不高，还属富水地区，其作用就是加筋防护，过滤排水。暗塘与杂填土交界处类似桥台后背回填，主要是为了防止两种土质的不均匀沉降。

2. 水泥搅拌桩在施工前采用何种方式确定水泥掺量。

应根据现场试搅拌，经试验确定。 （2分）

【解析】

本题考核的是基础知识，不只是本题，其他工程确定施工参数的方法也是一样的，无非是三种，即计算，根据经验、试验确定。在这三种方法中，试验确定明显最符合题意。

3. 补充水泥搅拌桩地基质量检验的主控项目。

水泥及外掺剂质量、桩体强度、桩长、桩径。　　　　　　　　　　　（每个1分）

【解析】

背景已经给了两个主控，剩下的引申拓展即可。教材中涉及的主控项目非常多，不可能都记得住。通用的主要围绕原材料、分项工程施工、位置尺寸高程、偏差、力学要求等展开。

4. 改正水泥稳定碎石基层施工中的错误之处。

（1）土工格栅铺设固定后进行验收，合格后摊铺水泥稳定碎石基层。　　（1分）

（2）分层、先轻后重碾压。　　　　　　　　　　　　　　　　　　　（2分）

（3）养护不少于7天，验收合格后进行下一道工序施工。　　　　　　（1分）

5. 项目部在土方外弃时应采取哪些扬尘防控措施？

（1）采用密闭运输车或覆盖。　　　　　　　　　　　　　　　　　　（1分）

（2）车辆不得装载过满，行驶不得过快，转弯处减速。　　　　　　　（1分）

（3）出入口设置洗车池。　　　　　　　　　　　　　　　　　　　　（1分）

（4）专人清扫运输车行进路线，沿线安排洒水车进行洒水降尘。　　　（1分）

案例二【2021年一建真题】

某项目部承接一项河道整治项目，其中一段景观挡土墙，长为50m，连接既有景观挡土墙。该项目平均分5个施工段施工，端缝为20mm。第一施工段临河侧需沉6根基础方桩，基础方桩按"梅花型"布置（见图1）。围堰与沉桩工程同时开工，再进行挡土墙施工，最后完成新建路面施工与栏杆安装。

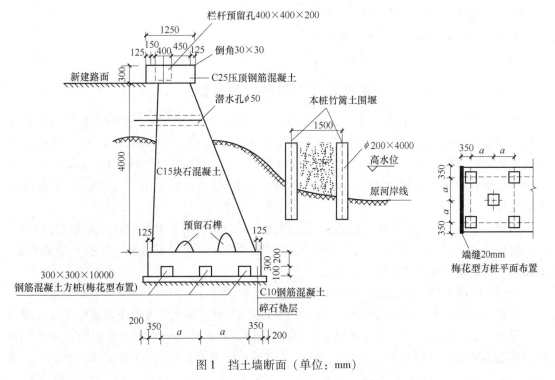

图1　挡土墙断面（单位：mm）

项目部根据方案使用柴油锤沉桩，遭附近居民投诉，监理随叫即停，要求更换沉桩方式，完工后，进行挡土墙施工。挡土墙施工工序有：机械挖土、A、碎石垫层、基础模板、B、浇筑混凝土、立墙身模板、浇筑墙体；压顶采用一次性施工。

　　问题：

　　1. 根据图 1 所示，该挡土墙结构形式属哪种类型？端缝属哪种类型？　　　　（4 分）

　　2. 计算 a 的数值与第一段挡土墙基础方桩的根数。　　　　　　　　　　　（6 分）

　　3. 监理叫停施工是否合理？柴油锤沉桩有哪些原因会影响居民？可以更换哪几种沉桩方式？　　　　　　　　　　　　　　　　　　　　　　　　　　　　　　　　（6 分）

　　4. 根据背景资料，正确写出 A、B 工序的名称。　　　　　　　　　　　　　（4 分）

　　【参考答案】

　　1. 根据图 1 所示，该挡土墙结构形式属哪种类型？端缝属哪种类型？

　　（1）该挡土墙结构形式属于重力式挡土墙。　　　　　　　　　　　　　　　（2 分）

　　（2）端缝属于沉降缝。　　　　　　　　　　　　　　　　　　　　　　　　（2 分）

　　2. 计算 a 的数值与第一段挡土墙基础方桩的根数。

　　（1）$a = (50 \div 5 - 0.35 \times 2) \div 5 \div 2\text{m} = 0.930\text{m} = 930\text{mm}$。　　　　　　　（3 分）

　　（2）方桩根数：6 根 +5 根 +6 根 =17 根。　　　　　　　　　　　　　　（3 分）

　　3. 监理叫停施工是否合理？柴油锤沉桩有哪些原因会影响居民？可以更换哪几种沉桩方式？

　　（1）合理。　　　　　　　　　　　　　　　　　　　　　　　　　　　　　（1 分）

　　（2）原因：①柴油机、锤击产生的噪声污染；②柴油挥发产生的大气污染。（每条 1 分）

　　（3）可以更换为静力压桩、振动沉桩、钻孔埋桩。　　　　　　　　　　　　（每个 1 分）

　　4. 根据背景资料，正确写出 A、B 工序的名称。

　　A：人工挖土清底（或验槽、清理桩头）。　　　　　　　　　　　　　　　　（2 分）

　　B：钢筋安装。　　　　　　　　　　　　　　　　　　　　　　　　　　　　（2 分）

案例三【2020 年一建真题】

　　某单位承建城镇主干道大修工程，道路全长 2km，红线宽 50m，路幅分配情况如图 1 所示。现状路面结构为 40mm AC-13 细粒式沥青混凝土上面层，60mm AC-20 中粒式沥青混凝土中面层，80mm AC-25 粗粒式沥青混凝土下面层。工程主要内容为：①对道路破损部位进行翻挖补强；②铣刨 40mm 旧沥青混凝土上面层后，加铺 40mm SMA-13 沥青混凝土上面层。

　　接到任务后，项目部对现状道路进行综合调查，编制了施工组织设计和交通导行方案，并报监理单位及交通管理部门审批，导行方案如图 2 所示。因办理占道、挖掘等相关手续，实际开工日期比计划日期滞后 2 个月。

　　道路封闭施工过程中，发生如下事件。

　　事件一：项目部进场后对沉陷、坑槽等部位进行了翻挖探查，发现左幅基层存在大面积弹软现象，立即通知相关单位现场确定处理方案，拟采用 400mm 厚水泥稳定碎石分两层换填，并签字确认。

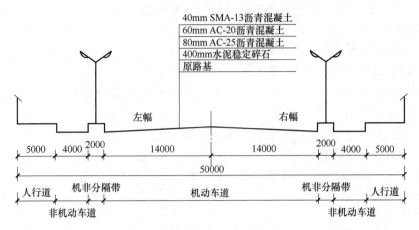

图1 路幅分配情况（单位：mm）

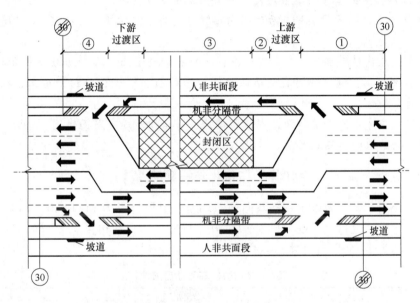

图2 左幅交通导行方案

事件二：为保证工期，项目部集中力量迅速完成了水泥稳定碎石基层施工，监理单位组织验收结果为合格。项目部完成 AC-25 下面层施工后对纵向接缝进行简单清扫便开始摊铺 AC-20 中面层，最后转换交通进行右幅施工。由于右幅道路基层没有破损现象，考虑到工期紧，在沥青摊铺前对既有路面铣刨、修补后，项目部申请全路封闭施工，报告批准后开始进行上面层摊铺工作。

问题：

1. 交通导行方案还需要报哪个部门审批？ （4分）

2. 根据交通导行平面示意图，请指出图中①②③④各为哪个疏导作业区？ （4分）

3. 事件一中，确定基层处理方案需要哪些单位参加？ （4分）

4. 事件二中，水泥稳定碎石基层检验与验收的主控项目有哪些？ （4分）

5. 请指出沥青摊铺工作的不当之处，并给出正确做法。 （4分）

【参考答案】

1. 交通导行方案还需要报哪个部门审批？

还应报道路管理部门和市政工程行政主管部门审批。 （4分）

2. 根据交通导行平面示意图，请指出图中①②③④各为哪个疏导作业区？

①警告区；②缓冲区；③作业区；④终止区。 （每个1分）

3. 事件一中，确定基层处理方案需要哪些单位参加？

需要施工单位、建设单位、监理单位、设计单位参加。 （每个1分）

4. 事件二中，水泥稳定碎石基层检验与验收的主控项目有哪些？

1）原材料质量。 （2分）

2）压实度。 （1分）

3）7天无侧限抗压强度。 （1分）

5. 请指出沥青摊铺工作的不当之处，并给出正确做法。

（1）不当之处一：下面层施工后对纵向接缝进行简单清扫便开始摊铺AC-20中面层。 （1分）

正确做法：应将接槎部位彻底清理干净，之后涂刷粘层油，再开始摊铺中面层。（1分）

（2）不当之处二：项目部对既有路面铣刨、修补后，申请全路封闭施工，报告批准后开始进行上面层摊铺工作。 （1分）

正确做法：应先申请全路封闭，申请获批后，再组织对现有路面铣刨、修补，并对左半幅道路清理后全线路面喷洒粘层油。 （1分）

案例四【2020年一建真题】

某市为了交通发展，需修建一条双向快速环线，里程桩号为K0 + 000 ~ K19 + 998.984，如图1所示。建设单位将该建设项目划分为10个标段，项目清单见表1。当年10月份进行招标，拟定工期为24个月，同时成立了管理公司，由其代建。

表1 某市快速环路项目清单

标段号	里程桩号	项目内容
①	K0 + 000 ~ K0 + 200	跨河桥
②	K0 + 200 ~ K3 + 000	排水工程、道路工程
③	K3 + 000 ~ K6 + 000	沿路跨河中小桥、分离式立交、排水工程、道路工程
④	K6 + 000 ~ K8 + 500	提升泵站、分离式立交、排水工程、道路工程
⑤	K8 + 500 ~ K11 + 500	A
⑥	K11 + 500 ~ K11 + 700	跨河桥
⑦	K11 + 700 ~ K15 + 500	分离式立交、排水工程、道路工程
⑧	K15 + 500 ~ K16 + 000	沿路跨河中小桥、排水工程、道路工程
⑨	K16 + 000 ~ K18 + 000	分离式立交、沿路跨河中小桥、排水工程、道路工程
⑩	K18 + 000 ~ K19 + 998.984	分离式立交、提升泵站、排水工程、道路工程

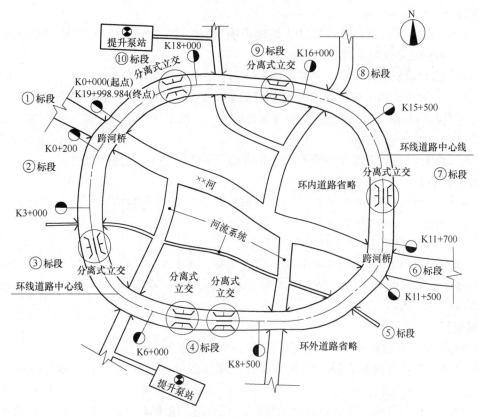

图 1　某市双向快速环线平面示意图

　　各投标单位按要求中标后，管理公司召开设计交底会，与会参加的有设计、勘察、施工单位等。开会时，有③、⑤标段的施工单位提出自己中标的项目中各有 1 座泄洪沟小桥的桥位将会制约相邻标段的通行，给施工带来不便，建议改为过路管涵。管理公司表示认同，并请设计单位出具变更通知单，施工现场采取封闭管理，按变更后的图纸组织现场施工。

　　③标段的施工单位向管理公司提交了施工进度计划横道图（见图 2）。

项目	时间/月											
	2	4	6	8	10	12	14	16	18	20	22	24
准备工作												
分离式立交(1座)												
沿路跨河中桥(1座)												
过路管涵(1座)												
排水工程												
道路工程												
竣工验收												

图 2　③标段施工进度计划横道图

问题：

1. 按表 1 所示，根据各项目特征，该建设项目有几个单位工程？写出其中⑤标段 A 的项目内容。⑩标段完成的长度为多少米？ (6 分)

2. 成立的管理公司担当哪个单位的职责？与会者还缺哪家单位？ (4 分)

3. ③、⑤标段的施工单位提出变更申请的理由是否合理？针对施工单位提出的变更设计申请，管理公司应如何处理？为保证现场封闭施工，施工单位最先完成与最后完成的工作是什么？ (6 分)

4. 写出③标段施工进度计划横道图中出现的不妥之处，应该怎样调整？ (4 分)

【参考答案】

1. 按表 1 所示，根据各项目特征，该建设项目有几个单位工程？写出其中⑤标段 A 的项目内容。⑩标段完成的长度为多少米？

（1）该建设项目有 10 个单位工程。 (1 分)

（2）⑤标段 A 的项目内容有：沿路跨河中小桥、排水工程、道路工程。 （每个 1 分）

（3）⑩标段完成长度为：（K19 + 998.984）－（K18 + 000）= 19998.984m － 18000m = 1998.984m (2 分)

【解析】

此题有争议。先看什么是单项工程、单位工程、分部工程、分项工程。

1）单项工程：是指具有独立的设计文件，竣工后可以独立发挥生产能力或效益的工程。也有称为工程项目。

2）单位工程：是指具有单独设计和独立施工条件，但不能独立发挥生产能力或效益的工程，它是单项工程的组成部分。例如，位于中间连接两条道路的桥梁，有单独设计，可以独立施工，但若脱离了两侧道路，则无法独立发挥使用功能。

以上两者的区别主要是看它竣工后能否独立地发挥整体效益或生产能力、使用功能。

3）分部工程：按工程的种类或主要部位将单位工程划分为分部工程，如道路工程中的路基、基层、面层、附属构筑物。

4）分项工程：按不同的施工方法、构造及规格将分部工程划分为分项工程，如钻孔灌注桩中的成孔、钢筋笼制作与安装、灌注混凝土。

在建筑领域中，对于建设工程项目、单项工程、单位工程（子单位工程）、分部工程（子分部工程）、分项工程和检验批的规定不尽相同，所以道路验收规范、桥梁验收规范都规定，在开工前由施工单位、建设单位、监理单位共同划分单位工程，这也说明单位工程的划分方式不止一种。

本题中各个标段既有道路、桥梁、排水，又有提升泵站的复杂工程，很多建设项目会将其列为单项工程，那么道路、桥梁、排水工程就是其中的单位工程，而雨水和污水为排水工程的子单位工程，这种划分形式比较多。根据道路、桥梁等验收规范，单位工程是由施工单位、建设单位、监理单位开工前共同划分的，那么每一个标段都有一个施工单位，每个施工单位都要划分本标段的单位工程，这样划分出来总计 29 个。在实际施工中，也有将一个标段定为一个单位工程的，那么其中的排水工程、道路工程、桥梁工程就都是子单位工程。这样划分出来就是 10 个单位工程，这两种划分都有道理，本题参考答案是按照后一种给出的。

写出⑤标段A项目的内容，需要找到⑤标段在图上都绘制了哪些项目，做答时应参照其他标段都绘制了哪些项目，项目内容都是什么，这样就很容易得出正确答案。但必须注意的是，这类选择性答案的评分规则是多写不得分，所以绝不能将表格所列项目全部照搬到A的项目内容中来。

2. 成立的管理公司担当哪个单位的职责？与会者还缺哪家单位？

（1）成立的管理公司担当建设单位（甲方）的职责。　　　　　　　　　　（2分）

（2）与会者还缺少监理单位。　　　　　　　　　　　　　　　　　　　　（2分）

【解析】

对于这个问题，既然管理公司已经担当建设单位的职责，那么与会者还缺少哪家单位？就不要再写建设单位了。

3. ③、⑤标段的施工单位提出变更申请的理由是否合理？针对施工单位提出的变更设计申请，管理公司应如何处理？为保证现场封闭施工，施工单位最先完成与最后完成的工作是什么？

（1）变更申请的理由合理。　　　　　　　　　　　　　　　　　　　　　（1分）

（2）管理公司应与相邻标段施工单位核实，安排监理单位审查，管理公司进行审批（签认），再由设计单位出具设计变更，最后委托监理单位出具变更令。　　　　（3分）

（3）最先完成的是搭建围挡（围墙）及出入口的定位；最后完成的是拆除围挡及场地恢复。　　　　　　　　　　　　　　　　　　　　　　　　　　　　　　（每条1分）

4. 写出③标段施工进度计划横道图中出现的不妥之处，应该怎样调整？

（1）不妥之处一：过路管涵竣工在道路工程竣工后。　　　　　　　　　　（1分）

调整：过路管涵在排水工程之前竣工。　　　　　　　　　　　　　　　　（1分）

（2）不妥之处二：排水工程与道路工程同步竣工。　　　　　　　　　　　（1分）

调整：排水工程在道路工程之前竣工。　　　　　　　　　　　　　　　　（1分）

（3）不妥之处三：准备工作与竣工验收时间过长。

调整：应该压缩准备工作与竣工验收时间。

【解析】

准备工作与竣工验收时间过长，这个不一定有采分点，因为问的是计划横道图中出现的不妥之处，应该是找前后顺序的不妥，不是找具体每一项工作时间的长短。当然，从改错题的角度可以把这个写上，不会倒扣分。

案例五【2019 年一建真题】

甲公司中标某城镇道路工程，设计道路等级为城市主干路，全长 560m，横断面形式为三幅路，机动车道为双向六车道，路面面层结构设计采用沥青混凝土，上面层为厚 40mm 的 SMA-13，中面层为厚 60mm 的 AC-20，下面层为厚 80mm 的 AC-25。

施工过程中发生如下事件。

事件一：甲公司将路面工程施工项目分包给具有相应施工资质的乙公司施工，建设单位发现后立即制止了甲公司的行为。

事件二：路基范围内有一处干涸池塘，甲公司将原始地貌杂草清理后，在挖方段取土一次性将池塘填平并碾压成型，监理工程师发现后责令甲公司返工处理。

事件三： 甲公司编制的沥青混凝土施工方案包括以下要点：

（1）上面层摊铺分左、右幅施工，每幅摊铺采用一次成型的施工方案，两台摊铺机呈梯队方式推进，并保持摊铺机组前后错开 40～50m 距离。

（2）上面层碾压时，初压采用振动压路机，复压采用轮胎压路机，终压采用双轮钢筒式压路机。

（3）该工程属于城市主干路，沥青混凝土面层碾压结束后需要快速开放交通，终压完成后拟洒水加快路面的降温速度。

事件四： 确定了路面施工质量检验的主控项目及检验方法。

问题：

1. 事件一中，建设单位制止甲公司的分包行为是否正确？说明理由。　（3 分）

2. 指出事件二中的不妥之处，并说明理由。　（5 分）

3. 指出事件三中的错误之处并改正。　（6 分）

4. 写出事件四中沥青混凝土路面面层施工质量检验的主控项目（原材料除外）及检验方法。　（6 分）

【参考答案】

1. 事件一中，建设单位制止甲公司的分包行为是否正确？说明理由。

（1）正确。　（1 分）

（2）理由：路面结构工程属于主体结构，甲公司违反了《建筑法》有关"主体结构的施工必须由总承包单位自行完成"的规定，其行为属于违法分包。　（2 分）

2. 指出事件二中的不妥之处，并说明理由。

（1）不妥之处：对池塘进行原地貌清理后用挖方段土方一次性填平并碾压成型。　（1 分）

（2）理由：

① 只清理地貌，未妥善处理坑坑井穴。　（1 分）

② 挖方段土质未进行检测，如不合格应换填合格土。　（1 分）

③ 应分层填筑。　（1 分）

④ 陡于 1:5 的池塘边坡未修筑台阶。　（1 分）

3. 指出事件三中的错误之处，并改正。

（1）错误之处一：上面层摊铺分左、右幅施工，摊铺机组前后错开 40～50m。　（1 分）

正确做法：表面层宜采用多机全幅摊铺，以减少施工接缝，前后错开 10～20m。　（1 分）

（2）错误之处二：初压采用振动压路机，复压采用轮胎压路机。　（1 分）

正确做法：初压应采用钢轮压路机或关闭振动的振动压路机静压；复压应采用振动压路机。　（1 分）

（3）错误之处三：终压完成后拟洒水加快路面的降温速度。　（1 分）

正确做法：终压完成，待摊铺层自然降温至表面温度低于 50℃后，方可开放交通。　（1 分）

4. 写出事件四中沥青混凝土路面面层施工质量检验的主控项目（原材料除外）及检验方法。

（1）主控项目有压实度、面层厚度、弯沉值。　（每个 1 分）

（2）检验方法。

① 压实度检验方法：查试验记录（马歇尔击实试件密度，试验室标准密度）。　（1分）

② 面层厚度检验方法：钻孔或刨挖，用钢尺量。　（1分）

③ 弯沉值检验方法：弯沉仪检测。　（1分）

案例六【2019年一建真题】

某公司承建长 1.2km 的城镇道路大修工程，现状路面面层为沥青混凝土，主要施工内容包括：对沥青混凝土路面沉陷、碎裂部分进行处理；局部加铺网孔尺寸为 10mm 玻纤网，以减少对新沥青面层的反射裂缝；对旧沥青混凝土路面，铣刨拉毛后加铺厚 40mm 的 AC-13 沥青混凝土面层，道路平面示意图如图 1 所示。

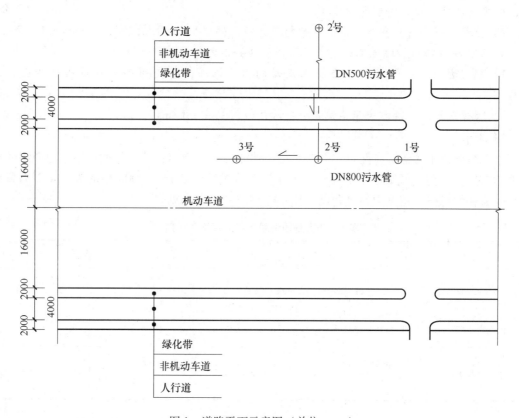

图 1　道路平面示意图（单位：mm）

项目部在处理破损路面时发现挖补深度介于 50～150mm 之间，拟用沥青混凝土一次补平。在采购玻纤网时被告知网孔尺寸为 10mm 的玻纤网缺货，拟变更为网孔尺寸为 20mm 的玻纤网。交通部门批准的交通导行方案要求：施工时间为夜间 22：30 至次日 5：30，不断路施工。为加快施工速度，保证每日 5：30 前恢复交通，项目部拟提前一天采用机械洒布乳化沥青（用量 0.8L/m²），为第二天沥青面层摊铺创造条件。

问题：

1. 指出项目部破损路面处理的错误之处并改正。　（3分）

2. 指出项目部玻纤网更换的错误之处并改正。　　　　　　　　　　　　　（5分）

3. 改正项目部为加快施工速度所采取措施的错误之处。　　　　　　　　　（4分）

【参考答案】

1. 指出项目部破损路面处理的错误之处并改正。

（1）错误之处：挖补深度介于 50～150mm 之间，拟用沥青混凝土一次补平。　（1分）

（2）改正：应分层补平，每层厚度不超过 100mm。　　　　　　　　　　（2分）

2. 指出项目部玻纤网更换的错误之处并改正。

（1）错误之处：擅自将网孔尺寸由 10mm 更换为 20mm。　　　　　　　（1分）

（2）改正：

1）替换原方案玻纤网时，项目部应向监理申请设计变更，经设计、监理及建设单位同意，根据设计变更后的要求进行更换。　　　　　　　　　　　　　　　　（2分）

2）更换玻纤网尺寸宜为上层沥青材料最大粒径的 0.5～1.0 倍（6.5～13mm）。（2分）

3. 改正项目部为加快施工速度所采取措施的错误之处。

1）错误之处一：粘层油应在施工面层的当天洒布，若夜间洒布粘层油应当夜施工面层。　　　　　　　　　　　　　　　　　　　　　　　　　　　　　　（2分）

2）错误之处二：洒布用量应满足规范要求（0.3～0.6L/m²）。　　　　　　（2分）

【解析】

本题需要改正的错误有两点：第一是粘层油需要当天洒布；第二是教材中未曾介绍的粘层油洒布用量。在《城镇道路工程施工与质量验收规范》CJJ 1—2008 中的表 8.4.2 沥青路面粘层材料的规格和用量中对乳化沥青用量有相应的要求，见表1。

表1　沥青路面粘层材料的规格和用量

下卧层类型	液体沥青		乳化沥青	
	规格	用量/（L/m²）	规格	用量/（L/m²）
新建沥青层或旧沥青路面	AL(R)-3～AL(R)-6 AL(M)-3～AL(M)-6	0.3～0.5	PC-3 PA-3	0.3～0.6
水泥混凝土	AL(M)-3～AL(M)-6 AL(S)-3～AL(S)-6	0.2～0.4	PC-3 PA-3	0.3～0.5

注意：这类教材外的内容不可能全部掌握，但从改错题的角度，尽量写出满足规范要求，数值写不出来，也可以拿到一部分分数。

案例七【2018 年广东省、海南省一建真题】

某项目部承建一项新建城镇道路工程，指令工期 100 天。开工前，项目经理召开动员会，对项目部全体成员进行工程交底，参会人员包括"十大员"，即施工员、测量员、A、B、资料员、预算员、材料员、试验员、机械员、标准员。

道路工程施工在雨水管道主管铺设、检查井砌筑完成、沟槽回填土的压实度合格后进行。项目部将道路车行道施工分成四个施工段和三个主要施工过程（包括路基挖填、路面基层、路面面层），每个施工段、施工过程的作业天数见表1。工程部按流水作业计划编制的横道图见表2，并组织施工，路面基层采用二灰混合料，常温下养护7天。

表1 施工段、施工过程及作业天数计划表

施工过程	施工段			
	①	②	③	④
	作业天数/天			
路基挖填	10	10	10	10
路面基层	20	20	20	20
路面面层	5	5	5	5

表2 新建城镇道路施工进度计划横道图

施工过程	施工段作业天数/天																					
	5	10	15	20	25	30	35	40	45	50	55	60	65	70	75	80	85	90	95	100	105	110
路基挖填	①		②		③		④															
路面基层																						
路面面层																						

在路面基层施工完成后，必须进行的工序还有C、D，然后才能进行沥青混凝土面层施工。

问题：

1. 写出"十大员"中A、B的名称。 （2分）

2. 按表1、表2所示，补画路面基层与路面面层的横道图线（将表2复制到答题卡上作画，在试卷上作答无效）。确定路基挖填与路面基层之间、路面基层与路面面层之间的流水步距。 （6分）

3. 该项目计划工期为多少天？是否满足指令工期？ （4分）

4. 如何对二灰混合料基层进行养护？ （4分）

5. 写出主要施工工序C、D的名称。 （4分）

【参考答案】

1. 写出"十大员"中A、B的名称。

A为安全员；B为质检（质量）员。 （每个1分）

2. 按表1、表2所示，补画路面基层与路面面层的横道图线（将表2复制到答题卡上作画，在试卷上作答无效）。确定路基挖填与路面基层之间、路面基层与路面面层之间的流水步距。

（1）补画的路面基层与路面面层横道图线见下表。 （2分）

补画的路面基层与路面面层横道图线

施工过程	施工段作业天数/天																					
	5	10	15	20	25	30	35	40	45	50	55	60	65	70	75	80	85	90	95	100	105	110
路基填挖	①		②		③		④															
路面基层				①		②						③				④						
路面面层																①	②	③	④			

（2）路基挖填与路面基层之间流水步距为 10 天。　　　　　　　　　　　　　　　（2 分）

$$
\begin{array}{rrrrr}
 & 10 & 20 & 30 & 40 & \\
- & & 20 & 40 & 60 & 80 \\
\hline
 & 10 & 0 & -10 & -20 & -80
\end{array}
$$

（3）路面基层与路面面层之间的流水步距为 65 天。　　　　　　　　　　　　　（2 分）

$$
\begin{array}{rrrrr}
 & 20 & 40 & 60 & 80 & \\
- & & 5 & 10 & 15 & 20 \\
\hline
 & 20 & 35 & 50 & 65 & -20
\end{array}
$$

【解析】

本题争议的地方是基层养护时间（7 天）是否加入流水施工进行计算。从语文的角度来分析，背景资料中说的常温下养护 7 天，明显关联的是第 4 问。从施工常识的角度分析，基层施工的速度要比路基施工快得多，而本工程中每一段基层施工时间是 20 天，是每一段路基施工时间（10 天）的 2 倍，所以说这个基层施工时间包括了养护时间。

3. 该项目计划工期为多少天？是否满足指令工期。

（1）计划工期为（10 + 65）天 + （5 + 5 + 5 + 5）天 = 95 天。　　　　　　　（2 分）

（2）指令工期为 100 天，95 天 < 100 天，满足指令工期要求。　　　　　　　　（2 分）

4. 如何对二灰混合料基层进行养护？

1）在潮湿状态下开始采用湿养。　　　　　　　　　　　　　　　　　　　　　（1 分）

2）养护期内封闭交通并对基层洒水，保持混合料湿润，也可采用沥青乳液和沥青下封层进行养护。　　　　　　　　　　　　　　　　　　　　　　　　　　　　　　　（2 分）

3）养护期视季节而定，常温下不少于 7 天。　　　　　　　　　　　　　　　　（1 分）

5. 写出主要施工工序 C、D 的名称

C 为安装路缘石；D 为雨水口及连接管施工。　　　　　　　　　　　　　　　（每个 2 分）

【解析】

这个问题稍有争议，另一种答案是"养护，透层施工"。养护本身可以属于基层施工的一部分，而透层施工属于面层施工的内容，这个答案显得比较牵强。而道路的路缘石和雨水口及支连管属于道路的附属构筑物分部工程中的分项工程，而且在基层完成后、面层施工前进行。

案例八【2017年一建真题】

某施工单位承建城镇道路改扩建工程，全程2km。

旧水泥混凝土路面加铺前，项目部进行了外观调查，并采用探地雷达对道板下状况进行扫描探测，将旧水泥混凝土道板的现状分为三种状态：A为基本完好；B为道板面上存在接缝和裂缝；C为局部道板底脱空、道板局部断裂或碎裂。

问题：在加铺沥青混凝土前，对C状态的道板应采取哪些处置措施？ （4分）

【参考答案】

1）对原水泥混凝土路面（道板）局部断裂或碎裂部位，将破坏部位凿除，换填基底并压实后，重新浇筑混凝土。 （2分）

2）对脱空部位的空洞，采用从地面钻孔注浆的方法进行基底处理，灌注压力1.5~2.0MPa。 （2分）

案例九【2016年一建真题】

某公司承建的市政道路工程，长2km，与现况路正交，合同工期为2015年6月1日至8月31日。道路路面底基层设计为300mm水泥稳定土；道路下方设计有一条DN1200钢筋混凝土雨水管道，该管道在道路交叉口处与现状道路下的现有DN300燃气管道正交。

施工前，项目部踏勘现场时发现，雨水管道上部外侧管壁与现况燃气管道底部间距小于规范要求，并向建设单位提出变更设计的建议。经设计单位核实，同意将道路交叉口处的Y1-Y2井段的雨水管道变更为双排DN800双壁波纹管，设计变更后的管道平面位置与断面布置如图1、图2所示。项目部接到变更后提出索赔申请，经计算，工程变更需要增加造价10万元。

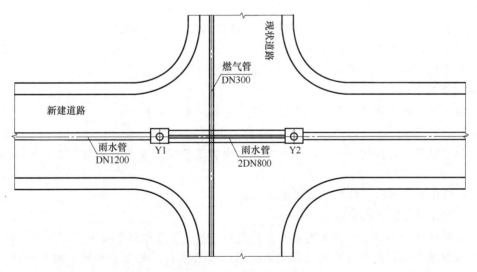

图1 设计变更后的管道平面位置（单位：mm）

为减少管道施工对交通通行的影响，项目部制定了交叉路口的交通导行方案，并获得交通管理部门和路政管理部门的审批。交通导行措施的内容包括：

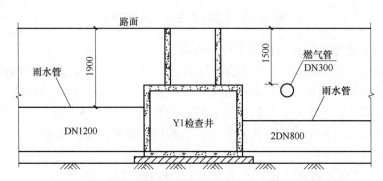

图2　设计变更后的管道断面布置（单位：mm）

（1）严格控制临时占路时间和范围。

（2）在施工区域范围内规划了警告区、终止区等交通疏导作业区域。

（3）与施工作业队伍签订《施工安全责任合同》。

施工期间为雨期，项目部针对水泥稳定土底基层的施工制定了雨期施工质量控制措施如下：

（1）加强与气象站联系，掌握天气预报，安排在不下雨时施工。

（2）注意气象变化，防止水泥和混合料遭雨淋。

（3）做好防雨准备，在料场和搅拌站搭雨篷。

（4）降雨时应停止施工，对已摊铺的混合料尽快碾压密实。

问题：

1. 排水管在燃气管道下方时，其最小垂直距离应为多少米？　　　　　　　　（2分）

2. 按索赔事件的性质分类，项目部提出的索赔属于哪种类型？项目部应提供哪些索赔资料？　　　　　　　　　　　　　　　　　　　　　　　　　　　　　　　　（6分）

3. 交通疏导方案（2）中还应规划设置哪些交通疏导作业区域？　　　　　　（4分）

4. 交通疏导方案中还应补充哪些措施？　　　　　　　　　　　　　　　　　（4分）

5. 补充和完善水泥稳定土底基层雨期施工质量的控制措施。　　　　　　　　（4分）

【参考答案】

1. 排水管在燃气管道下方时，其最小垂直距离应为多少米？

最小垂直距离应为0.15米（m）。　　　　　　　　　　　　　　　　　　　　（2分）

2. 按索赔事件的性质分类，项目部提出的索赔属于哪种类型？项目部应提供哪些索赔资料？

（1）项目部提出的索赔属于工程变更索赔。　　　　　　　　　　　　　　　（2分）

（2）项目部应提交的索赔资料包括：

①索赔正式通知函、设计变更单、变更图纸、变更项目的预算清单。　　　　（2分）

②索赔事件的原因、对其权益影响的资料、索赔依据、要求索赔的工期和金额、同期记录等。　　　　　　　　　　　　　　　　　　　　　　　　　　　　　　　　　（2分）

【解析】

对于应提供的索赔资料，很难准确定位，因为索赔资料既可以理解为教材当中的原文内容，也可以理解为在实际索赔中应该提交的资料。对于这种情况，考试的时候还是要尽量将两种方向的描述全部作答出来。

3. 交通疏导方案（2）中还应规划设置哪些交通疏导作业区域？

还应规划设置上游过渡区、缓冲区、作业区、下游过渡区。　　　　　　（每个1分）

4. 交通疏导方案中还应补充哪些措施？

（1）设置各种交通标志、隔离设施、路障。

（2）按照施工组织设计搭设围挡。

（3）对作业工人进行安全教育、培训、考核。

（4）及时引导交通车辆，为行人提供方便。

（5）路口设专职交通疏导员，协助交警。

（6）修建临时便线、便桥。　　　　　　　　　　　　　　（写对4条以上得4分）

5. 补充和完善水泥稳定土底基层雨期施工质量的控制措施。

（1）调整施工步序，集中力量分段施工。　　　　　　　　　　　　　（1分）

（2）对基层材料，应拌多少、铺多少、压多少、完成多少。　　　　　（1分）

（3）雨后摊铺时，应排除下承层表面的水，防止集料过湿。　　　　　（1分）

（4）建立完善的排水系统，防排结合，发现有积水、挡水处及时疏通。（1分）

案例十【2015年一建真题】

某公司承建一项道路扩建工程，长3.3km，设计宽度40m，上下行双幅路；现况路面铣刨后铺表面层形成上行机动车道，新建机动车道面层为三层热拌沥青混合料。工程内容还包括新建雨水、污水、给水、供热、燃气工程。工程采用工程量清单计价；合同要求4月1日开工，当年完工。

项目部进行了现况调查：工程位于城市繁华老城区，现况路宽12.5m，人机混行，经常拥堵；两侧密布的企事业单位和民居多处位于道路红线内；地下老旧管线多，待拆改移。在现场调查的基础上，项目部分析了工程施工特点及存在的风险，对项目施工进行了综合部署。施工前，项目部编制了交通导行方案，经有关管理部门批准后组织实施。

为保证沥青表面层的外观质量，项目部决定分幅、分段施工沥青底面层和中面层后放行交通，整幅摊铺施工表面层。施工过程中，由于拆迁进度滞后，致使表面层施工时间推迟到当年12月中旬。项目部对中面层进行了简单清理后摊铺表面层。

施工期间，根据建设单位意见，增加3个接顺路口，结构与新建道路相同。路口施工质量验收合格后，项目部以增加的工作量作为合同变更调整费用的计算依据。

问题：

1. 本工程施工部署应考虑哪些特点？　　　　　　　　　　　　　　　（4分）

2. 简述本工程交通导行整体思路。　　　　　　　　　　　　　　　　（4分）

3. 道路表面层施工做法有哪些质量隐患？针对隐患应采取哪些预防措施？（6分）

4. 接顺路口增加的工作量部分应如何计量计价？　　　　　　　　　　（6分）

【参考答案】

1. 本工程施工部署应考虑哪些特点？

（1）多专业工程交错，综合施工，施工组织难度大。

（2）与城市交通、市民生活相互干扰。

（3）地上、地下障碍物拆迁量大，影响施工部署。

（4）文明施工、环境保护要求高。

（5）施工进度要与拆迁进度相配合。

（6）施工用地紧张、场地狭小，工期紧张。　　　　（写对4条以上得4分）

2. 简述本工程交通导行整体思路。

（1）保持现况道路通行，两侧进行封闭围挡，完成建筑物拆迁、地下老旧管线拆移、新建管线铺设和道路施工至沥青中面层。

（2）进行交通导行：两侧新建道路开放交通，原12.5m宽道路封闭围挡，进行铣刨处理，并施工中央隔离带。

（3）进行交通导行：以中央隔离带为界限，下行车道开放交通，封闭围挡上行车道，进行表面层施工。

（4）进行交通导行：以中央隔离带为界限，上行车道开放交通，封闭围挡下行车道，进行表面层施工。

（5）交通导行争取交通分流，减小施工压力；合理安排警告区、过渡区、施工区等，设置交通标志及信号，专人引导交通。　　　　（写对4条以上得4分）

【解析】

设问不是很清楚，不知道问的是具体的交通导行步骤流程还是交通导行的措施，那么考试的时候尽量语言简练，两方面都写到。

3. 道路表面层施工做法有哪些质量隐患？针对隐患应采取哪些预防措施？

（1）质量隐患：

① 中面层清理不彻底，容易造成表面层与中面层粘结性差、结构分离，路面整体性差。

（1分）

② 表面层12月中旬施工，气温低会导致沥青脆化，很难在规定温度下碾压成型。

（1分）

（2）应采取以下预防措施：

① 对中面层要进行彻底清理，并采取有效措施保证粘层油施工质量。　　（2分）

② 选择在温度高的时段施工，并适当提高沥青混合料拌和出厂及施工温度；运输中应覆盖保温层；下承层表面应干燥、清洁；摊铺碾压安排紧凑。　　　　（2分）

【解析】

设问质量隐患时，与说出不妥之处并写出正确做法还是有一定的区别，要写出这么做的危害、后果。

4. 接顺路口增加的工作量部分应如何计量计价？

（1）程序：增加三个接顺路口应按程序计量计价，即项目部接到监理工程师变更指令后的14天内，向监理工程师提交变更工程价款估价报告；逾期未提交的，视为该变更工程不涉及价款增加。　　　　（2分）

（2）计量：项目部完成接顺路口后的7天内，向监理工程师提交实际完成的工程量报告，经监理工程师确认后作为结算的依据。　　　　（2分）

（3）计价：接顺路口的结构形式与原道路结构相同，应执行原综合单价，但如果工程量的增加超过了原计划工程量的15%，应由发包、承包双方按照合理成本加利润的原则，

协商确定综合单价。 （2分）

【解析】

当年很多考生答案没有做完整。此问实际上是一个问号问了三个问题，要分别从程序、计量、计价三个方面作答。

案例十一 【2013年一建真题】

某公司中标修建城市新建主干道，全长2.5km，双向四车道，其结构从下至上为20cm厚石灰稳定碎石底基层、38cm厚水泥稳定碎石基层、8cm厚粗粒式沥青混合料底面层、6cm厚中粒式沥青混合料中面层、4cm厚细粒式沥青混合料表面层。

项目部编制的施工机械计划表列有挖掘机、铲运机、压路机、洒水车、平地机、自卸汽车。施工方案中：石灰稳定碎石底基层直线段由中间向两边、曲线段由外侧向内侧的方式进行碾压；沥青混合料摊铺时应对温度随时检查；用轮胎压路机初压，碾压速度控制在1.5～2.0km/h。

项目部将20cm厚石灰稳定碎石底基层、38cm厚水泥稳定碎石基层、8cm厚粗粒式沥青混合料底面层、6cm厚中粒式沥青混合料中面层、4cm厚细粒式沥青混合料表面层五个施工过程分别用Ⅰ、Ⅱ、Ⅲ、Ⅳ、Ⅴ表示，并将Ⅰ、Ⅱ两项划分成四个施工段①②③④，Ⅰ、Ⅱ两项在各施工段上的持续时间见表1。

表1 Ⅰ、Ⅱ两项在各施工段上的持续时间

施工过程	持续时间/周			
	①	②	③	④
Ⅰ	4	5	3	4
Ⅱ	3	4	2	3

而Ⅲ、Ⅳ、Ⅴ不分施工段连续施工，持续时间均为一周。

项目部按各施工段持续时间连续、均衡作业，不平行、搭接施工的原则安排了施工进度计划（见表2）。

表2 施工进度计划表

施工过程	施工进度/周																					
	1	2	3	4	5	6	7	8	9	10	11	12	13	14	15	16	17	18	19	20	21	22
Ⅰ			①				②															
Ⅱ								①														
Ⅲ																						
Ⅳ																						
Ⅴ																						

问题：

1. 补充施工机械计划表中缺少的主要机械。　　　　　　　　　　　　　　　　（3 分）

2. 请给出正确的底基层碾压方法和沥青混合料初压设备。　　　　　　　　　（4 分）

3. 沥青混合料碾压温度是依据什么因素确定的？　　　　　　　　　　　　　（4 分）

4. 除背景内容外，现场还应设立哪些公示牌？　　　　　　　　　　　　　　（3 分）

5. 请按背景中的要求和表 2 形式，用横道图表示，画出完整的施工进度计划表，并计算工期。　　　　　　　　　　　　　　　　　　　　　　　　　　　　　　（6 分）

【参考答案】

1. 补充施工机械计划表中缺少的主要机械。

（1）拌和设备：拌和机。

（2）摊铺平整机械：摊铺机、沥青洒布车、嵌丁料洒布车。

（3）装运机械：装载机、推土机、运输车辆。

（4）压实设备：小型夯压机。

（5）清除设备和养护设备：清除车。　　　　　　　　　　　（写对 5 条以上得 3 分）

【解析】

施工中都需要用到哪些机械，在道路、桥梁、轨道交通、给水排水场站、管道章节都进行过考核，平时要注意搜集整理。

2. 请给出正确的底基层碾压方法和沥青混合料初压设备。

（1）底基层正确碾压方法：直线段由两侧向中心碾压，设超高的曲线路段应由曲线的内侧向外侧碾压。　　　　　　　　　　　　　　　　　　　　　　　　　（2 分）

（2）沥青混合料初压设备：宜采用钢轮压路机。　　　　　　　　　　　　（2 分）

3. 沥青混合料碾压温度是依据什么因素确定的？

依据沥青和沥青混合料种类、压路机、气温、层厚等因素，经试压确定。　（每个 1 分）

4. 除背景内容外，现场还应设立哪些公示牌？

现场还应设立防火须知牌、安全无重大事故计时牌、施工总平面图、施工项目经理部组织及主要管理人员名单图、重大危险源公示牌等。　　　　　　　（写对 4 条以上得 3 分）

【解析】

给做过现场施工的考生发的福利，只要在现场干过，不难回答。注意公示牌与五牌一图的区别和联系。

5. 请按背景中要求和表 2 形式，用横道图表示，画出完整的施工进度计划表，并计算工期。

（1）完整的施工进度计划表如下。　　　　　　　　　　　　　　　　　　（2 分）

完整的施工进度计划表

施工过程	施工进度/周																					
	1	2	3	4	5	6	7	8	9	10	11	12	13	14	15	16	17	18	19	20	21	22
I			①				②				③				④							
II									①			②				③		④				

(续)

施工过程	施工进度/周																					
	1	2	3	4	5	6	7	8	9	10	11	12	13	14	15	16	17	18	19	20	21	22
Ⅲ																				▬		
Ⅳ																					▬	
Ⅴ																						▬

（2）计算工期。

① K_{I-II} 为

$$
\begin{array}{rrrrr}
 & 4 & 9 & 12 & 16 \\
- & & 3 & 7 & 9 & 12 \\
\hline
 & 4 & 6 & 5 & 7 & -12
\end{array}
$$

$K_{I-II} = \max\{4,6,5,7,-12\} = 7$ （2分）

② $T = 7$ 周 $+ (3+4+2+3)$ 周 $+ (1+1+1)$ 周 $= 22$ 周。 （2分）

案例十二【2012年一建真题】

A公司中标北方地区某郊野公园施工项目，内容包括绿化栽植、园林给水排水、夜景照明，土方工程、园路及广场铺装。合同期为4月1日至12月31日。A公司项目部拟定施工顺序：土方工程→给水排水→园路、广场铺装→绿化栽植→夜景照明。

因拆迁影响，给水排水和土方工程完成后，11月中旬才进入园路和广场铺装施工。园林主干路施工中发生了如下情况：

（1）土质路基含水率较大，项目部在现场掺加石灰进行处理后碾压成型。

（2）为不干扰临近疗养院，振动压路机作业时取消了振动压实。

（3）道路基层为级配碎石层，现场检查发现集（骨）料最大粒径约50mm，采取沥青乳液下封层，养护3天后进入下一道施工工序。

（4）路面面层施工时天气晴朗，日最高气温为3℃，项目部在没有采取特殊措施的情况下，抢工摊铺。

翌年4月，路面出现了局部沉陷、裂缝等病害。

问题：

1. 指出园路施工存在哪些不妥之处？给出正确做法。 （6分）

2. 分析并指出园路出现病害的主要成因。 （5分）

3. 补充项目部应采用的园路冬期施工措施。 （13分）

【参考答案】

1. 指出园路施工存在哪些不妥之处？给出正确做法。

（1）不妥之处一：土质路基含水率较大，在现场掺加石灰处理后碾压成型。 （0.5分）

正确做法：对于含水率高的土质路基，可采用换填法或晾晒，使水分挥发，接近最佳含水率；必须用灰土处理时，应采用厂拌，严格控制石灰含量。 （1分）

（2）不妥之处二：振动压路机作业时取消了振动压实。 （0.5分）

正确做法：振动压路机作业时必须振动压实，可以采取控制作业时间段的措施或降低噪声的措施，如隔声、消声、吸声等。　　　　　　　　　　　　　　　　　　　（1 分）

（3）不妥之处三：集料最大粒径约 50mm，采取沥青乳液下封层养护 3 天后进入下一道工序。　　　　　　　　　　　　　　　　　　　　　　　　　　　　　　　　　（0.5 分）

正确做法：①级配砂砾中最大粒径不得大于 37.5mm；②养护时间不少于 7 天；③应在乳液面撒布嵌丁料后才能进入下一道工序。　　　　　　　　　　　　　　　　　（1 分）

（4）不妥之处四：最高气温 3℃，没有采取措施。　　　　　　　　　　　　（0.5 分）

正确做法：最高气温为 3℃，沥青混合料路面工程应停止施工。必须施工时，应采取冬期施工的特殊措施。　　　　　　　　　　　　　　　　　　　　　　　　　　　（1 分）

2. 分析并指出园路出现病害的主要成因。

（1）土基掺加石灰现场拌制导致拌和不均，进入冬期施工，石灰不能有效凝结硬化，强度很低，冬季冻胀，春季翻浆。　　　　　　　　　　　　　　　　　　　　　（1 分）

（2）取消了压路机的振动压实，导致路基压实度不够。　　　　　　　　　　（1 分）

（3）级配碎石层的集料粒径过大，长期承重后将集料压碎，使路面出现沉降。　（1 分）

（4）养护时间不够，基层强度过低。　　　　　　　　　　　　　　　　　　（1 分）

（5）缺少冬期施工措施，面层开裂。　　　　　　　　　　　　　　　　　　（1 分）

3. 补充项目部应采用的园路的冬期施工措施。

（1）路基措施：采用机械为主、人工为辅的方式开挖冻土，挖到设计标高立即碾压成型。如果当日达不到设计标高，下班前应将操作面刨松或覆盖，防止冻结。道路填土材料中冻土块最大尺寸不得大于 100mm，冻土块含量应小于 15%。　　　　　　　　（2 分）

（2）基层措施：级配砂石（砾石）、级配碎石施工，应根据施工环境最低温度洒布防冻剂溶液，随洒布，随碾压。　　　　　　　　　　　　　　　　　　　　　　　（2 分）

（3）沥青面层：

1）基层应清除冰冻、积雪。　　　　　　　　　　　　　　　　　　　　　　（1 分）

2）适当提高沥青混合料的拌和温度。　　　　　　　　　　　　　　　　　　（1 分）

3）沥青混合料运输过程中采用保温覆盖措施。　　　　　　　　　　　　　　（1 分）

4）沥青混合料到达现场后应快卸、快铺、快平、及时碾压、及时成型。　　（1 分）

（4）水泥混凝土面层：

1）选用水化热高的硅酸盐水泥或普通硅酸盐水泥。　　　　　　　　　　　　（1 分）

2）早强剂、防冻剂经试验确定其掺入量。　　　　　　　　　　　　　　　　（1 分）

3）对搅拌用水的加热温度不超过 80℃。　　　　　　　　　　　　　　　　（1 分）

4）对砂石的加热温度不超过 50℃。　　　　　　　　　　　　　　　　　　（1 分）

5）路面成型后及时覆盖，进行保温、保湿养护。　　　　　　　　　　　　　（1 分）

案例十三【2009 年一建真题】

A 公司中标北方某城市的道路改造工程，因拆迁影响，工程实际工期为 2008 年 7 月 10 日至 10 月 30 日。

为避免出现施工缝，施工中利用施工设计的胀缝处作为施工缝；采用土工毡覆盖洒水养护，当路面混凝土强度达到设计强度的 40% 时做横向切缝，经实测切缝深度为 45～50mm。

道路使用四个月后，路面局部出现不规则的横向收缩裂缝，裂缝距缩缝100mm左右。

问题：分析说明路面产生裂缝的原因。　　　　　　　　　　　　　　（6分）

【参考答案】

（1）原因之一：采用土工毡覆盖洒水养护。在北方地区，10月已进入冬季。冬期施工时，气温低于5℃，混凝土易受冻结冰。　　　　　　　　　　　　　（2分）

（2）原因之二：切缝过晚。应在混凝土强度达到25%～30%时进行切缝，背景资料为达到强度40%才切缝，这可能产生的拉应力大于混凝土容许值，造成裂缝。　（2分）

（3）原因之三：切缝深度不够。设传力杆时不宜小于板厚1/3且不小于70mm，不设传力杆时不小于板厚1/4且不小于60mm，而该工程为45～50mm，未达到规定值，起不到缩缝的作用，造成裂缝。　　　　　　　　　　　　　　　　　（2分）

案例十四【2006年一建真题】

某公司承建城市主干道改造工程，其结构为二灰土底基层、水泥稳定碎石基层和沥青混凝土面层，工期要求当年5月完成拆迁，11月底完成施工。

水泥稳定碎石基层施工时，项目部在城市外设置了拌和站；为避开交通高峰时段，夜间运输，白天施工。检查发现水泥稳定碎石基层表面出现松散、强度值偏低的质量问题。

项目部依据冬期施工方案，选择在全天最高温度时段进行沥青混凝土摊铺碾压施工。经现场实测，试验段的沥青混凝土面层的压实度、厚度、平整度均符合设计要求，自检的检验结论为合格。

问题：

1. 分析水泥稳定碎石基层施工出现质量问题的主要原因。　　　　　（4分）
2. 结合该工程简述沥青混凝土冬期施工的基本要求。　　　　　　　（4分）
3. 项目部对沥青混凝土面层自检合格的依据充分吗？如果不充分，还应补充哪些？

　　　　　　　　　　　　　　　　　　　　　　　　　　　　　　　（4分）

【参考答案】

1. 分析水泥稳定碎石基层施工出现质量问题的主要原因。

（1）在城市外设置了拌和站，不能及时运送到施工现场。　　　　　（2分）

（2）夜间运输，白天施工，水泥早已超过初凝时间；施工质量验收规范规定，水泥稳定碎石从拌和至摊铺完成不得超过3h。　　　　　　　　　　　　　（2分）

2. 结合该工程简述沥青混凝土冬期施工的基本要求。

（1）适当提高混合料的拌和温度，混合料运输过程中加强覆盖保温。　（1分）

（2）摊铺时间宜安排在一日内气温较高时进行，且下承层表面应干燥、清洁、无冰、雪、霜。　　　　　　　　　　　　　　　　　　　　　　　　　　　（1分）

（3）混合料到达现场后，快卸、快铺、快平。　　　　　　　　　　（1分）

（4）混合料铺平后，及时碾压、及时成型。　　　　　　　　　　　（1分）

3. 项目部对沥青混凝土面层自检合格的依据充分吗？如果不充分，还应补充哪些？

（1）不充分。　　　　　　　　　　　　　　　　　　　　　　　　（1分）

（2）应补充检查：①弯沉值；②纵断高程；③中线偏位；④宽度；⑤横坡、边坡。

（写对 4 条以上得 3 分）

案例十五【2021 年二建真题】

某公司承建南方一主干路工程，道路全长 2.2km，地勘报告揭示 K1 +500 ~ K1 +650 处有一暗塘，其他路段为杂填土，暗塘位置平面如图 1 所示。

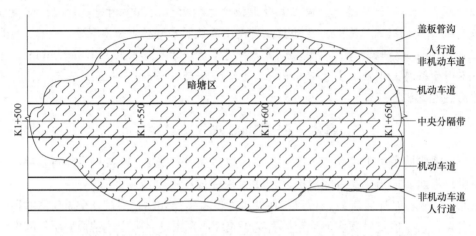

图 1　暗塘位置平面

设计单位在暗塘范围采用双轴水泥土搅拌桩加固的方式对机动车道路基进行复合路基处理，其他部分采用改良换填的方式进行处理，路基横断面如图 2 所示。

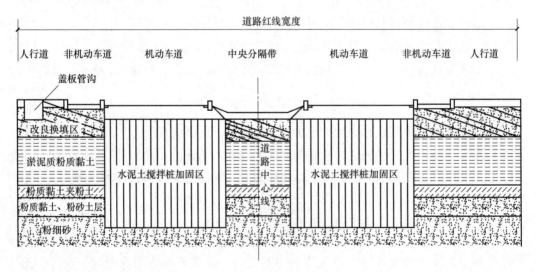

图 2　暗塘区路基横断面

为保证杆线落地安全处置，设计单位在暗塘左侧人行道下方布设现浇钢筋混凝土盖板管沟，将既有低压电力、通信线缆敷设沟内，盖板管沟断面如图 3 所示。

针对改良换填路段，项目部在全线施工展开之前做了 100m 的标准试验段，以便选择压实机具、压实方式等。

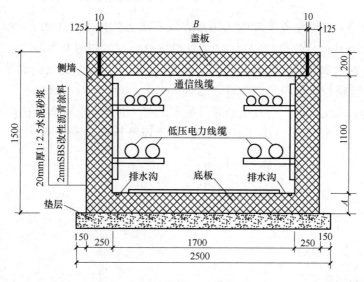

图3　盖板管沟断面（单位：mm）

问题：

1. 按设计要求，项目部应采用喷浆型搅拌机还是喷粉型搅拌桩机？　　　　（2分）
2. 写出水泥土搅拌桩的优点。　　　　　　　　　　　　　　　　　　　　（6分）
3. 写出图3中涂料层及水泥砂浆层的作用，补齐底板厚度 A 和盖板宽度 B 的尺寸。

　　　　　　　　　　　　　　　　　　　　　　　　　　　　　　　　　　（6分）

4. 补充标准试验段需要确定的技术参数。　　　　　　　　　　　　　　　（6分）

【参考答案】

1. 按设计要求，项目部应采用喷浆型搅拌机还是喷粉型搅拌桩机？

应采用喷浆型搅拌机。　　　　　　　　　　　　　　　　　　　　　　　　（2分）

2. 写出水泥土搅拌桩的优点。

1）最大限度地利用了原土。　　　　　　　　　　　　　　　　　　　　　（2分）

2）搅拌时无振动、无噪声和无污染，可在密集建筑群中进行施工，对周围既有建筑物及地下沟管影响很小。　　　　　　　　　　　　　　　　　　　　　　　　　（2分）

3）根据上部结构的需要，可灵活地采用柱状、壁状、格栅状和块状等加固形式。

　　　　　　　　　　　　　　　　　　　　　　　　　　　　　　　　　　（1分）

4）与钢筋混凝土桩基相比，可节约钢材并降低造价。　　　　　　　　　（1分）

3. 写出图3中涂料层及水泥砂浆层的作用，补齐底板厚度 A 和盖板宽度 B 的尺寸。

（1）防水作用。　　　　　　　　　　　　　　　　　　　　　　　　　　（2分）

（2）底板厚度：$A = 1500mm - 1100mm - 200mm = 200mm$。　　　　（2分）

（3）盖板宽度：$B = 1700mm + 250 \times 2mm - 125 \times 2mm - 10 \times 2mm = 1930mm$。（2分）

4. 补充标准试验段需要确定的技术参数。

需要确定压实遍数、虚铺厚度、预沉量值。　　　　　　　　　　　　（每个2分）

案例十六【2020 年二建真题】

　　某城道路局部为路堑路段，两侧采用浆砌块石重力式挡土墙护坡，挡土墙高出路面约 3.5m，顶部宽度 0.6m，底部宽度 1.5m，基础埋深 0.85m，如图 1 所示。在夏季连续多日降雨后，该路段一侧约 20m 挡土墙突然坍塌，该侧行人和非机动车无法正常通行。

　　调查发现，该段挡土坍塌前顶部荷载无明显变化，坍塌后基础未见不均匀沉降，墙体块石砌筑砂浆饱满，粘结牢固，后背填土为杂填土，查见泄水孔淤塞不畅。为恢复正常交通秩序，保证交通安全，相关部门决定在原位置重建现浇钢筋混凝土重力式挡土墙，如图 2 所示。

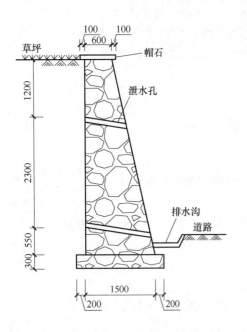

图 1　原浆砌块石重力式挡土墙（单位：mm）　　图 2　新建混凝土重力式挡土墙（单位：mm）

　　施工单位编制了钢筋混凝土重力式挡土墙混凝土浇筑施工方案，其中包括：提前与商品混凝土厂沟通混凝土强度、方量及到场时间；第一车混凝土到场后立即开始浇筑；按每层 600mm 水平分层浇筑混凝土，下层混凝土初凝前进行上层混凝土浇筑；新旧挡土连接处增加钢筋使两者紧密连接；如果发生交通拥堵导致混凝土运输时间过长，可适量加水调整混凝土和易性；提前了解天气预报并准备雨期施工措施等内容。

　　施工单位在挡土墙排水方面拟采取以下措施：在边坡潜在滑塌区外侧设置截水；挡土墙内每层泄水孔上下对齐布置；挡土墙后背回填黏土并压实等措施。

问题

1. 从受力角度分析挡土墙坍塌原因。　　　　　　　　　　　　　　　　　　（3 分）

2. 写出混凝土重力式挡土墙的钢筋设置位置和结构形式特点。　　　　　　　（5 分）

3. 改正混凝土浇筑方案中存在的错误之处。　　　　　　　　　　　　　　　（8 分）

4. 改正挡土墙排水设计中存在的错误之处。　　　　　　　　　　　　　　　（4 分）

【参考答案】

1. 从受力角度分析挡土墙坍塌原因。

因挡土墙未设置反滤层，导致泄水孔淤塞不畅，无法排出积水；多日降雨致使墙后土体过湿，自重变大，造成挡土墙承受压力过大发生坍塌。　　　　　　　　　　　（3分）

2. 写出混凝土重力式挡土墙的钢筋设置位置和结构形式特点。

（1）钢筋设置位置：

①在墙背设置钢筋；②在墙趾设置钢筋。　　　　　　　　　　　　　（每个1分）

（2）结构形式特点：

1）依靠墙体自重抵挡土压力作用。　　　　　　　　　　　　　　　　（1分）

2）在墙背设少量钢筋，并将墙趾展宽（必要时设少量钢筋）或基底设凸榫抵抗滑动。

　　　　　　　　　　　　　　　　　　　　　　　　　　　　　　　（1分）

3）可减少墙体厚度，节省混凝土用量。　　　　　　　　　　　　　　（1分）

3. 改正混凝土浇筑方案中存在的错误之处。

（1）错误之处一：第一车混凝土到场后立即开始浇筑。　　　　　　　（1分）

改正：对首次浇筑的混凝土配合比（施工配合比）应进行开盘鉴定，检查坍落度、浇筑位置，模板的承载力、刚度和稳定性，以及预埋件的位置、规格等。符合要求后方可进行浇筑施工。　　　　　　　　　　　　　　　　　　　　　　　　　　　　（1分）

（2）错误之处二：每层600mm水平分层浇筑混凝土。　　　　　　　（1分）

改正：层厚过大，应减小浇筑层厚。　　　　　　　　　　　　　　　（1分）

（3）错误之处三：新旧挡土墙连接处增加钢筋使两者紧密连接密。　　（1分）

改正：新旧挡土墙之间应设置结构变形缝。　　　　　　　　　　　　（1分）

（4）错误之处四：加水调整混凝土和易性。　　　　　　　　　　　　（1分）

改正：严禁在运输过程中对混凝土拌和物加水，可加同配比水泥浆进行二次快速搅拌或加减水剂。　　　　　　　　　　　　　　　　　　　　　　　　　　　　　（1分）

4. 改正挡土墙排水设计中存在的错误之处。

（1）错误之处一：每层泄水孔上下对齐布置。　　　　　　　　　　　（1分）

改正：上下应错开布置，并避开伸缩缝和沉降缝。　　　　　　　　　（1分）

（2）错误之处二：后背回填黏土。　　　　　　　　　　　　　　　　（1分）

改正：采用设计规定的填料或透水性材料，如砾石或砂土。　　　　　（1分）

案例十七【2020年二建真题】

某单位承建一钢厂主干道钢筋混凝土道路工程，道路全长1.2km，红线宽46m，路幅分配如图1所示。雨水主管敷设于人行道下，管道平面布置如图2所示。该路段地层富水，地下水位较高，设计单位在道路结构层中增设了200mm厚级配碎石层。项目部进场后，按文明施工要求对施工现场进行了封闭管理，并在现场进口处挂有"五牌一图"。

道路施工过程中发生如下事件。

事件一： 路基验收完成已是深秋，为在冬期到来前完成水泥稳定碎石基层施工，项目部经过科学组织，优化方案，集中力量，按期完成基层分项工程的施工任务，同时做好了基层的防冻覆盖工作。

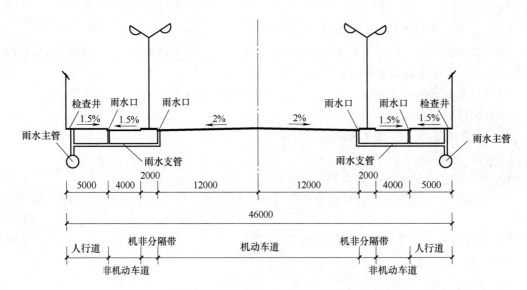

图1　路横分配（单位：mm）

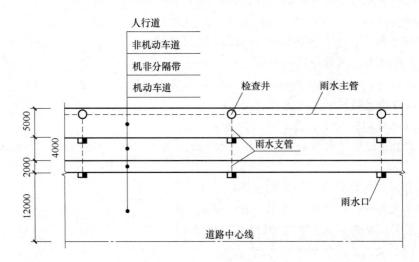

图2　半幅路雨水管道平面布置（单位：mm）

事件二：基层验收合格后，项目部采用开槽法进行DN300的雨水支管施工，雨水支管沟槽开挖断面如图3所示。槽底浇筑混凝土基础后敷设雨水支管，最后浇筑C25混凝土对支管进行全包封处理。

事件三：雨水支管施工完成后，进入了面层施工阶段，在钢筋进场时，实习材料员当班检查了钢筋的品种、规格，均符合设计和国家现行标准规定，经复试（含见证取样）合格，却忽略了供应商没能提供的相关资料，便将钢筋投入现场施工。

问题：

1. 设计单位增设的200mm厚级配碎石层应设置在道路结构中的哪个层次？说明其作用。　　　　　　　　　　　　　　　　　　　　　　　　　　　　　　　（4分）

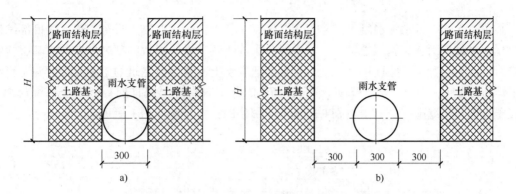

图 3　雨水支管沟槽开挖断面（单位：mm）

2. "五牌一图"具体指哪些牌和图？ (4分)

3. 请写出事件一中进入冬期施工的气温条件，并写出基层分项工程应在冬期施工到来之前多少天完成。 (4分)

4. 请在图3中选出正确的雨水支管开挖断面形式。（开挖断面形式用a）断面或b）断面作答） (4分)

5. 事件三中钢筋进场时还需要检查哪些资料？ (4分)

【参考答案】

1. 设计单位增设的200mm厚级配碎石层应设置在道路结构中的哪个层次？说明其作用。

（1）垫层（或设置在土路基与基层之间）。 (1分)

（2）作用：改善土基的湿度和温度状况（或提高路面结构的水稳性和抗冻胀能力），扩散荷载，减小土基所产生的变形。 (3分)

2. "五牌一图"具体指哪些牌和图？

五牌：工程概况牌、管理人员名单及监督电话牌、消防安全牌、安全生产（无重大事故）牌、文明施工牌。

一图：施工现场总平面图。 (4分)

3. 请写出事件一中进入冬期施工的气温条件，并写出基层分项工程应在冬期施工到来之前多少天完成。

（1）气温条件：当施工现场环境日平均气温连续5天稳定低于5℃，或者最低环境气温低于-3℃时，应视为进入冬期施工。 (2分)

（2）完成天数：应在冬期施工之前15～30天完成。 (2分)

4. 请在图3中选出正确的雨水支管开挖断面形式。（开挖断面形式用a）断面或b）断面作答）

采用b）断面。因为a）断面形式在包封施工时，无法进行腋角部位混凝土浇筑。 (4分)

5. 事件三中钢筋进场时还需要检查哪些资料？

钢筋成分，生产厂的牌号、炉号，检验报告和合格证。 (4分)

案例十八【2020年二建真题】

某单位承建一条水泥混凝土道路工程，道路全长1.2km，混凝土标号C30。项目部编制了混凝土道路路面浇筑施工方案，方案中对各个施工环节做了细致的部署。在道路基层验收合格后，水泥混凝土道路面层施工前，项目部把混凝土道路面层浇筑的工艺流程对施工班组做了详细的交底，如下：安装模板→装设拉杆与传力杆→混凝土拌和与①→混凝土摊铺与②→混凝土养护及接缝施工，其中特别对胀缝节点部位的技术交底如图1所示。

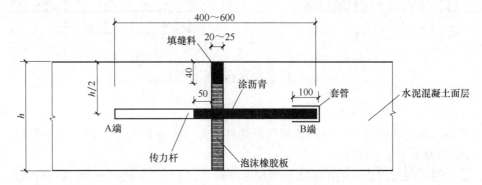

图1　胀缝节点部位的技术交底（单位：mm）

在混凝土道路面层浇筑时天气发生变化，为了保证工程质量，项目部紧急启动雨期突击施工预案，在混凝土道路面层浇筑现场搭设临时雨篷，工序衔接紧密，班长在紧张的工作安排中疏漏了一些浇筑工序细节。

混凝土道路面层浇筑完成后，养护了数天，气温均为25℃±2℃。当监理提出切缝工作的质疑时，将同条件养护的混凝土试块做了试压，数据显示已达设计强度的80%，项目部抓紧安排了混凝土道路面层切缝、灌缝工作，灌缝材料采用聚氨酯，高度稍低于混凝土道路面板顶部2mm。为保证"工完、料净、场清"文明施工，工人配合翻斗车直接上路进行现场废弃物清运工作。

问题：

1. 在混凝土面层浇筑工艺流程中，请指出拉杆、传力杆采用的钢筋类型。补充①、②施工工序的名称。指出图1中拉杆的哪一端为固定端。　　　　　　　　　　　　　（8分）

2. 为保证水泥混凝土面层的雨期施工质量，请补充混凝土浇筑时所疏漏的工序细节。

　　　　　　　　　　　　　　　　　　　　　　　　　　　　　　　　　　　　　（4分）

3. 请指出混凝土面层切缝、灌缝时的不当之处，并改正。　　　　　　　　　　（4分）

4. 当混凝土强度达到设计强度80%时能否满足翻斗车上路开展运输工作？说明理由。

　　　　　　　　　　　　　　　　　　　　　　　　　　　　　　　　　　　　　（4分）

【参考答案】

1. 在混凝土面层浇筑工艺流程中，请指出拉杆、传力杆采用的钢筋类型。补充①、②施工工序的名称。指出图1中拉杆的哪一端为固定端。

（1）钢筋类型：

拉杆为带肋钢筋（螺纹钢筋），传力杆为光圆钢筋。　　　　　　　　　　　（每个2分）

（2）工序名称：

①为运输；②为振捣。 （每个1分）

（3）A端为固定端。 （2分）

2. 为保证水泥混凝土面层的雨期施工质量，请补充混凝土浇筑时所疏漏的工序细节。

疏漏的工序细节有：勤测粗细集料（砂石）的含水率，严格掌握配合比，保证配合比准确，及时浇筑、振捣、抹面成型、养护。 （4分）

3. 请指出混凝土面层切缝、灌缝时的不当之处，并改正。

（1）切缝时不当之处：混凝土强度达到80%。 （1分）

改正：宜在混凝土强度为25%~30%时，采用切缝机进行切割。 （1分）

（2）灌缝时不当之处：灌缝高度稍低于面板顶部2mm。 （1分）

改正：本工程属常温施工，灌缝高度应与板面平。 （1分）

4. 当混凝土强度达到设计强度80%时能否满足翻斗车上路开展运输工作？说明理由。

（1）不能。 （1分）

（2）理由：混凝土完全达到设计弯拉强度（100%），且填缝完成后，方可开放交通。

（3分）

案例十九【2019年二建真题】

某公司承建一项路桥结合城镇主干路工程，桥台设计为重力式U形结构。基础采用扩大基础，持力层位于砂质黏土层、地层中少量潜水；台后路基平均填土高度大于5m。场地地质自上而下分别为腐殖土层、粉质黏土层、砂质黏土层，砂卵石层等。桥台及台后路基立面如图1所示，路基典型横断面及路基压实度分区如图2所示。

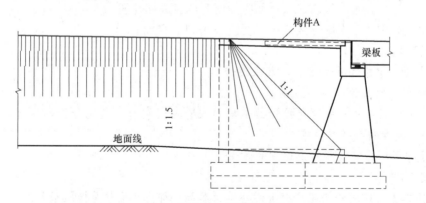

图1　桥台及台后路基立面

施工过程中发生如下事件。

事件一： 桥台扩大基础开挖施工过程中，基坑坑壁有少量潜水出露，项目部按施工方案要求，采取分层开挖和做好相应的排水措施，顺利完成了基坑开挖施工。

事件二： 扩大基础混凝土结构施工前，项目部在基坑施工自检合格的基础上，邀请监理等单位进行实地验槽，检验项目包括：轴线偏位、基坑尺寸等。

事件三： 路基施工前，项目部技术人员开展现场调查和测量复测工作，发现部分路段原地面横向坡度陡于1:5。在路基填筑施工时，项目部对原地面的植被及腐殖土层进行清理，

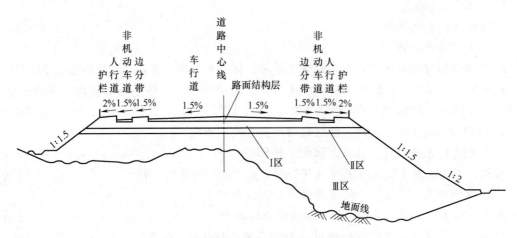

图2　路基典型横断面及路基压实度分区

并按规范要求对地表进行相应处理后，开始路基填筑施工。

事件四：路基填筑采用合格的黏性土，项目部严格按规范规定的压实度对路基填土进行分区如下：①路床顶面以下80cm范围内为Ⅰ区；②路床顶面以下80～150cm范围为Ⅱ区；③路床顶面以下大于150cm为Ⅲ区。

问题：

1. 写出图1中构件A的名称及其主要作用。　　　　　　　　　　　　　　　　　（4分）

2. 指出事件一中基坑排水最适宜的方法。　　　　　　　　　　　　　　　　　（2分）

3. 事件二中，基坑验槽还应邀请哪些单位参加？补全基坑质量检验项目。　　　（6分）

4. 事件三中，路基填筑前，项目部应如何对地表进行处理？　　　　　　　　　（4分）

5. 写出图2中各压实度分区的压实度值（重型击实）。　　　　　　　　　　　（4分）

【参考答案】

1. 写出图1中构件A的名称及其主要作用。

（1）构件A的名称：桥头搭板。　　　　　　　　　　　　　　　　　　　　　（1分）

（2）主要作用：防止桥端连接处因不均匀沉降出现错台，车辆行至此处可起到缓冲作用，从而避免发生桥头跳车现象。　　　　　　　　　　　　　　　　　　　　　（3分）

2. 指出事件一中基坑排水最适宜的方法。

集水明排法。　　　　　　　　　　　　　　　　　　　　　　　　　　　　　（2分）

3. 事件二中，基坑验槽还应邀请哪些单位参加？补全基坑质量检验项目。

（1）还应邀请建设单位、地质勘察单位、设计单位参加。　　　　　　　　　　（3分）

（2）基坑质量检验项目还应包括地基承载力、平面位置、槽底高程、基底土质、降排水情况等。　　　　　　　　　　　　　　　　　　　　　　　　　　　　　　　　（3分）

4. 事件三中，路基填筑前，项目部应如何对地表进行处理？

（1）排除原地面积水。　　　　　　　　　　　　　　　　　　　　　　　　　（1分）

（2）对原路基进行地基承载力检测。　　　　　　　　　　　　　　　　　　　（1分）

（3）将清理后的地面进行夯实。　　　　　　　　　　　　　　　　　　　　　（1分）

（4）对于原地面坡度陡于1:5的，修成台阶形式，且台阶顶面应向内倾斜。　　（1分）

5. 写出图 2 中各压实度分区的压实度值（重型击实）。

Ⅰ区压实度：≥95%。 （2分）

Ⅱ区压实度：≥93%。 （1分）

Ⅲ区压实度：≥90%。 （1分）

【解析】

路基压实度标准见下表。

路基压实度标准

填挖类型	路床顶面以下深度/cm	道路类型	压实度（%）	检验频率		检验方法
				范围	点数	
挖方	0～30	城市快速路、主干路	≥95			
		次干路	≥93			
		支路及其他小路	≥90			
填方	0～80	城市快速路、主干路	≥95	每1000m²	每层一组（3点）	细粒土用环刀法，粗粒土用灌水法或灌砂法
		次干路	≥93			
		支路及其他小路	≥90			
	>80～150	城市快速路、主干路	≥93			
		次干路	≥90			
		支路及其他小路	≥90			
	>150	城市快速路、主干路	≥90			
		次干路	≥90			
		支路及其他小路	≥87			

注：表中数字为重型击实标准压实度，以相应的标准击实试验法求得最大干密度为100%。

案例二十【2016 年二建真题】

某公司承建城市道路改扩建工程，工程内容包括：①在原有道路两侧各增设隔离带、非机动车道及人行道；②在北侧非机动车道下新增一条长800m、直径为500mm 的雨水主管道，雨水口连接支管直径为300mm，管材均采用 HDPE 双壁波纹管，胶圈柔性接口；主管道两端接入现状检查井，管底埋深为4m，雨水口连接管位于道路基层内；③在原有机动车道上加铺厚50mm 改性沥青混凝土上面层，道路横断面布置如图 1 所示。

施工范围内土质以硬塑粉质黏土为主，土质均匀，无地下水。

项目部编制的施工组织设计将工程项目划分为三个施工阶段：第一阶段为雨水主管道施工；第二阶段为两侧隔离带、非机动车道、人行道施工；第三阶段为原机动车道加铺沥青混凝土面层。同时编制了各施工阶段的施工技术方案，内容有：

（1）为确保道路正常通行及文明施工要求，根据三个施工阶段的施工特点，在图中 A、B、C、D、E、F 所示的 6 个节点上分别设置各施工阶段的施工围挡。

（2）主管道沟槽开挖由东向西按井段逐段进行，拟定的槽底宽度为1600mm、南北两侧的边坡坡度分别为1:0.50 和1:0.67，采用机械挖土，人工清底；回用土存放在沟槽北侧，南侧设置管材存放区，弃土运至指定存土场地。

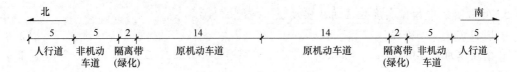

图 1　道路横断面布置（单位：m）

（3）原机动车道加铺改性沥青路面施工，安排在两侧非机动车道施工完成并导入社会交通后整幅分段施工，加铺前对旧机动车道面层进行铣刨、裂缝处理、井盖高度提升、清扫、喷洒（刷）粘层油等准备工作。

问题：

1. 本工程雨水口连接支管施工应有哪些技术要求？　　　　　　　　　　　　（3 分）
2. 用图 1 中所示的节点代号，分别写出三个施工阶段设置围挡的区间。　　（6 分）
3. 写出确定主管道沟槽底开挖宽度及两侧槽壁放坡坡度的依据。　　　　　（4 分）
4. 现场土方存放与运输时应采取哪些环保措施？　　　　　　　　　　　　（3 分）
5. 加铺改性沥青面层施工时，应在哪些部位喷洒（刷）粘层油？　　　　　（4 分）

【参考答案】

1. 本工程雨水口连接支管施工应有哪些技术要求？

1）道路基层完工后开挖沟槽。

2）沟槽内铺中、粗砂。

3）管道承口对着雨水口（来水）方向，且管口涂抹润滑剂，保证接口严密。

4）管道安装平直、通顺、稳定、牢固，坡度符合设计要求。

5）支管应该采用混凝土全长包封，且包封混凝土达到设计要求强度前不得进行碾压作业。　　　　　　　　　　　　　　　　　　　　　　　　　（写对 4 条以上得 3 分）

2. 用图 1 中所示的节点代号，分别写出三个施工阶段设置围挡的区间。

第一阶段的围挡设置区间为 AC。　　　　　　　　　　　　　　　　　　（2 分）

第二阶段围挡设置区间为 AC 和 DF。　　　　　　　　　　　　　　　　（2 分）

第三阶段围挡设置区间为 BE。　　　　　　　　　　　　　　　　　　　（2 分）

3. 写出确定主管道沟槽底开挖宽度及两侧槽壁放坡坡度的依据。

（1）主管道沟槽底开挖宽度的依据：管道外径、设计要求管道两侧的工作面宽度、支撑厚度、模板厚度等。　　　　　　　　　　　　　　　　　　　　　　（2 分）

（2）两侧槽壁放坡坡度的依据：地质条件、土质均匀条件、地下水位、开挖深度、基坑顶部有无动载或静载。　　　　　　　　　　　　　　　　　　　　　（2 分）

4. 现场土方存放与运输时应采取哪些环保措施？

（1）现场采取洒水降尘措施；道路进行硬化处理；存放在现场的土方应采用密目网进

行覆盖，如存放时间较长，应对土方进行绿化处理。　　　　　　　　（1分）

（2）在土方车辆出入口设洗车池，冲洗拉土车辆进出时车轮携带的污泥；拉土车辆不能装载得过满且应该覆盖；行驶速度不宜过快，有拐弯和上坡路段需要减速；车辆沿路如有遗撒，需要有专人进行清扫。　　　　　　　　　　　　　　　　　（2分）

5. 加铺改性沥青面层施工时，应在哪些部位喷洒（刷）粘层油？

应在原机动车道表面、路缘石与沥青接触的侧边、雨水口的雨水箅子与沥青接触侧边、检查井井盖侧面喷洒（刷）粘层油。　　　　　　　　　　　　　（每个1分）

二、单项选择题及答案

1. （2016年真题）在行车荷载作用下产生板体作用，抗弯拉强度大、弯沉变形很小的路面是（　　）路面。

A. 沥青混合料　　　　　　　　　　　B. 次高级

C. 水泥混凝土　　　　　　　　　　　D. 天然石材

【答案】　C

【解析】　"行车荷载作用下产生板体作用，抗弯拉强度大、弯沉变形很小"描述的是刚性路面的特征，而刚性路面的主要代表是水泥混凝土路面。

2. （2012年真题）下列指标中，不属于沥青路面使用指标的是（　　）。

A. 透水性　　　　　　　　　　　　　B. 平整度

C. 变形量　　　　　　　　　　　　　D. 承载能力

【答案】　C

【解析】　沥青路面使用指标有承载能力、平整度、温度稳定性、抗滑能力、噪声量。2020版教材还有透水性，2021版教材已删除。

3. （2013年真题）关于降噪排水路面说法，正确的是（　　）。

A. 磨耗层采用SMA混合料

B. 上面层采用OGFC沥青混合料

C. 中面层采用间断级配沥青混合料

D. 底面层采用间断级配混合料

【答案】　B

【解析】　沥青路面结构组合为上面层采用OGFC沥青混合料，中面层、下面层等采用密级配沥青混合料。

4. （2014年真题）与悬浮-密实结构的沥青混合料相比，关于骨架-空隙结构的黏聚力和内摩擦角的说法，正确的是（　　）。

A. 黏聚力大，内摩擦角大　　　　　　B. 黏聚力大，内摩擦角小

C. 黏聚力小，内摩擦角大　　　　　　D. 黏聚力小，内摩擦角小

【答案】　C

【解析】　骨架-空隙结构的内摩擦角较大，但黏聚力较小。沥青碎石混合料（AM）和OGFC排水沥青混合料是这种结构的典型代表。

5. （2014年真题）下图所示挡土墙的结构形式为（　　）。

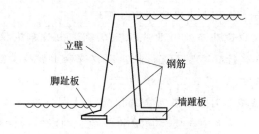

A. 重力式　　　　　　　　　　　　B. 悬臂式
C. 扶壁式　　　　　　　　　　　　D. 柱板式

【答案】　B

【解析】　悬臂式挡土墙由底板及固定在底板上的悬臂式直墙构成，主要依靠底板上的填土重量维持挡土构筑物的稳定。

6.（2012年真题）仅依据墙体自重抵抗挡土墙压力作用的挡土墙，属于（　　）挡土墙。

A. 恒重式　　　　　　　　　　　　B. 重力式
C. 自立式　　　　　　　　　　　　D. 悬臂式

【答案】　B

【解析】　重力式挡土墙依靠墙体的自重抵抗墙后土体的侧向推力；衡重式挡土墙利用衡重台上填土的下压作用和全墙重心的后移来增强墙体稳定；自立式挡土墙由拉杆、挡板、立柱、锚定块组成，靠填土本身和拉杆、锚定块形成整体稳定；悬臂式挡土墙采用钢筋混凝土材料，由立壁、墙趾板、墙踵板三部分组成，它依靠墙身的重量及底板以上填土（含表面超载）的重量来维持其平衡。

7.（2010年真题）刚性挡土墙与土相互作用的最大土压力是（　　）土压力。

A. 静止　　　　　　　　　　　　B. 被动
C. 平衡　　　　　　　　　　　　D. 主动

【答案】　B

【解析】　三种土压力中，主动土压力最小，静止土压力其次，被动土压力最大，位移也最大。

8.（2015年真题）将现状沥青路面耙松，添加再生剂并重新拌和后，直接碾压成型的施工工艺为（　　）。

A. 现场冷再生　　　　　　　　　　B. 现场热再生
C. 厂拌冷再生　　　　　　　　　　D. 厂拌热再生

【答案】　A

【解析】　本题考核的是沥青路面再生材料的生产与应用。再生沥青混合料生产可根据再生方式、再生场地、使用机械设备不同而分为热拌、冷拌再生技术，人工、机械拌和，现场再生、厂拌再生等。

9.（2010年真题）路面结构中的承重层是（　　）。

A. 基层　　　　　　　　　　　　B. 上面层
C. 下面层　　　　　　　　　　　D. 垫层

【答案】　A

【解析】 基层是路面结构中的承重层，主要承受车辆荷载的竖向力，并把由面层下传的应力扩散到路基。

10. （2017年真题）表征沥青路面材料稳定性能的路面使用指标的是（   ）。

A. 平整度

B. 温度稳定性

C. 抗滑能力

D. 降噪排水

【答案】 B

【解析】 本题不仅考核路面使用性能指标，而且考核其基本概念。

11. （2017年真题）城市主干道的水泥混凝土路面不宜选择的主要原材料是（   ）。

A. 42.5级以上硅酸盐水泥

B. 粒径小于19.0mm的砂砾

C. 粒径小于31.5mm碎石

D. 细度模数在2.5以上的淡化海砂

【答案】 D

【解析】 本题考核的是水泥混凝土路面原材料的质量控制：淡化海砂不得用于快速路、主干路、次干路，只能用于支路

12. （2017年真题）关于加筋挡土墙结构特点的说法，错误的是（   ）。

A. 填土、拉筋、面板结合成柔性结构

B. 依靠挡土面板的自重抵挡土压力作用

C. 能适应较大变形，可用于软弱地基

D. 构件可定型预制，现场拼装

【答案】 B

【解析】 本题考核的是加筋挡土墙的结构和特点。

13. （2018年真题）基层是路面结构中的承重层，主要承受车辆载荷的（   ），并把面层下传的应力扩散到路基。

A. 竖向力

B. 冲击力

C. 水平力

D. 剪切力

【答案】 A

【解析】 考试用书原文为"基层是路面结构中的承重层，主要承受车辆载荷的竖向力，并把面层下传的应力扩散到路基"。

14. （2019年真题）行车载荷和自然因素对路面结构的影响，随着深度的增加而（   ）。

A. 逐渐增加

B. 逐渐减弱

C. 保持一致

D. 不相关

【答案】 B

【解析】 行车载荷和自然因素对路面结构的影响随深度的增加而逐渐减弱，因而对路面材料的强度、刚度和稳定性的要求也随深度的增加而逐渐降低。

15. （2019年真题）沥青玛蹄脂碎石混合料的结构类型属于（   ）。

A. 骨架-密实

B. 悬浮-密实

C. 骨架-空隙

D. 悬浮-空隙

【答案】 A

【解析】 按级配原则构成的沥青混合料，其结构组成通常有下列三种形式：

（1）悬浮-密实结构：较大的黏聚力 C，但内摩擦角 φ 较小，高温稳定性较差。AC型沥青混合料是这种结构的典型代表。

（2）骨架-空隙结构：内摩擦角 φ 较大，但黏聚力 C 较小。沥青碎石混合料（AM）和

OGFC 排水沥青混合料是这种结构的典型代表。

（3）骨架-密实结构：内摩擦角 φ 较大，黏聚力 C 也较大，是综合以上两种结构优点的结构。沥青玛蹄脂混合料（简称 SMA）是这种结构的典型代表。

16.（2020 年真题）主要起防水、磨耗、防滑或改善碎（砾）石路面作用的面层是（　　）。

A. 热拌沥青混合料面层　　　　　　　B. 冷拌沥青混合料面层

C. 沥青贯入式面层　　　　　　　　　D. 沥青表面处治面层

【答案】　D

【解析】　沥青表面处治面层主要起防水层、磨耗层、防滑层或改善碎（砾）石路面的作用，其集料最大粒径应与处置层厚度相匹配。

17.（2016 年真题）下列工程项目中，不属于城镇道路路基工程的项目是（　　）。

A. 涵洞　　　　　　　　　　　　　　B. 挡土墙

C. 路肩　　　　　　　　　　　　　　D. 水泥稳定土基层

【答案】　D

【解析】　城市道路路基工程包括路基（路床）本身及有关土（石）方、沿线的涵洞、挡土墙、路肩、边坡、排水管线等项目。

18.（2014 年真题）土路基质量检查与验收的主控项目是（　　）。

A. 弯沉值　　　　　　　　　　　　　B. 平整度

C. 中线偏位　　　　　　　　　　　　D. 路基宽度

【答案】　A

【解析】　土路基质量检验与验收项目：主控项目为压实度和弯沉值（0.01mm）。

19.（2012 年真题）下列原则中，不属于土质路基压实原则的是（　　）。

A. 先低后高　　　　　　　　　　　　B. 先快后慢

C. 先轻后重　　　　　　　　　　　　D. 先静后振

【答案】　B

【解析】　土质路基压实原则：先轻后重、先静后振、先低后高、先慢后快、轮迹重叠。

20.（2013 年真题）下列膨胀土路基的处理方法中，错误的是（　　）。

A. 采用灰土桩对路基进行加固　　　　B. 用堆载预压对路基进行加固

C. 在路基中设透水层　　　　　　　　D. 采用不透水的层面结构

【答案】　C

【解析】　膨胀土路基应主要解决的问题是减轻和消除路基胀缩性对路基的危害，可采取的措施包括用灰土桩、水泥桩或用其他无机结合料对膨胀土路基进行加固和改良；也可用开挖换填、堆载预压对路基进行加固。同时应采取措施做好路基的防水和保湿，如设置排水沟，采用不透水的面层结构，在路基中设不透水层，在路基裸露的边坡等部位植草、植树等措施；可调节路基内干湿循环，减少坡面径流，并增强坡面的防冲刷、防变形、防溜塌和滑坡能力。

21.（2017 年真题）湿陷性黄土路基的处理方法不包括（　　）。

A. 换土法　　　　　　　　　　　　　B. 强夯法

C. 砂桩法　　　　　　　　　　　　　D. 挤密法

【答案】　C

【解析】　本题考核的是湿陷性黄土路基的处理：换土法、强夯法、挤密法、预浸法、化学加固法、加筋挡土墙。

22. （2018 年真题）土的强度性质通常是指土体的（　　　）。

　　A. 压实度　　　　　　　　　　　　B. 天然密度

　　C. 抗剪强度　　　　　　　　　　　D. 抗压强度

【答案】　C

【解析】　土的强度性质通常是指土体的抗剪强度，即土体抵抗剪切破坏的能力。

23. （2018 年广东省、海南省真题）下列属于路堑施工要点的是（　　　）。

　　A. 碾压前检查铺筑土层的宽度、厚度及含水量

　　B. 路床碾压时应视土的干湿程度而采取洒水或换土、晾晒等措施

　　C. 路基高程应按设计标高增加预沉量值

　　D. 先修筑试验段，以确定压实机具组合、压实遍数及沉降差

【答案】　B

【解析】　A 选项和 C 选项是填土路基的施工要点；D 选项是石方路基的施工要点。

24. （2020 年真题）存在于地下两个隔水层之间，具有一定水头高度的水，称为（　　　）。

　　A. 上层滞水　　　　　　　　　　　B. 潜水

　　C. 承压水　　　　　　　　　　　　D. 毛细水

【答案】　C

【解析】　承压水存在于地下两个隔水层之间，具有一定的水头高度，一般需注意其向上的排泄，即对潜水和地表水的补给或以上升泉的形式出露。

25. （2020 年真题）淤泥、淤泥质土及天然强度低、（　　　）的黏土统称为软土。

　　A. 压缩性高，透水性大　　　　　　B. 压缩性高，透水性小

　　C. 压缩性低，透水性大　　　　　　D. 压缩性低，透水性小

【答案】　B

【解析】　淤泥、淤泥质土及天然强度低、压缩性高、透水性小的黏土统称为软土。

26. （2013 年真题）《城市道路工程施工与质量验收规范》中规定，热拌沥青混合料路面应待摊铺层自然降温至表面温度低于（　　　）后，方可开放交通。

　　A. 70℃　　　　　　　　　　　　　B. 60℃

　　C. 50℃　　　　　　　　　　　　　D. 65℃

【答案】　C

【解析】　热拌沥青混合料路面应待摊铺层自然降温至表面温度低于 50℃后，方可开放交通。

27. （2011 年真题）改性沥青温度的（　　　）。

　　A. 摊铺温度 150℃，碾压开始温度 140℃

　　B. 摊铺温度 160℃，碾压终了温度 90℃

　　C. 碾压温度 150℃，碾压终了温度 80℃

　　D. 碾压温度 140℃，碾压终了温度 90℃

【答案】 B

【解析】 SMA 混合料施工温度应经试验确定，一般情况下，摊铺温度不低于160℃。改性沥青混合料除执行普通沥青混合料的压实成型要求外，还应做到：初压开始温度不低于150℃，碾压终了的表面温度应不低于90℃。

28. （2012 年真题）水泥混凝土路面在混凝土达到（   ）以后，可允许行人通过。

A. 设计抗压强度的 30%
B. 设计抗压强度的 40%
C. 设计弯拉强度的 30%
D. 设计弯拉强度的 40%

【答案】 D

【解析】 水泥混凝土路面在混凝土达到设计弯拉强度 40% 以后，可允许行人通过。

29. （2018 年海南省真题）关于沥青混合料人工摊铺施工的说法，错误的是（   ）。

A. 路面狭窄部分，可采用人工摊铺作业
B. 卸料点距摊铺点较远时，可扬锹远甩
C. 半幅施工时，路中一侧宜预先设置挡板
D. 边摊铺边整平，严防集料离析

【答案】 B

【解析】 B 选项应为摊铺时应扣锹布料，不得扬锹远甩。

30. （2018 年海南省真题）关于混凝土路面模板安装的说法，正确的是（   ）。

A. 使用轨道摊铺机浇筑混凝土时应使用专用钢制轨模
B. 为保证模板的稳固性应在基层挖槽嵌入模板
C. 钢模板应顺直、平整，每 2m 设置 1 处支撑装置
D. 支模前应核对路基平整度

【答案】 A

【解析】 B 选项应为严禁在基层上挖槽嵌入模板。C 选项应为钢模板应顺直、平整，每 1m 设置 1 处支撑装置。D 选项应为支模前应核对路面标高、面板分块、胀缝和构造物位置。

31. （2018 年海南省真题）下列旧水泥混凝土路面经修补后，不宜用作沥青路面基层的是（   ）路面。

A. 大部分板缝处都有破损的
B. 局部有酥空、空鼓、破损的
C. 板块发生错台或网状开裂的
D. 路面板边有破损的

【答案】 C

【解析】 大部分的水泥路面在板缝处都有破损，如不进行修补直接作为道路基层会使沥青路面产生反射裂缝，需采用人工剔凿的办法，将酥空、空鼓、破损的部分清除，露出坚实的部分。因此，A 选项和 B 选项经修补后是可以用作沥青路面基层的。根据教材原文"对原水泥路面板边角破损也可参照上述此方法进行修补"可知，D 选项经修补后也可用作沥青路面基层。如果原有水泥路面发生错台或板块网状开裂，应首先考虑是路基质量出现问题致使水泥混凝土路面不再适合作为道路基层。遇此情况应将整个板全部凿除，重新夯实道路路基。因此，本题应选 C 选项。

32. （2019 年真题）采用滑模摊铺机摊铺水泥混凝土路面时，如混凝土坍落度较大，应采取（   ）。

A. 高频振动，低速度摊铺
B. 高频振动，高速度摊铺
C. 低频振动，低速度摊铺
D. 低频振动，高速度摊铺

【答案】 D

【解析】　混凝土坍落度小，应采用高频振动，低速度摊铺；混凝土坍落度大，应采用低频振动，高速度摊铺。

33.（2020 年真题）以粗集料为主的沥青混合料面层宜优先选用（　　）。

A. 振动压路机

B. 钢轮压路机

C. 重型轮胎压路机

D. 双轮钢筒式压路机

【答案】　A

【解析】　密级配沥青混合料复压宜优先采用重型轮胎压路机进行碾压，以增加密实性，其总质量不宜小于 25t。相邻碾压带应重叠 1/3 ~ 1/2 轮宽。对粗集料为主的混合料，宜优先采用振动压路机复压（厚度宜大于 30mm），振动频率宜为 35 ~ 50Hz，振幅宜为 0.3 ~ 0.8mm。

34.（2021 年真题）关于水泥混凝土面层原材料使用的说法，正确的是（　　）。

A. 主干路可采用 32.5 级的硅酸盐水泥

B. 重交通以上等级道路可采用矿渣水泥

C. 碎砾石的最大公称粒径不应大于 26.5mm

D. 采用细度模数 2.0 以下的砂

【答案】　C

【解析】　重交通以上等级道路、城市快速路、主干路应采用 42.5 级及以上的道路硅酸盐水泥或硅酸盐水泥；中、轻交通等级道路可采用矿渣水泥，其强度等级宜不低于 32.5 级，宜采用质地坚硬、细度模数在 2.5 以上、符合级配规定的洁净粗砂、中砂。

35.（2021 年真题）重载交通、停车场等行车速度慢的路段，宜采用（　　）的沥青。

A. 针入度大，软化点高

B. 针入度小，软化点高

C. 针入度大，软化点低

D. 针入度小，软化点低

【答案】　B

【解析】　对高等级道路，夏季高温持续时间长、重载交通、停车场等行车速度慢的路段，尤其是汽车荷载剪应力大的结构层，宜采用稠度大（针入度小）的沥青。高等级道路，夏季高温持续时间长的地区、重载交通、停车站、有信号灯控制的交叉路口、车速较慢的路段或部位需选用软化点高的沥青。

36.（2021 年真题）利用立柱、挡板挡土，依靠填土本身、拉杆及固定在可靠地基上的锚垫块维持整体稳定的挡土建筑物是（　　）。

A. 扶壁式挡土墙

B. 带卸荷板的柱板式挡土墙

C. 锚杆式挡土墙

D. 自立式挡土墙

【答案】　D

【解析】　自立式（尾杆式）挡土墙：由拉杆、挡板、立柱、锚锭块组成，靠填土本身和拉杆、锚锭块形成整体稳定。

37.（2021 年真题）液性指数 IL = 0.8 的土，软硬状态是（　　）。

A. 坚硬

B. 硬塑

C. 软塑

D. 流塑

【答案】　C

【解析】　液性指数 IL 为土的天然含水量与塑限差值对塑性指数的比值，可用以判别土的软硬程度；IL<0 为坚硬、半坚硬状态，0≤IL<0.5 为硬塑状态，0.5≤IL<1.0 为软塑状态，IL≥1.0 流塑状态。

三、多项选择题及答案

1.（2014 年真题）下列城市道路基层中，属于柔性基层的有（　　　）。

A. 级配碎石基层　　　　　　　　　B. 级配砂砾基层

C. 沥青碎石基层　　　　　　　　　D. 水泥稳定碎石基层

E. 石灰粉煤灰稳定砂砾基层

【答案】ABC

【解析】无机结合料稳定粒料基层属于半刚性基层，包括石灰稳定土类基层、石灰粉煤灰稳定砂砾基层、石灰粉煤灰钢渣稳定土类基层、水泥稳定土类基层等。级配砂砾、级配砾石基层、沥青碎石基层属于柔性基层，可用作城市次干路及其以下道路基层。

2.（2013 年真题）下列城市道路路面病害中，属于水泥混凝土路面病害的有（　　）。

A. 唧泥　　　　　　　　　　　　　B. 壅包

C. 错台　　　　　　　　　　　　　D. 板底脱空

E. 车辙变形

【答案】ACD

【解析】水泥混凝土道路基层的作用是防止或减轻由于唧泥产生板底脱空和错台等病害。

3.（2010 年真题）沥青混凝土路面的再生利用中，对采用的再生剂的技术要求有（　　　）。

A. 具有良好的流变性质　　　　　　B. 具有适当黏度

C. 具有良好的塑性　　　　　　　　D. 具有溶解分散沥青质的能力

E. 具有较高的表面张力

【答案】ABDE

【解析】对采用的再生剂的技术要求有：

（1）具有软化与渗透能力，即具备适当的黏度。

（2）具有良好的流变性质，复合流动度接近 1，显现牛顿液体性质。

（3）具有溶解分散沥青质的能力，即应富含芳香芬。

（4）具有较高的表面张力。

（5）必须具有良好的耐热化和耐候性（以试验薄膜烘箱试验前后黏度比衡量）。

4.（2017 年真题）城镇沥青路面道路结构组成有（　　　）。

A. 路基　　　　　　　　　　　　　B. 基层

C. 面层　　　　　　　　　　　　　D. 热层

E. 排水层

【答案】ABC

【解析】《公路沥青路面设计规范》（JTG D50—2017）规定，路面结构层由面层、基层和底基层三部分组成。路面结构层里不再有垫层这一说法，垫层被归为功能层或路基处置层。路面结构不包括路基，而道路结构是包括路基的。

5.（2018 年真题）下列路面材料适用于各种等级道路面层的有（　　）。

A. 热拌沥青混合料　　　　　　　　B. 冷拌沥青混合料

C. 温拌沥青混合料　　　　　　　　D. 沥青表面处治

E. 沥青贯入式

【答案】　AC

【解析】　A 选项：热拌沥青混合料（HMA），包括 SMA（沥青玛琋脂碎石混合料）和 OGFC（大空隙开级配排水式沥青磨耗层），适用于各种等级道路的面层。B 选项：冷拌沥青混合料适用于支路及其以下道路的路面、支路的表面层，以及各级沥青路面的基层、连接层或整平层；冷拌改性沥青混合料可用于沥青路面的坑槽冷补。C 选项：温拌沥青混合料与热拌沥青混合料可以同样适用。D 选项：主要起防水层、磨耗层、防滑层或改善碎（砾）石路面的作用。E 选项：沥青贯入式面层宜作为城市次干路以下路面层使用。

6.（2018 年真题）路面基层的性能指标包括（　　）。

A. 强度　　　　　　　　　　　　　B. 扩散荷载的能力

C. 水稳定性　　　　　　　　　　　D. 抗滑

E. 低噪

【答案】　ABC

【解析】　考试用书原文为"基层的性能主要指标：（1）应满足结构强度、扩散荷载的能力，以及水稳性和抗冻性的要求；（2）不透水性好"。

7.（2019 年真题）刚性路面施工时，应在（　　）处设置胀缝。

A. 检查井周围　　　　　　　　　　B. 纵向施工缝

C. 小半径平曲线　　　　　　　　　D. 板厚改变

E. 邻近桥梁

【答案】　CDE

【解析】　横向接缝可分为横向缩缝、胀缝和横向施工缝。横向施工缝尽可能选在缩缝或胀缝处。快速路、主干路的横向胀缝应加设传力杆；在邻近桥梁或其他固定构筑物处、板厚改变处、小半径平曲线等处，应设置胀缝。注意，2021 年新增了普通混凝土路面在与结构物衔接处、道路交叉和填挖土方变化处应设胀缝。

8.（2020 年真题）下列沥青混合料中，属于骨架-空隙结构的有（　　）。

A. 普通沥青混合料　　　　　　　　B. 沥青碎石混合料

C. 改性沥青混凝土　　　　　　　　D. OGFC 排水沥青混合料

E. 沥青玛琋脂碎石混合料

【答案】　BD

【解析】　骨架-空隙结构：内摩擦角 φ 较大，但黏聚力 C 较小。沥青碎石混合料（AM）和 OGFC 排水沥青混合料是这种结构的典型代表。

9.（2020 年真题）再生沥青混合料生产工艺中的性能试验指标除了矿料间隙率、饱和度，还有（　　）。

A. 空隙率　　　　　　　　　　　　B. 配合比

C. 马歇尔稳定度　　　　　　　　　D. 车辙试验稳定度

E. 流值

【答案】 ACE

【解析】 再生沥青混合料性能试验指标有空隙率、矿料间隙率、饱和度、马歇尔稳定度、流值等。再生沥青混合料的检测项目有车辙试验动稳定度、残留马歇尔稳定度、冻融劈裂抗拉强度比等,其技术标准参考热拌沥青混合料标准。

10. (2014年真题) 关于石方路基施工的说法,正确的有 ( )。

A. 应先清理地表,再开始填筑施工   B. 先填筑石料,再码砌边坡

C. 宜用12t以下振动压路机   D. 路基范围内管线四周宜回填石料

E. 碾压前应经过试验段,确定施工参数

【答案】 AE

【解析】 石方路基施工要点如下:

(1) 修筑填石路堤应进行地表清理,先码砌边部,然后逐层水平填筑石料,确保边坡稳定。

(2) 先修筑试验段,以确定松铺厚度、压实机具组合、压实遍数及沉降差等施工参数。

(3) 填石路堤宜选用12t以上的振动压路机、25t以上轮胎压路机或2.5t的夯锤压(夯)实。

(4) 路基范围内管线、构筑物四周的沟槽宜回填土料。

11. (2010年真题) 城市道路土质路基压实的原则有 ( )。

A. 先轻后重   B. 先慢后快

C. 先静后振   D. 轮迹重叠

E. 先高后低

【答案】 ABCD

【解析】 土质路基压实原则:先轻后重、先静后振、先低后高、先慢后快、轮迹重叠。

12. (2010年真题) 深厚的湿陷性黄土路基,可采用 ( ) 处理。

A. 堆载预压法   B. 换土法

C. 强夯法   D. 排水固结法

E. 灰土挤密法

【答案】 BCE

【解析】 湿陷性黄土路基处理施工除采用防止地表水下渗的措施外,可根据工程具体情况采取换土法、强夯法、挤密法、预浸法、化学加固法等方法因地制宜进行处理,并采用措施做好路基的防冲、截排、防渗。

加筋土挡土墙是湿陷性黄土地区得到迅速推广的有效防护措施。

13. (2019年真题) 关于填土路基施工要点的说法,正确的有 ( )。

A. 原地面标高低于设计路基标高时,需要填筑土方

B. 土层填筑后,立即采用8t级压路机碾压

C. 填筑时,应妥善处理井穴、树根等

D. 填方高度应按设计标高增加预沉量值

E. 管涵顶面填土300mm以上才能用压路机碾压

【答案】 ACD

【解析】 对填土路基,当原地面标高低于设计路基标高时,需要填筑土方(即填方

路基）。

（1）排除原地面积水，清除树根、杂草、淤泥等。应妥善处理坟坑、井穴、树根坑的坑槽，分层填实至原地面高。

（2）填方段内应事先找平，当地面坡度陡于 1∶5 时，需修成台阶形式。每层台阶高度不宜大于 300mm，宽度不应小于 1.0m。

（3）根据测量中心线桩和下坡脚桩，分层填土、压实。

（4）碾压前检查铺筑土层的宽度、厚度及含水量，合格后即可碾压，碾压"先轻后重"，最后碾压应采用不小于 12t 级的压路机。

（5）填方高度内的管涵顶面填土 500mm 以上才能用压路机碾压。

（6）路基填方高度应按设计标高增加预沉量值。填土至最后一层时，应按设计断面、高程控制填土厚度并及时碾压修整。

14.（2015 年真题）水泥混凝土路面的混凝土配合比设计在兼顾经济性的同时应满足的指标要求有（　　）。

A. 弯拉强度　　　　　　　　　　B. 抗压强度

C. 工作性　　　　　　　　　　　D. 耐久性

E. 安全性

【答案】 ACD

【解析】 本题考核的是水泥混凝土路面施工质量检查与验收。水泥混凝土路面的混凝土配合比设计在兼顾经济性的同时应满足弯拉强度、工作性、耐久性三项技术要求。

15.（2011 年真题）不属于大修微表处的是（　　）。

A. 沥青密封膏处理水泥混凝土板缝　　B. 旧水泥道路做弯沉实验

C. 加铺沥青面层碾压　　　　　　　　D. 清除泥土杂物

E. 剔除局部破损的混凝土面层

【答案】 ABCE

【解析】 微表处工艺技术适用于城镇道路进行大修养时，原有路面结构应能满足使用要求，原路面的强度满足设计要求，路面基本无损坏，经微表处大修后可恢复面层的使用功能。ADE 的工艺措施均是重新加铺面层，而不是去恢复原来面层的使用功能，不属于微表处工艺设计，故排除，C 选项错在加铺后碾压，微表处工艺不要求碾压成型。

16.（2021 年真题）水泥混凝土路面基层材料选用的依据有（　　）。

A. 道路交通等级　　　　　　　　B. 路基抗冲刷能力

C. 地基承载力　　　　　　　　　D. 路基的断面形式

E. 压实工具

【答案】 AB

【解析】 基层材料的选用原则：根据道路交通等级和路基抗冲刷能力来选择基层材料。

17.（2021 年真题）土工合成材料用于路堤加劲时，应考虑的指标有（　　）强度。

A. 抗拉　　　　　　　　　　　　B. 撕破

C. 抗压　　　　　　　　　　　　D. 顶破

E. 握持

【答案】 ABDE

【解析】　土工合成材料应具有足够的抗拉强度、较高的撕破强度、顶破强度和握持强度等性能。

18. （2021 年真题）配置高强度混凝土时，可选用的矿物掺合料有（　　）。

A. 优质粉煤灰　　　　　　　　　　　B. 磨圆的砾石

C. 磨细的矿渣粉　　　　　　　　　　D. 硅粉

E. 膨润土

【答案】　ACD

【解析】　配制高强混凝土的矿物掺合料可选用优质粉煤灰、磨细矿渣粉、硅粉和磨细天然沸石粉。

四、2022 考点预测

1. 道路和桥梁相联系的综合性题目。

2. 道路和管道相联系的综合性题目。

3. 沥青路面和水泥混凝土路面的施工技术和机械要求。

4. 道路大修与改造。

第二章 城市桥梁工程

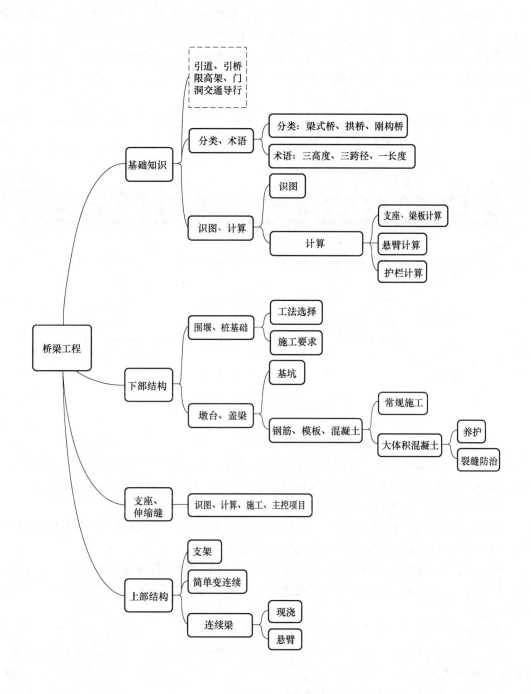

一、案例及参考答案

案例一【2021 年一建真题】

某公司承建一座城市桥梁工程，双向四车道，桥跨布置为 4 联 × (5 × 20m)，上部结构为预应力混凝土空心板，横断面布置空心板共 24 片，桥墩构造横断面如图 1 所示。空心板中板的预应力钢绞线设计有 N1、N2 两种形式，均由同规格的单根钢绞线组成，空心板中板构造及钢绞线索布置（半立面）如图 2 所示。

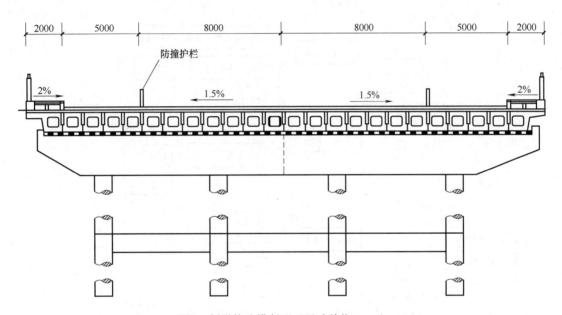

图 1　桥墩构造横断面（尺寸单位：mm）

项目部编制的空心板专项施工方案有如下内容：

（1）钢绞线采购进场时，材料员对钢绞线的包装、标志等资料进行查验，合格后入库存放。随后，项目部组织开展钢绞线见证取样送检工作，检测项目包括表面质量等。

（2）计算汇总空心板预应力钢绞线用量。

（3）空心板预制侧模和芯模均采用定型钢模板，混凝土浇筑完成后及时组织对侧模及芯模进行拆除，以便最大限度地满足空心板预制进度。

（4）空心板浇筑混凝土施工时，项目部对混凝土拌和物进行质量控制，分别在混凝土拌和站和预制厂浇筑地点随机取样检测混凝土拌和物的坍落度，其值分别为 A 和 B，并对坍落度测值进行评定。

【问题】

1. 结合图 2，分别指出空心板预应力体系属于先张法和后张法、有粘结和无粘结预应力体系中的哪种体系？　　　　　　　　　　　　　　　　　　　　　　　（4 分）

2. 指出钢绞线存放的仓库需具备的条件。　　　　　　　　　　　　　　（4 分）

3. 补充施工方案（1）中钢绞线入库时材料员还需查验的资料；指出钢绞线见证取样还

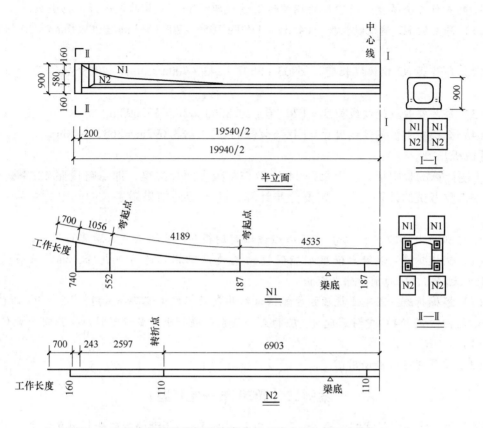

图2 空心板中板构造及钢绞线索布置（半立面）（尺寸单位：mm）

需检测的项目。 (5分)

4. 列式计算全桥空心板中板的钢绞线用量（单位 m，计算结果保留3位小数）。(5分)

5. 分别指出施工方案（3）中空心板预制时侧模和芯模拆除所需满足的条件。 (6分)

6. 指出方案（4）中坍落度 A、B 的大小关系；混凝土质量评定时应使用哪个数值？

(6分)

【参考答案】

1. 结合图2，分别指出空心板预应力体系属于先张法和后张法、有粘结和无粘结预应力体系中的哪种体系？

（1）后张法。 (2分)

（2）有粘结预应力体系。 (2分)

2. 指出钢绞线存放的仓库需具备的条件。

存放的仓库应干燥、防潮、通风良好、无腐蚀气体和介质。 (每个1分)

3. 补充施工方案（1）中钢绞线入库时材料员还需查验的资料；指出钢绞线见证取样还需检测的项目。

（1）检验员还需查验的资料：出厂合格证和质量证明文件；出厂检验报告和进场试验报告；规格、型号。 (2分)

（2）见证取样还需检测的项目：力学性能试验，以及外观、尺寸。 (3分)

4. 列式计算全桥空心板中板的钢绞线用量（单位 m，计算结果保留 3 位小数）。

(1) 每片梁 N1 钢绞线长度 = (4535 + 4189 + 1056 + 700) × 2mm = 20960mm = 20.960m。

(1 分)

(2) 每片梁 N2 钢绞线长度 = (6903 + 2597 + 243 + 700) × 2mm = 20886mm = 20.866m。

(1 分)

(3) 每片空心板钢绞线长度 = (20.96 + 20.866) × 2m = 83.692m。

(1 分)

(4) 全桥空心板钢绞线用量 = [4 × 5 × (24 − 2)] × 83.692m = 36824.480m。

(2 分)

【解析】

本题计算的是中板，所以每跨 24 片梁需要减去两片边梁，即每跨按照 22 片梁计算。另外，市政考试的计算题，一定要分步计算，这样即使结果错了，中间也能拿到一部分分值。

5. 分别指出施工方案 (3) 中空心板预制时侧模和芯模拆除所需满足的条件。

(1) 侧模拆除：混凝土强度应能保证结构棱角不损坏时方可拆除，混凝土强度宜为 2.5MPa 及以上，张拉前拆除侧模板。

(3 分)

(2) 芯模拆除：混凝土抗压强度能保证结构表面不发生沉陷和裂缝。

(3 分)

6. 指出方案 (4) 中坍落度 A、B 的大小关系；混凝土质量评定时应使用哪个数值？

(1) $A > B$。

(3 分)

(2) 质量评定时应使用 B。

(3 分)

案例二【2020 年一建真题】

某公司承建一座跨河城市桥梁，基础均采用 ϕ1500mm 钢筋混凝土钻孔灌注桩，设计为端承桩，桩底嵌入中风化岩层 $2D$（D 为桩基直径），桩顶采用盖梁连接，盖梁高度为 1200mm，顶面标高为 20.000m。河床地层揭示依次为淤泥、淤泥质黏土、黏土、泥岩、强风化岩、中风化岩。

项目部编制的桩基施工方案明确如下内容：

(1) 下部结构施工采用水上作业平台施工方案，水上作业平台结构为 ϕ600mm 钢管桩 + 型钢 + 人字钢板搭设，水上作业平台如图 1 所示。

(2) 根据桩基设计类型及桥位、水文、地质等情况，设备选用 "2000 型" 正循环回转钻机施工（另配牙轮钻头等），成桩方式未定。

(3) 图 1 中 A 结构名称和使用的相关规定。

(4) 由于设计对孔底沉渣厚度未做具体要求，灌注水下混凝土前，进行二次清孔，当孔底沉渣厚度满足规范要求后，开始灌注水下混凝土。

问题：

1. 结合背景资料及图 1，指出水上作业平台应设置哪些安全设施？

(3 分)

2. 施工方案 (2) 中，指出项目部选择钻机类型的理由及成桩方式。

(5 分)

3. 施工方案 (3) 中，所指构件 A 的名称是什么？构件 A 施工时需使用哪些机械配合？构件 A 应高出施工水位多少米？

(6 分)

4. 结合背景资料及图 1，列式计算 3#-① 桩的桩长。

(2 分)

5. 在施工方案 (4) 中，指出孔底沉渣厚度的最大允许值。

(4 分)

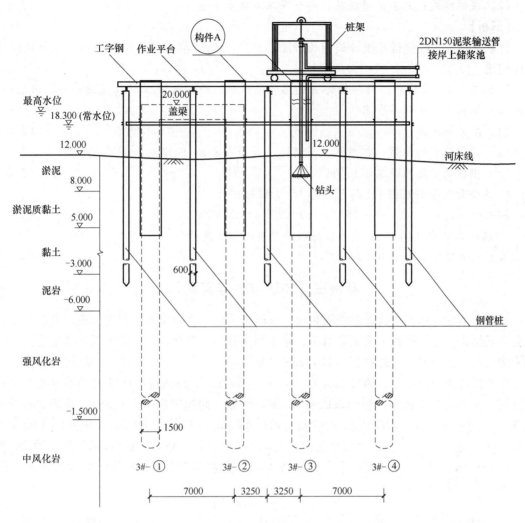

图 1　3#墩水上作业平台及桩基施工横断面布置
（标高单位：m；尺寸单位：mm）

【参考答案】

1. 结合背景资料及图 1，指出水上作业平台应设置哪些安全设施？

应设置的安全设施有防护栏杆、密目安全网、踢脚板、警示标志、夜间警示灯、防撞设施、防滑设施、接地保护、护筒盖等。　　　　　　　　　　　　　　（写对 4 条以上得 3 分）

2. 施工方案（2）中，指出项目部选择钻机类型的理由及成桩方式。

（1）理由：

1）桩基设计类型及桥位：本工程为钻孔灌注桩，正循环钻机可以用于灌注桩作业成孔。　　　　　　　　　　　　　　　　　　　　　　　　　　　　　　　　（1 分）

2）水文：本工程在水下作业，正循环钻机可以湿作业成孔。　　　　（1 分）

3）地质：本工程上部结构为淤泥、淤泥质黏土、黏土、泥岩，下部结构为强风化岩、中风化岩。采用正循环钻机与牙轮钻头结合使用，满足钻进条件且保证护壁效果。　　　（1 分）

（2）成桩方式：泥浆护壁成孔、水下灌注混凝土成桩。（2分）

【解析】

背景资料为"根据桩基设计类型及桥位、水文、地质等情况"，那么作答时就要从这几方面阐述。

3. 施工方案（3）中，所指构件 A 的名称是什么？构件 A 施工时需使用哪些机械配合？构件 A 应高出施工水位多少米？

（1）A 为钢护筒。（2分）

（2）需要配合的机械：起重机、振动锤（或冲击锤）、泥浆泵、小型抓斗机。（2分）

（3）钢护筒应高出施工水位2m。（2分）

4. 结合背景资料及图1，列式计算3#-①桩的桩长。

桩长为 $[(20-1.2)-(-15)]m+2\times1.5m=36.800m$。（2分）

5. 在施工方案（4）中，指出孔底沉渣厚度的最大允许值。

最大允许值不应大于100mm。（4分）

案例三【2019年一建真题】

某公司承建一座城市快速路跨河桥梁，该桥由主桥、南引桥和北引桥组成，分东、西双幅分离式结构，主桥中跨下为通航航道，施工期间航道不中断。主桥的上部结构采用三跨式预应力混凝土连续刚构，跨径组合为75m＋120m＋75m；南、北引桥的上部结构均采用等截面预应力混凝土连续箱梁，跨径组合为（30m×3）×5；下部结构墩柱基础采用混凝土钻孔灌注桩，重力式U形桥台；桥面系护栏采用钢筋混凝土防撞护栏；桥宽35m，横断面布置采用0.5m（护栏）＋15m（车行道）＋0.5m（护栏）＋3m（中分带）＋0.5m（护栏）＋15m（车行道）＋0.5m（护栏）；河床地质自上而下为厚3m淤泥质黏土层、厚5m砂土层、厚2m砂层、厚6m卵砾石层等；河道最高水位（含浪高）高程为19.5m，水流流速为1.8m/s。桥梁立面布置如图1所示。

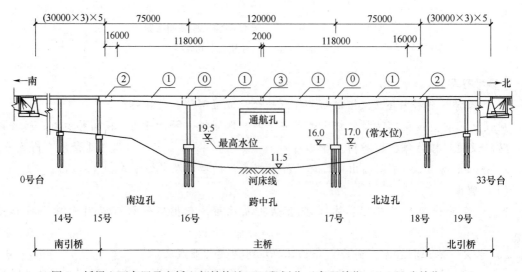

图1 桥梁立面布置及主桥上部结构施工区段划分（高程单位：m；尺寸单位：mm）

项目部编制的施工方案有如下内容:

(1) 根据主桥结构特点及河道通航要求,拟定主桥上部结构的施工方案。为满足施工进度计划要求,施工时将主桥上部结构划分成⓪、①、②、③等施工区段,其中,施工区段⓪的长度为14m,施工区段①每段施工长度为4m,采用同步对称施工原则组织施工。主桥上部结构施工区段划分如图1所示。

(2) 由于河道有通航要求,在通航孔施工期间采取安全防护措施,确保通航安全。

(3) 根据桥位地质、水文、环境保护、通航要求等情况,拟定主桥水中承台的围堰施工方案,并确定了围堰的顶面高程。

(4) 防撞护栏施工进度计划安排,拟组织两个施工班组同步开展施工,每个施工班组投入1套钢模板,每套钢模板长91m,每套钢模板的施工周转效率为3天。施工时,钢模板两端各0.5m作为导向模板使用。

问题:

1. 列式计算该桥多孔跨径总长;根据计算结果指出该桥所属的桥梁分类。 (4分)

2. 施工方案 (1) 中,分别写出主桥上部结构连续刚构及施工区段②最适宜的施工方法;列式计算主桥16号墩上部结构的施工次数 (施工区段③除外)。 (8分)

3. 结合图及施工方案 (1),指出主桥"南边孔、跨中孔、北边孔"先后合龙的顺序 (用"南边孔、跨中孔、北边孔"及箭头"→"作答;当同时施工时,请将相应名称并列排列);指出施工区段③的施工时间应选择一天中的什么时候进行? (4分)

4. 施工方案 (2) 中,在通航孔施工期间应采取哪些安全防护措施? (4分)

5. 施工方案 (3) 中,指出主桥第16、17号墩承台施工最适宜的围堰类型;围堰顶高程至少应为多少米? (5分)

6. 根据施工方案 (4),列式计算防撞护栏的施工时间。(忽略伸缩缝位置对护栏占用的影响) (5分)

【参考答案】

1. 列式计算该桥多孔跨径总长;根据计算结果指出该桥所属的桥梁分类。

(1) 多孔跨径总长为$75m + 120m + 75m + 30 \times 3 \times 5 \times 2 m = 1170m$。 (2分)

(2) 总长大于1000m,该桥为特大桥。 (2分)

2. 施工方案 (1) 中,分别写出主桥上部结构连续刚构及施工区段②最适宜的施工方法;列式计算主桥16号墩上部结构的施工次数 (施工区段③除外)。

(1) 最适宜的施工方法。

1) 连续刚构:悬臂浇筑法。 (2分)

2) 施工区段②:支架法。 (2分)

(2) 主桥16号墩上部结构的施工次数:

1) 单幅施工次数为悬臂施工次数 + ⓪施工次数 + ②施工次数 (边跨合龙段)

$= (118 - 14) \div (4 \times 2)$次 + 1次 + 1次 = 13次 + 1次 + 1次 = 15次。 (3分)

2) 双幅施工次数为单幅施工次数 × 2幅 = 15 × 2次 = 30次。 (1分)

【解析】

本问稍有争议的是按单幅还是双幅计算,此类问题在市政考试中很多,在此一定要分步计算,这样可以拿到尽可能多的分数。

3. 结合图及施工方案（1），指出主桥"南边孔、跨中孔、北边孔"先后合龙的顺序（用"南边孔、跨中孔、北边孔"及箭头"→"作答；当同时施工时，请将相应名称并列排列）；指出施工区段③的施工时间应选择一天中的什么时候进行？

（1）合龙顺序：南边孔、北边孔→跨中孔。　（2分）

（2）一天气温最低的时候进行。　（2分）

4. 施工方案（2）中，在通航孔施工期间应采取哪些安全防护措施？

（1）设置限高、限宽、限速及其他安全警示标志。

（2）通航孔的两边应加设护桩及防撞设施。

（3）夜间设照明设施、反光标志、警示红灯。

（4）挂篮作业平台上必须满铺脚手板，主梁上部应设栏杆，栏杆应张挂密目立网，下方设踢脚板；平台下应设置水平安全网。

（5）专人巡视检查，定期维护。　（写对4条以上得4分）

5. 施工方案（3）中，指出主桥第16、17号墩承台施工最适宜的围堰类型；围堰顶高程至少应为多少米？

（1）钢板桩围堰。　（3分）

（2）围堰顶高程至少为 $19.5m + 0.5m = 20.0m$。　（2分）

【解析】

工法选择是市政考试的高频考点，做此类题目时，首先要看清题目是让你选一个还是选多个，设问中明确说了最适宜，那只能选择一个。

围堰的选择，一看水深二看岩，三看覆土和平坦。从水深和岩石来看，可选用钢板桩和钢套箱围堰；从覆土厚度来看，背景这样描述，即"河床地质自上而下为厚3m淤泥质黏土层、厚5m砂土层、厚2m砂层、厚6m卵砾石层等"，命题人的意思是想说覆土较厚，这样钢套箱不适合，只能选择钢板桩围堰。

6. 根据施工方案（4），列式计算防撞护栏的施工时间。（忽略伸缩缝位置对护栏占用的影响）

（1）护栏总长：$1170 \times 4 = 4680m$。　（2分）

（2）每天施工速度：$(91 - 0.5 \times 2) \div 3 \times 2m/d = 60m/d$。　（1分）

（3）施工时间：$4680/60d = 78d$。　（2分）

案例四【2018年广东省、海南省一建真题】

某市区新建道路上跨一条运输繁忙的运营铁路，需设置一处分离式立交，铁路与新建道路交角 $\theta = 44°$。该立交左右幅错孔布设，两幅间设50cm缝隙。桥梁标准宽度为36.5m，左右幅桥梁跨径总长均为120m（60m+60m），如图1所示。左右幅孔跨布置均为两跨一联预应力混凝土单箱双室箱梁，箱梁采用满堂支架现浇施工的方法。梁体浇筑完成后，整体T形结构转体归位，如图2所示。邻近铁路埋有现状地下电缆管线，埋深50cm，施工中将有大型混凝土送运车、钢筋运输车辆通过。

工程中标后，施工单位立即进驻现场。因工期紧张，施工单位总部向其所属项目部下达立即开工指令，要求项目部根据现场具体情况，施工一切可以施工的部位，确保桥梁转体这一窗口节点的实现。

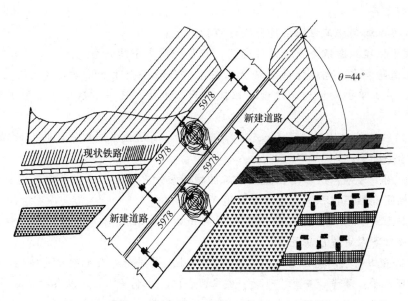

图 1　桥梁位置平面图（单位：cm）

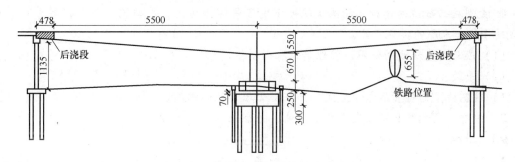

图 2　桥梁纵断面图（单位：cm）

本工程施工组织设计中，施工单位提出如下建议："因两幅桥梁结构相同，建议只对其中一幅桥梁支架进行预压，取得详细数据后，可以作为另一幅桥梁支架施工的指导依据。"经驻地监理工程师审阅同意后，上报总监理工程师审批，施工组织设计被批准。

问题：

1. 施工单位进场开工的程序是否符合要求？写出本工程进场开工的正确程序。　（5分）

2. 施工组织设计中的建议是否合理？说明理由。简述施工组织设计的审批程序。　（6分）

3. 该项目开工前应对施工管理人员及施工作业人员进行必要的培训有哪些？　（4分）

4. 大型施工机械通过施工范围现状地下电缆管线上方时，应与何单位取得联系？需要完成的手续和采取的措施是什么？　（7分）

5. 现浇预应力箱梁施工时，侧模和底模应在何时拆除？　（4分）

6. 施工单位在桥梁转体前应做哪些准备工作？　（4分）

【参考答案】

1. 施工单位进场开工的程序是否符合要求？写出本工程进场开工的正确程序。

（1）不符合要求。　（1分）

（2）正确程序：

1）施工单位编制施工组织设计并经过审批。 （1分）

2）建设单位组织图纸会审和设计交底，且各种批文手续齐全。 （1分）

3）现场道路、水、电、通信满足开工要求，各种安全生产管理体系已建立，人、材、机已落实后，施工单位向监理、建设单位提出开工申请，经审核后由总监理工程师下发开工令。 （2分）

2. 施工组织设计中的建议是否合理？说明理由。简述施工组织设计的审批程序。

（1）不合理。 （1分）

理由：由图1可知，铁路两侧支架施工区域地质情况不同，上部荷载不完全相同，桥梁受力不完全相同，预压过程中支架地基会有不同的沉降。 （3分）

（2）审批程序：施工单位技术负责人审批并加盖企业公章，报总监理工程师审批，经建设单位项目负责人审核后实施。 （2分）

3. 该项目开工前应对施工管理人员及施工作业人员进行必要的培训有哪些？

（1）管理人员：质量、安全、进度、成本、合同、文明施工，以及各种交底等。 （2分）

（2）施工作业人员：工地安全制度，施工现场环境、工程施工特点、可能存在的不安全因素，以及质量标准、劳动纪律、操作规程等。 （2分）

4. 大型施工机械通过施工范围现状地下电缆管线上方时，应与何单位取得联系？需要完成的手续和采取的措施是什么？

（1）应与电缆管线的使用、管理单位取得联系。 （1分）

（2）手续：

1）编制地下电缆管线保护方案，并征得管理单位同意。 （1分）

2）编制应急预案和有效安全技术措施，并经相关单位审核。 （1分）

（3）措施：

1）编制电缆保护加固专项方案和应急预案，并经相关单位审核。 （1分）

2）核实管线准确位置并设立明显标志。 （1分）

3）管线上方浇筑混凝土硬化，或者铺设钢板。 （1分）

4）施工中派专人检查、监督，并随时进行沉降变形观测。 （1分）

5. 现浇预应力箱梁施工时，侧模和底模应在何时拆除？

（1）侧模：混凝土强度为2.5MPa及以上且能保证结构棱角不损坏时，在预应力张拉前拆除。 （2分）

（2）底模：混凝土强度能承受其自重及其他可能的荷载时，并在施加预应力后拆除。

（2分）

6. 施工单位在桥梁转体前应做哪些准备工作？

（1）与铁路部门办理手续，确认转体施工过程中不能有列车通行。

（2）桥梁结构混凝土与预应力混凝土经过验收，强度满足施工要求。

（3）转体需选择在风力较小日期、时间进行。

（4）动力设施进场且经过验收、调试。

（5）有足够的照明设施和通信设施。

（6）提前制定应急预案，并经过演练。 （写对4条以上得4分）

案例五【2018 年广东省、海南省一建真题】

某公司承建一座排水拱涵工程，拱涵设计跨径 16.5m，拱圈最小厚度为 0.9m；涵长为110m，每 10m 设置一道宽 20mm 的沉降缝。拱涵的拱圈和拱墙设计均采用 C40 钢筋混凝土，抗渗等级 P8，扩大基础持力层为弱风化花岗岩；结构防水主要由两部分组成，一是在沉降缝内部采取防水措施，二是对拱涵主体结构（包括拱圈和拱墙）的外表面采用水性渗透型无机防水剂 + 自粘聚合物改性沥青防水卷材 + 厚 20mm M10 砂浆的综合防水措施，拱涵横断面如图 1 所示，沉降缝及外表面防水结构如图 2 所示。

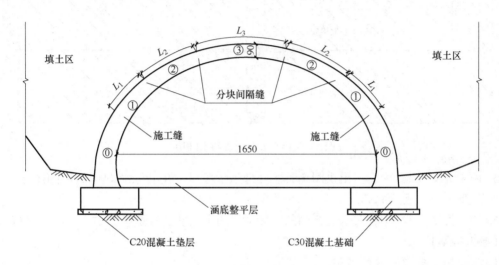

图 1 拱涵横断面布置与混凝土浇筑分块
（尺寸单位：cm）

项目部编制的施工方案有如下内容：

（1）拱圈采用碗扣式钢管满堂支架施工方案，并对拱架设置施工预拱度。

（2）拱涵主体结构（包括拱圈和拱墙）混凝土浇筑采用按相邻沉降缝进行分段，每段拱涵进行分块浇筑的施工方案。每段拱涵分块方案为拱墙分为 2 块⓪号块，拱圈分为 2 块①号块、2 块②号块、1 块③号块，拱涵混凝土浇筑分块如图 1 所示。

混凝土浇筑分 2 次进行。第一次完成 2 块⓪号块（拱墙）施工，并设置施工缝；第二次按照拟定的各分块施工顺序完成拱圈的一次性整体浇筑。

（3）拱涵主体结构防水层施工过程中，按规范规定对防水层施工质量进行检测。

问题：

1. 写出图 2 中构件 A 的名称。 （4 分）

2. 列式计算拱圈最小厚度处结构自重的面荷载值 ［单位为 kN/m²，钢筋混凝土重度（容重）按 26kN/m³ 计］；该拱架施工方案是否需要组织专家论证？说明理由。 （7 分）

3. 施工方案（1）中，拱架施工预拱度的设置应考虑哪些因素？ （4 分）

4. 结合图 1 和施工方案（2），指出拱圈混凝土浇筑分块间隔缝（或施工缝）预留时应如何处理？ （5 分）

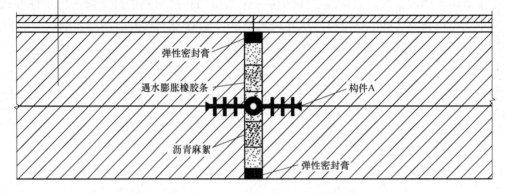

图2　沉降缝及外表面防水结构

5. 施工方案（2）中，指出拱圈浇筑的合理施工顺序（用背景资料中提供的序号"①、②、③"及"→"表示）。（4分）

6. 施工方案（3）中，防水层检测的一般项目和主控项目有哪些？（6分）

【参考答案】

1. 写出图2中构件A的名称。

A为橡胶止水带。（4分）

2. 列式计算拱圈最小厚度处结构自重的面荷载值［单位为 kN/m^2，钢筋混凝土重度（容重）按26kN/m^3 计］；该拱架施工方案是否需要组织专家论证？说明理由。

（1）面荷载为 $26 \times 0.9 kN/m^2 = 23.4 kN/m^2$。（3分）

（2）该拱架施工方案需要专家验证。（1分）

理由：依据住房和城乡建设部令第37号和建办质〔2018〕31号文件，施工总荷载（设计值）15kN/m^2 及以上的混凝土模板支撑工程，属于超过一定规模的危险性较大的分部分项工程，需要组织专家论证。（3分）

【解析】

$$面荷载 = \frac{长 \times 宽 \times 厚 \times 混凝土重度（容重）}{长 \times 宽} = \frac{长 \times 宽 \times 厚 \times 混凝土重度（容重）}{长 \times 宽}$$

$$= 板厚 \times 混凝土重度（容重）= 26 \times 0.9 kN/m^2 = 23.4 kN/m^2。$$

3. 施工方案（1）中，拱架施工预拱度的设置应考虑哪些因素？

（1）拱架承受全部施工荷载引起的弹性变形。（1分）

（2）受载后由于杆件接头处的挤压和卸落设备压缩而产生的非弹性变形。（1分）

（3）拱架基础受载后的沉降。（1分）

（4）设计文件规定的结构预拱度。（1分）

4. 结合图1和施工方案（2），指出拱圈混凝土浇筑分块间隔缝（或施工缝）预留时应如何处理？

（1）各段的接缝面应与拱轴线垂直。 （1分）

（2）浇筑应从拱脚向拱顶对称进行。 （1分）

（3）各分段内混凝土应一次浇筑完毕。 （1分）

（4）纵向不得采用通长钢筋。 （1分）

（5）接头应安设在间隔槽内，并在浇筑间隔槽混凝土时焊接。 （1分）

5. 施工方案（2）中，指出拱圈浇筑的合理施工顺序（用背景资料中提供的序号"①、②、③"及"→"表示）。

合理施工顺序为①→②→③。 （4分）

6. 施工方案（3）中，防水层检测的一般项目和主控项目有哪些？

（1）水性渗透型无机防水剂防水层检测的一般项目为涂刷要求、层间结合。 （1分）

主控项目为原材料、涂料厚度及节点施工。 （2分）

（2）沥青防水卷材防水层检测的一般项目为接缝施工、搭接宽度。 （1分）

主控项目为原材料、黏结强度及节点施工。 （2分）

案例六【2018年一建真题】

某公司承建一座城市桥梁工程。该桥跨越山区季节性流水沟谷，上部结构为三跨式钢筋混凝土结构，重力式U形桥台，基础均采用扩大基础；桥面铺装自下而上厚为8cm钢筋混凝土整平层＋防水层＋粘层＋厚7cm沥青混凝土面层；桥面设计高程为99.630m。桥梁立面布置如图1所示。

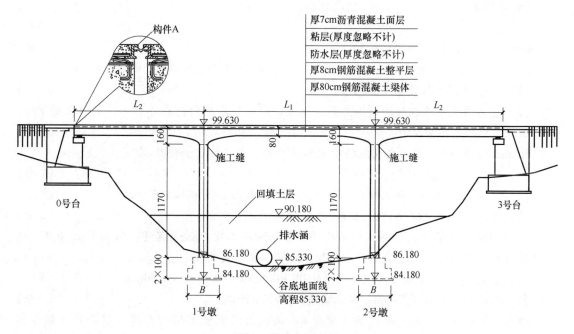

图1 桥梁立面布置

（高程单位：m；尺寸单位：cm）

项目部编制的施工方案有如下内容：

（1）根据该桥结构特点，施工时，在墩柱与上部结构衔接处（即梁底曲面变弯处）设置施工缝。

（2）上部结构采用碗扣式钢管满堂支架施工方案。根据现场地形特点及施工便道布置情况，采用杂土对沟谷一次性进行回填，回填后经整平碾压，场地高程为90.180m，并在其上进行支架搭设施工，支架立柱放置于20cm×20cm楞木上。支架搭设完成后采用土袋进行堆载预压。

支架搭设完成后，项目部立即按施工方案要求的预压荷载对支架采用土袋进行堆载预压，期间遇较长时间大雨，场地积水。项目部对支架预压情况进行连续监测，数据显示各点的沉降量均超过规范规定，导致预压失败。此后，项目部采取了相应整改措施，并严格按规范规定重新开展支架施工与预压工作。

问题：

1. 写出图中构件 A 的名称。 （3分）

2. 根据图判断，按桥梁结构特点，该桥梁属于哪种类型？简述该类型桥梁的主要受力特点。 （5分）

3. 施工方案（1）中，在浇筑桥梁上部结构时，施工缝应如何处理？ （5分）

4. 根据施工方案（2），列式计算桥梁上部结构施工图应搭设满堂支架的最大高度；根据计算结果，该支架施工方案是否需要组织专家论证？说明理由。 （7分）

5. 试分析项目部支架预压失败的可能原因？ （5分）

6. 项目部应采取哪些措施才能顺利地使支架预压成功？ （5分）

【参考答案】

1. 写出图中构件 A 的名称。

构件 A 为伸缩缝（伸缩装置）。 （3分）

2. 根据图判断，按桥梁结构特点，该桥梁属于哪种类型？简述该类型桥梁的主要受力特点。

（1）该桥梁属于刚架桥（刚构桥）。 （2分）

（2）受力特点：梁和柱的连接处具有很大的刚性，在竖向荷载作用下，梁部主要受弯，而在柱脚处也具有水平反力，其受力状态介于梁桥和拱桥之间。 （3分）

3. 施工方案（1）中，在浇筑桥梁上部结构时，施工缝应如何处理？

（1）先将混凝土表面的浮浆凿除。 （1分）

（2）混凝土结合面应凿毛处理，并冲洗干净，表面湿润但不得有积水。 （2分）

（3）在浇筑梁板混凝土前，应铺一层同配比的水泥砂浆。 （2分）

4. 根据施工方案（2），列式计算桥梁上部结构施工图应搭设满堂支架的最大高度；根据计算结果，该支架施工方案是否需要组织专家论证？说明理由。

（1）最大高度为99.630m − (0.07 + 0.08 + 0.8)m − 90.18m = 8.500m。 （3分）

（2）因为搭设高度大于8m，所以需要组织专家论证。 （2分）

理由：根据相关规定，搭设高度超过8m及以上的混凝土模板支撑工程必须组织专家论证。 （2分）

【解析】

楞木也属于支架的一部分，所以支架的高度从地面算起，包含楞木的高度。

5. 试分析项目部支架预压失败的可能原因？

（1）采用杂土回填，且未分层碾压密实，造成基础承载力不足。　　　　（1分）

（2）场地未设置排水沟设施和地面未进行硬化，造成基础承载力下降。　（1分）

（3）未按规范要求进行支架基础预压。　　　　　　　　　　　　　　　（1分）

（4）未进行分级预压，或预压土袋防水效果差，造成预压荷载超重。　（2分）

6. 项目部应采取哪些措施才能顺利地使支架预压成功？

（1）排水管涵两侧中粗砂人工回填夯实。　　　　　　　　　　　　　　（1分）

（2）流水沟谷地基采用合格土方分步回填夯实，坡度陡于1:5的地段需要留台阶。
　　　　　　　　　　　　　　　　　　　　　　　　　　　　　　　　　　（1分）

（3）压实面完成后设置排水沟。　　　　　　　　　　　　　　　　　　（1分）

（4）对夯实的基础进行预压，预压后进行地面硬化。　　　　　　　　　（1分）

（5）采用防水型沙袋分级进行预压。　　　　　　　　　　　　　　　　（1分）

案例七【2017年一建真题】

某施工单位承建城镇道路改扩建工程，全程2km。工程项目主要包括：①原机动车道的旧水泥混凝土路面加铺沥青混凝土面层；②原机动车道两侧加宽，新建非机动车道和人行道；③新建人行天桥一座，人行天桥桩基共计12根，为人工挖孔灌注桩。改扩建道路平面布置如图1所示，灌注桩的桩径、桩长见表1。

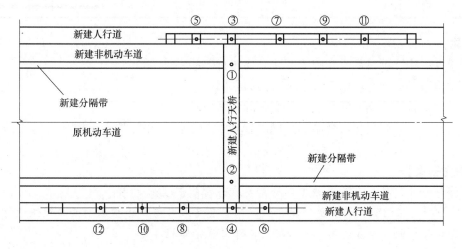

图1　改扩建道路平面布置

表1　灌注桩的桩径、桩长

桩　　号	桩径/mm	桩长/m
①②③④	1200	21
⑤⑥⑦⑧⑨⑩⑪⑫	1000	18

施工过程中发生了如下事件。

事件一： 项目部将原已获批的施工组织设计中的施工部署，即非机动车道（双侧）→人行道（双侧）→挖孔桩→原机动车道加铺，改为挖孔桩→非机动车道（双侧）→人行道（双侧）→原机动车道加铺。

　　事件二：项目编制了人工挖孔桩专项施工方案，经施工单位总工程师审批后上报总监理工程师申请开工，被总监理工程师退回。

　　事件三：专项施工方案中，钢筋混凝土护壁技术要求为井圈中心线与设计轴线的偏差不得大于 20mm，上下节护壁搭接长度不小于 50mm，护壁模板的拆除应在灌注混凝土 24h 之后，强度大于 5MPa 时方可进行。

　　事件四：项目部按两个施工队同时进行人工挖孔桩施工，计划显示挖孔桩施工需 57 天完工，施工进度计划见表 2。为加快工程进度，项目经理决定将⑨、⑩、⑪、⑫号桩安排第三个施工队进场施工，三队同时作业。

表 2　挖孔桩施工进度计划

作业队伍	工作内容	3	6	9	12	15	18	21	24	27	30	33	36	39	42	45	48	51	54	57
Ⅰ队	②④	■	■	■	■	■	■	■												
	⑥⑧								■	■	■	■	■	■						
	⑩⑫														■	■	■	■	■	■
Ⅱ队	①③	■	■	■	■	■	■	■												
	⑤⑦								■	■	■	■	■	■						
	⑨⑪														■	■	■	■	■	■

表头"天数/天"跨越 3～57 各列。

　　问题：

　　1. 事件一中，项目部改变施工部署需要履行哪些手续？　　　　　　　　　　　（5 分）

　　2. 写出事件二中专项施工方案被退回的原因。　　　　　　　　　　　　　　（5 分）

　　3. 补充事件三中钢筋混凝土护壁支护的技术要求。　　　　　　　　　　　　（5 分）

　　4. 事件四中，画出按三个施工队同时作业的横道图，并计算人工挖孔桩施工需要的作业天数。　　　　　　　　　　　　　　　　　　　　　　　　　　　　　　　（5 分）

　　【参考答案】

　　1. 事件一中，项目部改变施工部署需要履行哪些手续？

　　需要履行施工组织设计变更审批手续。项目负责人应重新组织编制施工组织设计，报企业技术负责人审批，加盖公章，之后报总监理工程师审批。　　　　　　　　（5 分）

　　2. 写出事件二中专项施工方案被退回的原因。

　　因本工程人工挖孔桩桩长超过 16m，依据住房和城乡建设部令第 37 号和建办质〔2018〕31 号文件，属于危险性较大的分部分项工程，需要编制安全专项施工方案，并且组织专家论证。由背景资料可知，施工单位人工挖孔桩专项施工方案未组织专家论证，所以被退回。

　　　　　　　　　　　　　　　　　　　　　　　　　　　　　　　　　　　（5 分）

　　3. 补充事件三中钢筋混凝土护壁支护的技术要求。

　　（1）护壁的厚度、拉结钢筋、配筋、混凝土强度等级均应符合设计要求。　　（2 分）

　　（2）每节护壁必须保证振捣密实，并应当日施工完毕。　　　　　　　　　　（2 分）

　　（3）应根据土层渗水情况选用速凝剂。　　　　　　　　　　　　　　　　　（1 分）

4. 事件四中，画出按三个施工队同时作业的横道图，并计算人工挖孔桩施工需要的作业天数。

（1）三个施工队同时作业的横道图见下表。　　　　　　　　　　　　　　　（3分）

三个施工队同时作业的横道图

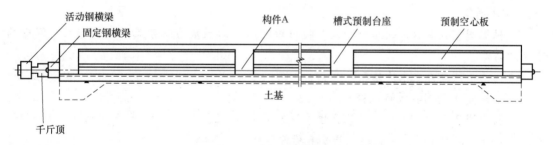

作业队伍	工作内容	天数/天																	
		3	6	9	12	15	18	21	24	27	30	33	36	39	42	45	48	51	54	57
I队	②④	■	■	■	■	■	■	■												
	⑥⑧								■	■	■	■	■	■						
II队	①③	■	■	■	■	■	■	■												
	⑤⑦								■	■	■	■	■	■						
III队	⑨⑪	■	■	■	■	■	■	■												
	⑩⑫							■	■	■	■	■	■							

（2）人工挖孔桩作业天数：21 天 + 18 天 = 39 天。　　　　　　　　　　　　（2分）

案例八【2017 年一建真题】

某公司承建一座城市桥梁工程。该桥上部结构为 16 × 20m 预应力混凝土空心板，每跨布置空心板 30 片。

进场后，项目部编制了实施性总体施工组织设计，内容包括：

（1）根据现场条件和设计图纸要求，建设空心板预制场。预制台座采用槽式长线台座，横向连续设置 8 条预制台座，每条台座 1 次可预制空心板 4 片，预制台座的结构形式如图 1 所示。

图 1　预制台座的结构形式

（2）将空心板的预制工作分解成①清理模板、台座；②刷涂隔离剂；③钢筋、钢绞线安装；④切除多余钢绞线；⑤隔离套管封堵；⑥整体放张；⑦整体张拉；⑧拆除模板；⑨安装模板；⑩浇筑混凝土；⑪养护；⑫吊装存放等 12 道施工工序，并确定了施工工艺流程，如图 2 所示（注：①~⑫为各道施工工序代号）。

（3）计划每条预制台座的生产（周转）效率平均为 10 天，即考虑各台台座在正常流水作业节拍的情况下，每 10 天每条预制台座均可生产 4 片空心板。

（4）依据总体进度计划，空心板预制 80 天后开始进行吊装作业，吊装进度为平均每天吊装 8 片空心板。

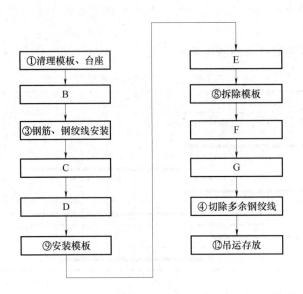

图2 空心板预制施工工艺流程

问题：

1. 根据图1预制台座的结构形式，指出该空心板的预应力体系属于哪种形式？写出构件A的名称。 (4分)

2. 写出图2中空心板施工工艺流程中施工工序B、C、D、E、F、G的名称。（选用背景资料给出的施工工序的①~⑫的代号或名称作答） (6分)

3. 列式计算完成空心板预制所需天数。 (5分)

4. 空心板预制进度能否满足吊装进度的需要？说明原因。 (5分)

【参考答案】

1. 根据图1预制台座的结构形式，指出该空心板的预应力体系属于哪种形式？写出构件A的名称。

（1）属于预应力先张法体系。 (2分)

（2）构件A的名称：钢绞线。 (2分)

2. 写出图2中空心板施工工艺流程中施工工序B、C、D、E、F、G的名称。（选用背景资料给出的施工工序的①~⑫的代号或名称作答）

B为刷涂隔离剂；C为整体张拉；D为隔离套管封堵；E为浇筑混凝土；F为养护；G为整体放张。 （每个1分）

或B为刷涂隔离剂；C为隔离套管封堵；D为整体张拉；E为浇筑混凝土；F为养护；G为整体放张。

3. 列式计算完成空心板预制所需天数。

（1）桥梁空心板总数量为 $30×16$ 片 $=480$ 片 (1分)

（2）所需天数为 $480÷(4÷10×8)$ 天 $=150$ 天 (4分)

4. 空心板预制进度能否满足吊装进度的需要？说明原因。

（1）不能满足吊装进度的需要。 (1分)

（2）原因：

1）全桥梁板安装所需时间为 480 片÷8 片/天 =60 天。 （2分）

2）空心板总预制时间为 150 天，预制 80 天后，剩余空心板可在 150 天 – 80 天 =70 天内预制完成，比吊装进度（480 片÷8 片/天 =60 天）延迟 10 天完成，因此空心板的预制进度不能满足吊装进度的需要。 （2分）

案例九【2016 年一建真题】

某公司中标承建该市城郊结合交通改扩建高架工程，该高架上部结构为现浇预应力钢筋混凝土连续箱梁，桥梁底板距地面高 15m、宽 17.5m，主线长 720m，桥梁中心轴线位于既有道路边线。在既有道路中心线附近有埋深 1.5m 的现状 DN500 自来水管道和光纤线缆，平面布置如图 1 所示。

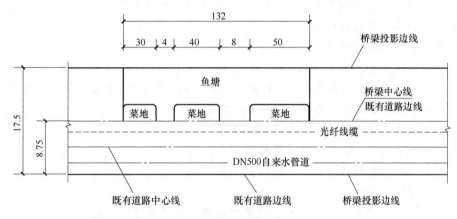

图 1　某市城郊改扩建高架桥平面布置（单位：m）

高架桥跨越 132m 鱼塘和菜地。设计跨径组合为 41.5m + 49m + 41.5m。其余为标准联。跨径组合为（28 + 28 + 28）m ×7 联，采用支架法施工。下部结构为 H 型墩身下接 10.5m × 6.5m ×3.3m 承台（埋深在光纤线缆下 0.5m），承台下设有直径 1.2m、深 18m 的人工挖孔灌注桩。

项目部进场后编制的施工组织设计提出了"支架地基加固处理"和"满堂支架设计"两个专项方案。在"支架地基加固处理"专项方案中，项目部认为，在支架地基预压时的荷载应是不小于支架地基承受的混凝土结构物恒载的 1.2 倍即可，并根据相关规定组织召开了专家论证会，邀请了含本项目技术负责人在内的四位专家对方案内容进行了论证。专项方案经论证后，专家组提出了应补充该工程上部结构施工流程及支架地基预压荷载验算需修改完善的指导意见，项目部未按专家组要求补充该工程上部结构施工流程和支架地基预压荷载验算，只将其他少量问题做了修改，上报项目总监理工程师和建设单位项目负责人审批时未能通过。

问题：

1. 写出该工程上部结构施工流程（自箱梁钢筋验收完成到落架结束，混凝土采用一次浇筑法）。 （5分）

2. 编写"支架地基加固处理"专项方案的主要因素是什么？ （5分）

3. "支架地基加固处理"后的合格判定标准是什么？ (5分)

4. 项目部在支架地基预压方案中，还有哪些因素应进入预压荷载计算？ (4分)

5. 该项目中除了"DN500自来水管、光纤线缆保护方案"和"预应力张拉专项方案"，还有哪些内容属于"危险性较大的分部分项工程"范围未上报专项方案，请补充。 (6分)

6. 项目部邀请了含本项目部技术负责人在内的四位专家对两个专项方案进行论证的结果是否有效？如无效，请说明理由并写出正确做法。 (5分)

【参考答案】

1. 写出该工程上部结构施工流程（自箱梁钢筋验收完成到落架结束，混凝土采用一次浇筑法）。

施工流程为浇筑混凝土→养护→拆除内模和侧模→预应力张拉→孔道压浆→封锚→拆除底模→拆除支架。 (5分)

2. 编写"支架地基加固处理"专项方案的主要因素是什么？

(1) 鱼塘抽水、清淤后回填夯实。 (1分)

(2) 菜地表层土换填夯实。 (1分)

(3) 光纤线缆、自来水管道保护。 (1分)

(4) 桥梁中心轴线两侧支架基础承载力不一致，对道路以外支架基础预压处理。 (2分)

3. "支架地基加固处理"后的合格判定标准是什么？

(1) 各监测点连续24h的沉降量平均值小于1mm。 (2分)

(2) 各监测点连续72h的沉降量平均值小于5mm。 (1分)

(3) 支架基础预压报告合格。 (1分)

(4) 排水系统正常。 (1分)

4. 项目部在支架地基预压方案中，还有哪些因素应进入预压荷载计算？

进入预压荷载计算的还有支架和模板自重、施工人员和机具荷载、振捣混凝土荷载、风雪荷载及冬期保温设施荷载。 (4分)

5. 该项目中除了"DN500自来水管、光纤线缆保护方案"和"预应力张拉专项方案"，还有哪些内容属于"危险性较大的分部分项工程"范围未上报专项方案，请补充。

(1) 箱梁混凝土模板支架工程。 (1分)

(2) 箱梁内模安装工程。 (1分)

(3) 承台基坑土方开挖、支护、降水工程。 (2分)

(4) 人工挖孔桩工程。 (1分)

(5) 起重吊装工程。 (1分)

6. 项目部邀请了含本项目部技术负责人在内的四位专家对两个专项方案进行论证的结果是否有效？如无效，请说明理由并写出正确做法。

(1) 论证结果无效。 (1分)

理由：① 项目技术负责人作为专家参加论证会，错误。 (1分)

② 四位专家对专项方案论证，错误。 (1分)

(2) 正确做法：

① 专家组的成员应由5名以上符合相关专业要求的专家组成，与本工程有利害关系的人员不得以专家身份参加专家论证会。 (1分)

② 施工单位应当根据论证报告修改完善专项施工方案，由施工单位技术负责人审核签字，加盖单位公章，并由总监理工程师审查签字、加盖执业印章后方可实施。 （1分）

案例十【2016 年一建真题】

某公司承建一座城市互通工程，工程内容包括①主线跨线桥（Ⅰ、Ⅱ）；②左匝道跨线桥；③左匝道一；④右匝道一；⑤右匝道二五个子单位工程。平面布置如图 1 所示。两座跨线桥均为预应力混凝土连续箱梁桥，其余匝道均为道路工程。主线跨线桥跨越左匝道一；左匝道跨线桥跨越左匝道一及主线跨线桥；左匝道一为半挖半填路基工程，挖方除就地利用外，剩余土方用于右匝道一；右匝道一采用混凝土挡墙路堤工程，欠方需要外购解决；右匝道二为利用原有道路面局部改造工程。

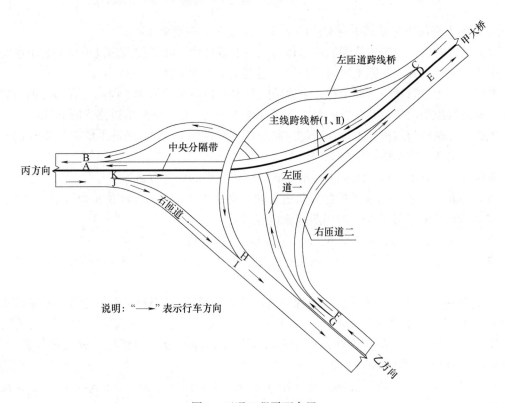

图 1 互通工程平面布置

主线跨线桥Ⅰ的第 2 联为（30m + 48m + 30m）预应力混凝土连续箱梁，其预应力张拉端钢绞线束横断面布置如图 2 所示。预应力钢绞线采用直径 ϕ15.2mm 高强低松弛钢绞线。每根钢绞线由 7 根钢丝捻制而成。代号 S22 的钢绞线束由 15 根钢绞线组成，其在箱梁内的管道长度为 108.2m。

由于工程位于交通主干道，交通组织难度大，因此建设单位对施工单位提出总体施工要求如下：

（1）总体施工组织计划安排应本着先易后难的原则，逐步实现互通的各向交通通行任务。

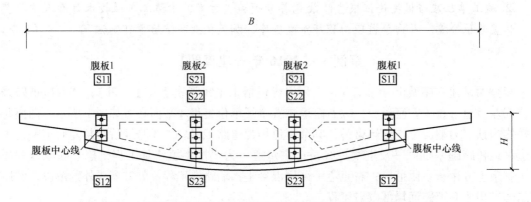

图2　主线跨线桥Ⅰ第2联箱梁预应力张拉端钢绞线束横断面布置

（2）施工期间应尽量减少对交通的干扰，优先考虑主线交通通行。

根据工程特点，施工单位编制的总体施工组织设计中，除了按照建设单位的要求确定了五个子单位工程的开工和完工的时间顺序，还制定了如下事宜。

事件一：为限制超高车辆通行，主线跨线桥和左匝道跨线桥施工期间，在相应的道路上设置车辆通行限高门架，其设置的位置选择在图1中所示的A—K的道路横断面处。

事件二：两座跨线桥施工均在跨越道路的位置采用钢管-型钢（贝雷桁架）组合门式支架方案，并采取了安全防护措施。

事件三：编制了主线跨线桥Ⅰ的第2联箱梁预应力的施工方案如下：

（1）该预应力管道的竖向布置为曲线行驶，确定了排气孔和排水孔在管道中的位置。

（2）预应力钢绞线的张拉采用两端张拉方式。

（3）确定了预应力钢绞线张拉顺序的原则和各钢绞线束的张拉顺序。

（4）确定了预应力钢绞线张拉的工作长度为100cm，并计算了钢绞线的用量。

问题：

1. 写出五个子单位工程符合交通通行条件的先后顺序。（用背景资料中各个子单位工程的代号"①～⑤"及"→"表示） （5分）

2. 事件一中，主线跨线桥和左匝道跨线桥施工期间应分别在哪些位置设置限高门架？（用图1中所示的道路横断面的代号"A—K"表示） （5分）

3. 事件二中，两座跨线桥施工时应设置多少座组合门式支架？指出组合门式支架应采取哪些安全防护措施？ （6分）

4. 事件三中，预应力管道的排气孔应分别设置在管道的哪些位置？ （4分）

5. 事件三中，写出预应力钢绞线张拉顺序的原则，并给出图2中各钢绞线束的张拉顺序。（用图2中所示的钢绞线束的代号"S11-S23"及"→"表示） （5分）

6. 事件三中，结合背景资料，列式计算图2中代号为S22的所有钢绞线束需用多少米钢绞线制作而成？ （5分）

【参考答案】

1. 写出五个子单位工程符合交通通行条件的先后顺序。（用背景资料中各个子单位工程的代号"①～⑤"及"→"表示）

先后顺序为⑤→③→④→①→②。 （5分）

【解析】

语文题，主要是考核文字分析能力。看背景资料：

"（1）总体施工组织计划安排应本着先易后难的原则，逐步实现互通的各向交通通行任务。"这句话的意思是说，道路工程比较容易，桥梁施工比较难，那么一定是先施工道路，后施工桥梁。

"（2）施工期间应尽量减少对交通的干扰，优先考虑主线交通通行。"这句话的意思是说，对本工程的两座桥梁，先施工主线跨线桥。

只要正确理解了这两句话的意思，那么就容易得出答案。既然是先施工道路，那么先把道路的顺序排出来，右匝道二为利用原有道路面的局部改造工程，速度最快最容易，排在第一位；左匝道一为半填半挖，多余的土方用于右匝道一，那么左匝道一排在第二位，右匝道一排在第三位；之后主线跨线桥排在第四，左匝道跨线桥排在最后。

2. 事件一中，主线跨线桥和左匝道跨线桥施工期间应分别在哪些位置设置限高门架？（用图1中所示的道路横断面的代号"A—K"表示）

（1）主线跨线桥施工期间应设置限高门架的位置为G。　　　　　　　　　　　　（2分）

（2）左匝道跨线桥施工期间应设置限高门架的位置为G、D、K。　　　　（每个1分）

【解析】

限高门架不同于支架，主要是用于拦截超高车辆通行，设置位置一定是在入口处，否则车辆到达无法通过的位置时无法调头。

3. 事件二中，两座跨线桥施工时应设置多少座组合门式支架？指出组合门式支架应采取哪些安全防护措施？

（1）两座跨线桥施工时应设置4座组合门式支架。　　　　　　　　　　　　　　（2分）

（2）施工安全保护主要措施：①设置限高架、两边加护桩、警示标志；②夜间设置照明设施和警示灯；③设置防撞设施；④洞口上方设置木板和防坠落安全水平网；⑤专人巡视检查，定期维护。　　　　　　　　　　　　　　　　　　　　　　　　（写对4条以上得4分）

【解析】

主线跨线桥Ⅰ、Ⅱ跨越左匝道一的位置各设置一座组合门式支架（主线跨线桥Ⅰ、Ⅱ受力不完全一样，所以两座桥梁的支架不能连在一起，应分别设置）。

左匝道桥跨越主线桥处设置一座支架，跨越左匝道一处设置一座支架，总计4座。

4. 事件三中，预应力管道的排气孔应分别设置在管道的哪些位置？

（1）排气孔应设置在曲线管道的波峰位置（最高处）。　　　　　　　　　　　　（2分）

（2）排水孔应设置在曲线管道的最低位置。　　　　　　　　　　　　　　　　　（2分）

5. 事件三中，写出预应力钢绞线张拉顺序的原则，并给出图2中各钢绞线束的张拉顺序。（用图2中所示的钢绞线束的代"S11-S23"及"→"表示）

（1）张拉顺序的原则：采取分批、分阶段对称张拉。宜先中间，后上、下或两侧。

　　　　　　　　　　　　　　　　　　　　　　　　　　　　　　　　　　　　（2分）

（2）张拉顺序：S22→S21、S23→S11、S12。　　　　　　　　　　　　　　　（3分）

6. 事件三中，结合背景资料，列式计算图2中代号为S22的所有钢绞线束需用多少米钢绞线制作而成？

（1）每束钢绞线的长度为单条孔道长度 + 张拉端工作长度 × 2 侧 = 108.2m + 1 × 2m =

110.2m　　　　　　　　　　　　　　　　　　　　　　　　　　　　（2 分）

（2）S22 所需总长度为 110.2 × 15 × 2m = 3306.0m　　　　　　　　（3 分）

【解析】

第一，注意单位，100cm = 1m；第二，题目让求的是钢绞线长度，不是钢丝，不要再乘以 7 了。

案例十一 【2015 年一建真题】

某公司中标一座跨河桥梁工程，所跨河道流量较小，水深超过 5m，河道底土质为黏土。项目部编制了围堰施工专项方案，监理审批时认为方案中以下内容描述存在问题：

（1）顶标高不得低于施工期间最高水位。

（2）钢板桩采用射水下沉法施工。

（3）围堰钢板桩从下游到上游合龙。

项目部接到监理部发来的审核意见后，对方案进行了调整。在围堰施工前，项目部向当地住房和城乡建设局（厅）报告，征得同意后开始围堰施工。

在项目实施过程中发生了以下事件。

事件一：由于工期紧，电网供电未能及时到位，项目部要求各施工班组自备发电机供电。某施工班组将发电机输出端直接连接到多功能开关箱。将电焊机、水泵和打夯机接入同一个开关箱，以保证工地按时开工。

事件二：围堰施工需要起重机配合，因起重机司机发烧就医，施工员临时安排一名汽车驾驶人代班，由于起重机支腿下面的土体下陷，引起起重机侧翻，所幸没有造成人员伤亡。项目部紧急将侧翻起重机扶正，稍加保养后又投入到工作中，没有延误工期。

问题：

1. 针对围堰施工专项方案中存在的问题，给出正确做法。　　　　　　（6 分）

2. 围堰施工前还应征得哪些部门同意？　　　　　　　　　　　　　　（4 分）

3. 事件一中用电管理有哪些不妥之处？说明理由。　　　　　　　　　（6 分）

4. 汽车驾驶人能操作起重机吗？为什么？　　　　　　　　　　　　　（4 分）

5. 事件二中，起重机扶正后能立即投入工作吗？简述理由。　　　　　（5 分）

6. 事件二中，项目部在设备安全管理方面存在哪些问题？给出正确做法。（5 分）

【参考答案】

1. 针对围堰施工专项方案中存在的问题，给出正确做法。

（1）围堰高度应高出施工期间可能出现的最高水位（包括浪高）0.5 ~ 0.7m。（2 分）

（2）因为河道底为黏性土，应该是慎用射水沉桩。　　　　　　　　　（2 分）

（3）施工顺序应该是从上游向下游合龙。　　　　　　　　　　　　　（2 分）

2. 围堰施工前还应征得哪些部门同意？

还应征得河道（水利）管理部门、航运部门同意。　　　　　　　　　（每个 2 分）

3. 事件一中用电管理有哪些不妥之处？说明理由。

（1）不妥之处一：各施工班组自备发电机供电。　　　　　　　　　　（1 分）

理由：必须由项目部统一配备并检测合格方可使用。　　　　　　　　（1 分）

（2）不妥之处二：发电机与开关箱直接连接。　　　　　　　　　　　（1 分）

理由：应采用总配电箱、分配电箱、开关箱三级配电系统。　　　　　　　　　　（1分）

（3）不妥之处三：电焊机、水泵和打夯机接入同一个开关箱。　　　　　　　（1分）

理由：严禁同一开关箱直接控制两台以上用电设备（一机一闸）。　　　　　　（1分）

【解析】　一机一闸一保护，一个开关箱只能控制一台设备，如下图所示。

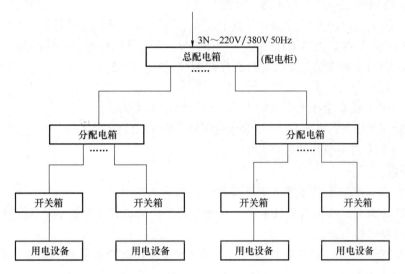

三级配电系统结构形式

4. 汽车驾驶人能操作起重机吗？为什么？

（1）不能操作起重机。　　　　　　　　　　　　　　　　　　　　　　　　（1分）

（2）理由：垂直运输机械作业人员（起重机司机）属于特种作业人员，必须按照国家有关规定，经过专门的安全作业培训，并取得特种作业操作资格证书后，方可上岗作业。

　　　　　　　　　　　　　　　　　　　　　　　　　　　　　　　　　　（3分）

5. 事件二中，起重机扶正后能立即投入工作吗？简述理由。

（1）不能。　　　　　　　　　　　　　　　　　　　　　　　　　　　　　（1分）

（2）理由：

1）对损坏的设备进行检测、维修，并经安全技术监督部门检验鉴定合格后方可使用。

　　　　　　　　　　　　　　　　　　　　　　　　　　　　　　　　　　（1分）

2）对吊装施工区域的地基加固。　　　　　　　　　　　　　　　　　　　　（1分）

3）更换有操作证书的起重机司机吊装。　　　　　　　　　　　　　　　　　（1分）

4）正式吊装前必须先进行试吊作业。　　　　　　　　　　　　　　　　　　（1分）

6. 事件二中，项目部在设备安全管理方面存在哪些问题？给出正确做法。

（1）存在的问题：

1）"三定"制度（定人、定机、定岗位责任）未落实。　　　　　　　　　　（1分）

2）吊装中存在违章指挥、违规作业现象，工作中无专人巡回检查。　　　　　（1分）

（2）正确做法：

1）机械设备的使用实行定机、定人、定岗位责任的"三定"制度。　　　　　（1分）

2）操作人员经专业培训，考试合格，持证上岗。　　　　　　　　　　　　　（1分）

3）编制安全操作规程（定），任何人不得违章指挥、违章作业，施工中应安排专人定期巡回检查。　　　　　　　　　　　　　　　　　　　　　　　　　　　　　（1分）

案例十二【2014年一建真题】

A公司承建城市道路改扩建工程，其中新建设一座单跨简支桥梁。

桥梁工程施工前，由专职安全员对整个桥梁工程进行了安全技术交底。桥台施工完成后在台身上发现较多裂纹，裂缝宽度为0.1~0.4mm，深度3~5mm，经检测鉴定这些裂缝危害性较小，仅影响外观质量，项目部按程序对裂缝进行了处理。

问题：

1. 针对桥梁工程安全技术交底的不妥之处，给出正确做法。　　　　　　　（4分）
2. 按裂缝深度分类，背景资料中的裂缝属哪种类型？试分析裂缝形成的可能原因。（5分）
3. 给出背景资料中裂缝的处理方法。　　　　　　　　　　　　　　　　　　（6分）

【参考答案】

1. 针对桥梁工程安全技术交底的不妥之处，给出正确做法。

桥梁工程施工前，应由项目技术负责人进行整个桥梁工程安全技术交底，专职安全员应对分部分项工程进行交底。　　　　　　　　　　　　　　　　　　　　　　　（4分）

2. 按裂缝深度分类，背景资料中的裂缝属哪种类型？试分析裂缝形成的可能原因。

（1）属于表面裂缝。　　　　　　　　　　　　　　　　　　　　　　　　（1分）

（2）可能原因：水泥水化热高、内外约束影响、外界气温变化影响、混凝土收缩变形、养护措施不当。　　　　　　　　　　　　　　　　　　　　（写对4条以上得4分）

3. 给出背景资料中裂缝的处理方法。

（1）缝宽不大于0.2mm时采用表面密封法：用钢丝刷清理裂缝位置的混凝土；润湿、涂抹原结构混凝土等级的水泥浆；采用砂纸打磨。　　　　　　　　　　　　　（3分）

（2）缝宽大于0.2mm时采用嵌缝密闭法。　　　　　　　　　　　　　　　（3分）

案例十三【2014年一建真题】

某市政工程公司承建城市主干道改造工程标段，合同金额为9800万元；工程主要内容为主线高架桥梁、匝道桥梁、挡土墙及引道，如图1所示。桥梁基础采用钻孔灌注桩，上部结构为预应力混凝土连续箱梁，采用满堂支架法现浇施工；边防撞护栏为钢筋混凝土结构。

施工期间发生如下事件。

事件一： 在工程开工前，项目部会同监理工程师，根据CJJ 2—2008《城市桥梁工程施工与质量验收规范》等确定和划分了本工程的单位工程（子单位工程）、分部分项工程及检验批。

事件二： 项目部进场后配备了专职安全管理人员，并为承重支模架编制了专项安全应急预案。应急预案的主要内容有：事故类型和危害程度分析、应急处置基本原则、预防与预警、应急处置等。

事件三： 在施工安排时，项目部认为，在主线与匝道交叉部位及交叉口以东主线与匝道并行部位是本工程的施工重点，主要施工内容有：匝道基础及下部结构、匝道上部结构、主

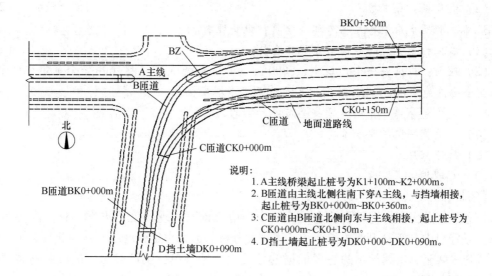

说明：
1. A主线桥梁起止桩号为K1+100m～K2+000m。
2. B匝道由主线北侧往南下穿A主线，与挡墙相接，起止桩号为BK0+000m～BK0+360m。
3. C匝道由B匝道北侧向东与主线相接，起止桩号为CK0+000m～CK0+150m。
4. D挡土墙起止桩号为DK0+000m～DK0+090m。

图1 桥梁总平面布置

线基础及下部结构（含 B 匝道 BZ 墩）、主线上部结构。在施工期间需要三次组织交通导行，因此必须确定合理的施工顺序。项目部经仔细分析确认施工顺序如图 2 所示。

①——交通导行——②——交通导行——③——交通导行——④

图2 施工顺序

另外，项目部配置了边防撞护栏定型组合钢模板，每次可浇筑防撞护栏长度 200m，每 4 天可周转一次。在上部结构基本完成后开始施工边防撞护栏，直至施工完成。

问题：

1. 事件一中，本工程的单位（子单位）工程有哪些？ （4分）

2. 指出钻孔灌注桩验收的分项工程和检验批。 （5分）

3. 本工程至少应配备几名专职安全员？说明理由。 （5分）

4. 补充完善事件二中的专项安全应急预案的内容。 （5分）

5. 图 2 中①、②、③、④分别对应哪些施工内容？ （6分）

6. 事件三中，边防撞护栏的连续施工至少需要多少天？（列式分步计算） （5分）

【参考答案】

1. 事件一中，本工程的单位（子单位）工程有哪些？

单位（子单位）工程有 A 主线高架桥梁、B 匝道桥梁、C 匝道桥梁、道路工程。

（每个1分）

【解析】

由图 1 可知，挡土墙位于道路中间的部分区域。根据道路工程验收规范，挡土墙属于道路工程中的分部工程。

2. 指出钻孔灌注桩验收的分项工程和检验批。

（1）分项工程：成孔；钢筋笼制作与安装；灌注混凝土。 （每个1分）

（2）检验批：每根桩 (2分)

3. 本工程至少应配备几名专职安全员？说明理由。

（1）本工程至少应配备两名专职安全员。 (2分)

（2）理由：根据安全生产规定，5000万~1亿元的线路工程配备安全员不少于2人。本工程合同价为9800万元，故需配备至少两名专职安全员。 (3分)

4. 补充完善事件二中的专项安全应急预案的内容。

（1）应急指挥机构及职责。 (2分)

（2）处理程序。 (1分)

（3）处理措施。 (2分)

【解析】

应急预案分三种，即综合应急预案、专项应急预案和现场处置方案，具体内容不尽相同。背景资料中已经给出事故类型和危害程度分析，那么肯定就属于专项应急预案了。此题的年代比较久远，本题给出的答案依据的是《生产经营单位生产安全事故应急预案编制导则》GB/T 29639—2020。

部分内容摘录如下：

7　专项应急预案主要内容

7.1　事故类型和危害程度分析

针对可能发生的事故风险和事故危害程度进行深入分析，提出具体防范措施。

7.2　应急指挥机构及职责

根据事故类型，明确应急救援指挥机构总指挥、副总指挥以及各成员单位或人员的具体职责。应急救援指挥机构能够设置相应的应急救援工作小组，明确各小组的工作任务及主要负责人职责。

7.3　处理程序

明确事故报告程序和内容，报告方式和责任人等内容。根据事故响应级别，具体描述事故接警报告和记录、应急指挥机构启动、应急指挥、资源调配、应急救援、扩大应急等应急响应程序。

7.4　处理措施

针对可能发生的事故风险和事故危害程度，制定相应的应急处理措施（如煤矿瓦斯爆炸、冒顶片帮、火灾、透水等事故应急处理措施，危险化学品火灾、爆炸、中毒等事故应急处理措施），明确处理原则和具体要求。

5. 图2中①、②、③、④分别对应哪些施工内容？

①对应的是主线基础及下部结构（含B匝道BZ墩）。 (2分)

②对应的是匝道基础及下部结构。 (1分)

③对应的是主线上部结构。 (2分)

④对应的是匝道上部结构。 (1分)

【解析】

貌似很难，实际上很简单，很多人都是被题目中那个三次交通导行搞乱了。其实无非就是把四个工作内容进行排序。

第一种解题思路（不考虑交通导行）：

无论是匝道桥还是主线桥，都必须先施工下部基础，再施工上部结构。实际施工中，一般都是先施工主线工程，也就是工期较长、难度较大的工程。那么第一个先施工的就是主线基础及下部结构（含 B 匝道 BZ 墩），第二个是施工匝道基础及下部结构，第三个是施工主线上部结构，第四个是施工匝道上部结构。很多考生可能会提出为什么不是施工完主线基础及下部结构之后，直接施工主线上部结构？原因之一是基础及下部结构做完之后，混凝土是需要养护 14 天，这期间如果不去做匝道基础，势必会窝工；原因之二是这样施工，三次交通导行没办法解释了。

　　第二种解题思路（考虑交通导行）：

　　需要结合生活实际，并有一定空间想象能力。第一，在城市中，高架桥下方是道路，是可以正常通车的，并且由图 1 可知，A 主线道路两侧是有辅路的，也可以通车；第二，桥梁下部结构做好之后，因为墩柱所占空间不大，所在的道路可以开放交通，进行通车。

　　那么本着先主线工程的原则，先施工①主线桥梁基础及下部结构（含 B 匝道 BZ 墩），车辆可以从 A 主线道路两侧的辅路通行（其实施工之前也需要交通导行，但是背景资料中并没有提及这个交通导行）。①施工之后，需要背景资料中说的第一次交通导行，把 A 主线道路两侧的辅路封闭，车辆由 A 主线道路主路通行，利用养护的空闲时间，可以施工②，即匝道基础及下部结构。②施工之后，进行第二次交通导行，A 主线道路封闭，车辆导行至两侧辅路通行，此时施工③，即主线上部结构；完工之后进行第三次交通导行，车辆导行至 A 主线道路，两侧辅路封闭，施工④，即匝道上部结构。

　　6. 事件三中，边防撞护栏的连续施工至少需要多少天？（列式分步计算）

　　（1）A 主线为 $[K2+000-(K1+100)]\times 2m=1800m$

　　（2）B 匝道为 $[BK0+360-(BK0+000)]\times 2m=720m$

　　（3）C 匝道为 $[CK0+150-(CK0+000)]\times 2m=300m$

　　（4）D 挡土墙为 $[DK0+090-(DK0+000)]\times 2m=180m$

　　合计为 $1800m+720m+300m+180m=3000m$　　　　　　　　　　（2 分）

　　所需施工天数为 $3000m\div 200m\times 4$ 天 $=60$ 天　　　　　　　　　　（3 分）

【解析】

　　结合生活实际，引道的高程比较高，为了防止车辆坠落，也是需要设置防撞护栏的，各位同学平时开车时可留意一下。

案例十四【2013 年一建真题】

　　某公司低价中标跨越城市主干道的钢-混凝土结构桥梁工程，城市主干道横断面如图 1 所示。三跨连续梁的桥跨组合为 30m+45m+30m，钢梁（单箱单室钢箱梁）分 5 段工厂预制、现场架设拼接，分段长度为 22m+20m+21m+20m+22m，如图 2 所示。

　　桥面板采用现浇后张预应力混凝土结构，由于钢梁拼装缝位于既有城市主干道上方，在主干道上设置施工支架、搭设钢梁段拼接平台对现状道路交通存在干扰问题。针对本工程的特点，项目部编制了施工组织设计方案和支架专项方案，支架专项方案通过专家论证。依据招标文件和程序将钢梁加工分包给专业公司，签订了分包合同。

　　问题：

　　1. 除支架专项方案外，项目部还应编制哪些专项方案？　　　　　　　（5 分）

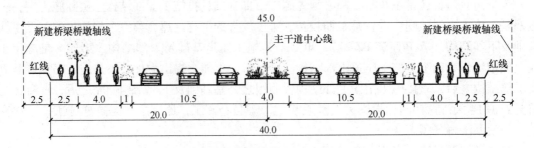

图1 城市主干道横断面（单位：m）

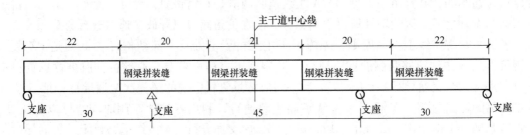

图2 钢梁预制分段图（单位：m）

2. 钢梁安装时在主干道上应设置几座支架？要否占用机动车道？说明理由。 （6分）

3. 施工支架专项方案需哪些部门审批？ （4分）

4. 指出钢梁加工分包经济合同签订注意事项。 （5分）

【参考答案】

1. 除支架专项方案外，项目部还应编制哪些专项方案？

（1）基坑开挖、支护、降水工程。

（2）焊接专项方案。

（3）起重吊装及安装拆卸工程。

（4）脚手架工程。

（5）钢结构安装工程。

（6）预应力张拉工程。

（7）交通导行方案。 （写对5条以上得5分）

2. 钢梁安装时在主干道上应设置几座支架？要否占用机动车道？说明理由。

（1）钢梁安装时在主干道上应设两座支架。 （2分）

（2）必须占用机动车道。 （1分）

理由：钢梁拼装缝中心即为支架中心，支架中心距离主干道中央隔离带路缘石距离为 $21/2m - 4/2m = 8.5m$，路宽为10.5m，因此支架必须要占用机动车道。 （3分）

【解析】

钢梁拼装的支架不同于现浇梁支架。现浇梁支架的主要目的是为了在支架上支模板，浇筑混凝土；而钢梁支架一般只是为了承担接缝处钢梁的重量，在支架上进行焊接或螺栓连接，故钢梁安装的支架一般宽度不大2~3m，如下图所示。

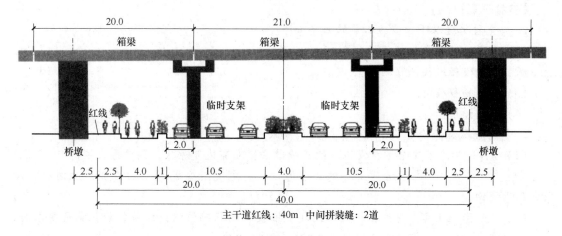

拼装示意图（单位：m）

3. 施工支架专项方案需哪些部门审批？

（1）施工专项方案应经项目经理组织、技术负责人编制，应根据专家论证意见修改确定后，报企业技术负责人审批盖章，之后报总监理工程师、建设方审核后实施。　　（2分）

（2）还应经市政行政主管部门、公安交通管理部门审批。　　（2分）

4. 指出钢梁加工分包经济合同签订注意事项。

（1）分包合同必须依据总包合同签订，满足总包合同中相应部分的工期、质量、安全、环保和文明施工等方面的要求。　　（1分）

（2）分包合同的类型应与总包合同类型一致，尽量签订总价合同，合同中应明确分包工程计量程序、结算程序条款。　　（2分）

（3）分包合同价不能超出总包合同价，不得超过施工图预算；付款方式与总承包合同保持一致。　　（1分）

（4）提交竣工验收报告时需要提交工程质量保修书，约定工程质量的保修金占合同价的比例和不履行保修义务的违约责任。　　（1分）

案例十五【2013 年一建真题】

某施工单位中标承建一座三跨预应力混凝土连续刚构桥，桥高 30m，跨度为（80＋136＋80）m，箱梁宽 14.5m，底板宽 8m，箱梁高度由根部的 7.5m 渐变到 3.0m。根据该工程的设计要求，0 号、1 号段混凝土为托架浇筑，然后采用挂篮悬臂浇筑法对称施工，挂篮采用自锚式桁架结构。

项目部在主墩的两侧安装托架并预压，施工 0 号、1 号段，在 1 号段混凝土浇筑完成后，在节段上拼装挂篮。

施工单位总部例行检查并记录了挂篮施工安全的不合格项：作业人员为了方便施工，自行拆除了安全防护设施；电缆直接绑在了挂篮上；工具、机具、材料在挂篮一侧集中堆放。

问题：

1. 补充挂篮进入下一节施工前的必要工序。　　（4分）

2. 针对挂篮施工检查不合格项，给出正确做法。　　（6分）

【参考答案】

1. 补充挂篮进入下一节施工前的必要工序。

(1) 已浇段混凝土养护及强度检查。　　　　　　　　　　　　　　　　(1分)

(2) 完成段轴线及高程测量。　　　　　　　　　　　　　　　　　　　(1分)

(3) 挂篮高程确定。　　　　　　　　　　　　　　　　　　　　　　　(1分)

(4) 挂篮预压。　　　　　　　　　　　　　　　　　　　　　　　　　(1分)

2. 针对挂篮施工检查不合格项,给出正确做法。

(1) "自行拆除了安全防护设施"的正确做法:立即恢复原状,预防再次被拆。(2分)

(2) "电缆直接绑在了挂篮上"的正确做法:将电缆折叠成M形挂在钢丝上滑行,滑行部位设挂钩。　　　　　　　　　　　　　　　　　　　　　　　　　　　　　(2分)

(3) "工具、机具、材料在挂篮一侧集中堆放"的正确做法:经荷载验算满足要求时,工具、机具、材料应均衡堆放在挂篮两侧。　　　　　　　　　　　　　　　　(2分)

案例十六【2011年一建真题】

某城市桥梁工程,上部结构为预应力混凝土连续箱梁,基础为直径1200mm钻孔灌注桩,桩基持力层为中风化岩,设计要求进入中风化岩层3m。

施工公司现有的钻孔机械为回旋钻、冲击钻、长螺旋钻各若干台供该工程选用。

施工中发生如下事件。

事件一: 准备工作完成后,经验收合格开始钻孔,钻机成孔时直接钻进至桩底,钻进完成后请监理单位验收终孔。

事件二: 现浇混凝土箱梁支撑体系采用重型可调门式钢管支架,支架搭设完成后安装箱梁底模。验收时发现底模高程设置的预拱度有少量偏差,因此要求整改。

问题:

1. 就公司现有桩基成孔设备进行比选,并根据钻机适用性说明理由。　　　(6分)

2. 针对事件一的不妥之处,给出正确做法。　　　　　　　　　　　　　(4分)

3. 重型可调门式支架中,除门式钢管支架外还有哪些配件?　　　　　　　(5分)

4. 事件二中,应如何利用支架体系调整高程?说明理由。　　　　　　　　(5分)

【参考答案】

1. 就公司现有桩基成孔设备进行比选,并根据钻机适用性说明理由。

(1) 适用性:

1) 回旋钻适用于各类土层、含有部分卵石碎石的土层和软岩层。　　　(1分)

2) 冲击钻适用于各类土层、碎石层和风化岩层。　　　　　　　　　　(1分)

3) 长螺旋钻适用于地下水位以上的各类土层和强风化岩层。　　　　　(1分)

(2) 项目部应选用冲击钻。　　　　　　　　　　　　　　　　　　　　(1分)

理由:因设计要求钻孔灌注桩进入中风化岩3m,只有冲击钻才能进入中风化岩层。(2分)

2. 针对事件一的不妥之处,给出正确做法。

(1) 冲击钻成孔每钻进4~5m应验孔一次,并做好记录。　　　　　　　(2分)

(2) 在更换钻头或容易塌孔处均应验孔,并做好记录。　　　　　　　　(2分)

3. 重型可调门式支架中,除门式钢管支架外还有哪些配件?

(1) 可调底座。 (1分)

(2) 可调顶托。 (1分)

(3) 连接销。 (1分)

(4) 交叉拉杆。 (1分)

(5) 钢管斜撑。 (1分)

4. 事件二中，应如何利用支架体系调整高程？说明理由。

(1) 利用可调顶托调整箱梁底模的高程，使其满足预拱度的要求。 (2分)

(2) 理由：箱梁底模的预拱度存在少量偏差，只需调整可调顶托，即可满足预拱度的要求。 (3分)

案例十七【2010年一建真题】

某公司承接一座城市跨河桥A标段，为上行和下行分立的两幅桥，上部结构为现浇预应力混凝土连续箱梁结构，跨径为70m+120m+70m。建设中的轻轨交通工程B标段高架桥在A标段两幅桥梁中间修建，结构形式为现浇变截面预应力连续箱梁，跨径为87.5m+145m+87.5m。三幅桥间距较近，B标段高架桥上部结构底面高于A标段桥面3.5m以上。为方便施工协调，经议标，B标段高架桥也由该公司承建。

A标段两幅桥的上部结构采用碗扣式支架施工，由于所跨越的河道流量较小、水面窄，项目部设计采用双孔管涵导流，回填河道并压实处理后作为支架基础，待上部结构施工完毕以后挖除，恢复原状。支架施工前，采用1.1倍的施工荷载对支架基础进行预压。支架搭设时，预留拱度考虑承受施工荷载后支架产生的弹性变形。

B标段晚于A标段开工，由于河道疏浚贯通节点工期较早，导致B标段上部结构不具备采用支架法施工的条件。

问题：

1. 该公司项目部设计导流管涵时，必须考虑哪些要求？ (5分)

2. 支架预留拱度还应考虑哪些变形？ (4分)

3. 支架施工前对支架基础预压的目的是什么？ (4分)

4. B标段连续梁施工采用何种方法最适合？说明这种方法的正确浇筑顺序。 (7分)

【参考答案】

1. 该公司项目部设计导流管涵时，必须考虑哪些要求？

(1) 管涵下部土层的承载力。 (1分)

(2) 管涵上部施工期间的全部荷载。 (1分)

(3) 管涵的截面应满足施工期间最大水流的要求。 (1分)

(4) 管涵的强度必须满足施工期间的全部荷载。 (1分)

(5) 管涵的长度必须满足支架的宽度要求。 (1分)

2. 支架预留拱度还应考虑哪些变形？

(1) 支架基础在施工期间的沉降变形。 (1分)

(2) 受载后由于杆件接头处的挤压和卸落设备压缩而产生的非弹性变形。 (1分)

(3) 设计规定的桥跨结构预拱度。 (1分)

(4) 施加预应力后桥梁本身产生的变形。 (1分)

3. 支架施工前对支架基础预压的目的是什么？

(1) 消除支架基础在上部荷载作用下的弹性和非弹性变形。 （1分）

(2) 检验地基承载力是否满足施工荷载要求。 （1分）

(3) 防止支架基础沉降过大导致桥跨结构开裂。 （1分）

(4) 收集沉降数据。 （1分）

4. B标段连续梁施工采用何种方法最适合？说明这种方法的正确浇筑顺序。

(1) 采用悬臂浇筑法最合适。 （3分）

(2) 浇筑顺序：

① 墩顶梁段浇筑，即0号块浇筑。 （1分）

② 墩顶两侧梁段对称悬臂浇筑。 （1分）

③ 边孔梁段支架浇筑。 （1分）

④ 主梁跨中合龙段浇筑。 （1分）

案例十八【2009年一建真题】

某城市跨线桥工程，上部结构为现浇预应力混凝土连续梁，其中主跨跨径为30m，并跨越一条宽20m的河道；桥梁基础采用直径1.5m的钻孔桩，承台尺寸为12.0m×7.0m×2.5m（长×宽×高），承台顶标高为+7.0m，承台边缘与驳岸最近距离为1.5m；河道常水位为+8.0m，河床底标高为+5.0m，河道管理部门要求通航宽度不得小于12m。工程地质资料反映：地面以下2m为素填土，素填土以下为粉砂土，原地面标高为+10.0m。

第一根钻孔桩成孔后进入后续工序施工，二次清孔合格后，项目部通知商品混凝土厂家供应混凝土并准备水下混凝土灌注工作。首批混凝土灌注时发生堵管现象，项目部立即按要求进行了处理。

现浇预应力混凝土连续梁在跨越河道段采用门洞支架，对通行孔设置了安全设施；在河岸两侧采用满布式支架，对支架基础按设计要求进行处理，并明确在浇筑混凝土时设置专人值守的保护措施。

上部结构施工时，项目部采取如下方法安装钢绞线：纵向长束在混凝土浇筑之前穿入管道；两端张拉的横向束在混凝土浇筑之后穿入管道。

问题：

1. 分析堵管发生的可能原因，给出在确保桩质量的条件下合适的处理措施。 （5分）

2. 现浇预应力混凝土连续梁的支架还应满足哪些技术要求？ （5分）

3. 浇筑混凝土时还应对支架采取什么保护措施？ （5分）

4. 补充项目部采用钢绞线安装方法的其余要求。 （5分）

【参考答案】

1. 分析堵管发生的可能原因，给出在确保桩质量的条件下合适的处理措施。

(1) 原因：未能在二次清孔后立即浇筑混凝土，孔内泥浆悬浮的砂粒下沉使孔底沉渣过厚，导致隔水栓（球）无法正常工作而发生堵管事故，这是发生堵管最主要的原因。 （2分）

(2) 处理：拔出导管，吊起钢筋笼，重新钻至原设计标高；安装钢筋笼、二次清孔后，立即浇筑混凝土。 （3分）

2. 现浇预应力混凝土连续梁的支架还应满足哪些技术要求？

（1）支架本身：支架的强度、刚度、稳定性应满足设计要求。　　　　　（1分）

（2）搭设前：支架搭设前应对支架基础进行预压。　　　　　　　　　　（1分）

（3）搭设中：支架搭设过程中应通过计算合理确定预拱度。　　　　　　（1分）

（4）搭设后：支架搭设完成后应按设计要求进行预压。　　　　　　　　（1分）

（5）禁止规定：支架严禁与脚手架、便桥相连。　　　　　　　　　　　（1分）

3. 浇筑混凝土时还应对支架采取什么保护措施？

（1）准备好加固材料，包括支撑钢管、方木、垫板、垫块，必要时对支架进行加固。

　　　　　　　　　　　　　　　　　　　　　　　　　　　　　　　　　　（1分）

（2）设专人进行变形监测，设置警戒区，划定警戒线。　　　　　　　　（1分）

（3）禁止碰撞。混凝土在浇筑过程中严禁车辆、船只碰撞支架。　　　　（1分）

（4）混凝土在浇筑过程中应均衡对称进行。　　　　　　　　　　　　　（1分）

（5）若发现不均匀下沉，应及时加固支架，确保稳定性。　　　　　　　（1分）

4. 补充项目部采用钢绞线安装方法的其余要求。

（1）先穿束：

1）穿束前对钢绞线进行防锈处理。　　　　　　　　　　　　　　　　　（1分）

2）穿束时应平滑顺直，按设计要求绑扎牢固。　　　　　　　　　　　　（1分）

3）混凝土浇筑过程中应定期抽动、转动钢绞线。　　　　　　　　　　　（1分）

（2）后穿束：

1）混凝土浇筑前，必须检查管道并确认完好。　　　　　　　　　　　　（1分）

2）混凝土浇筑后应及时疏通管道。　　　　　　　　　　　　　　　　　（1分）

案例十九【2007 年一建真题】

某城市桥梁工程，采用钻孔灌注桩基础，承台最大尺寸为：长 8m、宽 6m、高 3m，梁体为现浇预应力钢筋混凝土箱梁，跨越既有道路部分跨度为 30m、支架高 20m。

在 1 号桩桩身混凝土浇筑过程中，导管埋深保持在 0.5～1.0m。浇筑过程中，拔管指挥人员因故离开现场。后经检测表明 1 号桩出现断桩。在后续的承台、梁体施工中，施工单位采取了以下措施：

（1）针对承台大体积混凝土施工编制了专项方案，采取了如下防裂缝措施：

① 混凝土浇筑安排在一天中气温较低时进行。

② 根据施工正值夏季的特点，决定采用浇水养护。

③ 按规定在混凝土中适量埋入大石块。

（2）项目部新购买了一套性能较好、随机合格证齐全的张拉设备，并立即投入使用。

（3）跨越既有道路部分为现浇梁施工，采用支撑间距较大的门洞支架，为此编制了专项施工方案，并对支架强度做了验算。

问题：

1. 指出背景资料中桩身混凝土浇筑过程中的错误之处，并改正。　　　　（4分）

2. 补充大体积混凝土裂缝防止措施。　　　　　　　　　　　　　　　　（6分）

3. 施工单位在张拉设备的使用上是否正确？说明理由。　　　　　　　　（5分）

4.关于支架还应补充哪些方面的验算？ （5分）

【参考答案】

1.指出背景资料中桩身混凝土浇筑过程中的错误之处，并改正。

（1）错误之处一："导管埋深保持在0.5~1.0m"。 （1分）

改正：灌注桩混凝土浇筑过程中，导管埋深保持在2~6m，并随时检测混凝土面的位置，及时调整导管埋深。 （1分）

（2）错误之处二："浇筑过程中，拔管指挥人员因故离开现场"。 （1分）

改正：灌注桩混凝土浇筑过程中，应设专职拔管指挥人员，不得离开现场。 （1分）

2.补充大体积混凝土裂缝防止措施。

（1）材料措施：

1）委托有资质的实验室进行配合比设计，并严格进行投料计量。

2）优选水化热低的水泥，如矿渣水泥。

3）优选外加剂，如减水剂、缓凝剂、引气剂、泵送剂。

4）在保证强度的前提下，减少水泥用量。

5）在保证和易性的前提下，降低水灰比。

6）严格控制砂石的含泥量。

（2）工艺措施：

1）高温季节进行混凝土施工，应对原材料进行降温处理，包括砂石冲水降温、冰水搅拌，以降低混凝土的入模温度。

2）混凝土中预埋冷却水管，通过冷水的流动降低混凝土里表温差。

3）二次振捣和二次抹压减少混凝土的内部裂纹和表面裂缝。

4）保温、保湿养护，控制里表温差和表气温差（均不超过25℃）。

（写对5条以上得6分）

3.施工单位在张拉设备的使用上是否正确？说明理由。

（1）不正确。 （1分）

（2）理由：

1）资料检查。张拉设备除合格证外，还应有性能检测报告、使用说明书、维修保养说明书、装箱清单等。 （2分）

2）性能检测。张拉设备必须经法定计量检测部门检定后方可使用。 （1分）

3）配套检验。张拉设备必须与锚具配套检验、配套使用。 （1分）

4.关于支架还应补充哪些方面的验算？

（1）支架的刚度和稳定性。 （4分）

（2）支架的地基承载力。 （1分）

案例二十【2021年二建B卷真题】

某公司承建一座城郊跨线桥工程，双向四车道，桥面宽度30m，横断面路幅划分为2m（人行道）+5m（非机动车道）+16m（车行道）+5m（非机动车道）+2m（人行道）。上部结构为5×20m预制预应力混凝土简支空心板梁；下部结构为构造A及ϕ130cm圆柱式墩，基础采用ϕ150cm钢筋混凝土钻孔灌注桩；重力式U形桥台；桥面铺装结构层包括厚10cm沥青混凝土、构造 B、防水层。桥梁立面如图 1 所示。

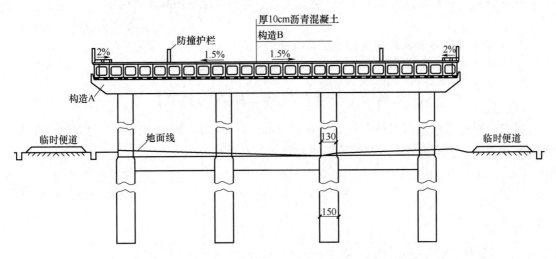

图 1　桥梁立面

项目部编制的施工组织设计明确如下事项：

（1）桥梁的主要施工工序编号为：①桩基；②支座垫石；③墩台；④安装空心板梁；⑤构造 A；⑥防水层；⑦现浇构造 B；⑧安装支座；⑨现浇湿接缝；⑩摊铺沥青混凝土及其他；施工工艺流程为：①桩基→③墩台→⑤构造 A→②支座垫石→④安装空心板梁→C→D→E→⑩摊铺沥青混凝土及其他。

（2）公司具备梁板施工安装的技术且拥有汽车起重机、门式吊梁车、跨墩龙门吊、穿巷式架桥机、浮吊、梁体顶推等设备。经方案比选，确定采用汽车起重机安装空心板梁。

（3）空心板梁安装前，对支座垫石进行检查验收。

问题：

1. 写出图 1 中构造 A、B 的名称。　　　　　　　　　　　　　（4 分）
2. 写出施工工艺流程中 C、D、E 的名称或工序编号。　　　　（3 分）
3. 依据公司现有设备，除了采用汽车起重机安装空心板梁，还可采用那些设备？（4 分）
4. 指出项目部选择汽车起重机安装空心板梁考虑的优点。　　　（4 分）
5. 写出支座垫石验收的质量检验主控项目。　　　　　　　　　（5 分）

【参考答案】

1. 写出图 1 中构造 A、B 的名称。

构造 A 为盖梁，构造 B 为现浇混凝土整平层（现浇混凝土基层）。　（每个 2 分）

2. 写出施工工艺流程中 C、D、E 的名称或工序编号。

C 为⑨现浇湿接缝；D 为⑦现浇混凝土整平层（现浇构造 B）；E 为⑥防水层。

（每个 1 分）

3. 依据公司现有设备，除了采用汽车起重机安装空心板梁，还可采用那些设备？

还可采用跨墩龙门吊、穿巷式架桥机。　　　　　　　　　　　（每个 2 分）

4. 指出项目部选择汽车起重机安装空心板梁考虑的优点。

优点为施工成本低，施工速度快，施工灵活，对施工现场的环境影响小。

（写对4条以上得4分）

5. 写出支座垫石验收的质量检验主控项目

主控项目为顶面高程、平整度、坡度、坡向、混凝土强度。 （每个1分）

案例二十一【2021年二建A卷真题】

某公司承接了某市高架桥工程。桥幅宽25m，共14跨，跨径为16m。为双向六车道，上部结构为预应力空心板梁，半幅桥梁横断面如图1所示。

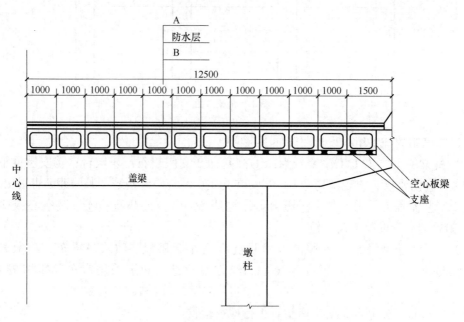

图1　半幅桥梁横断面（单位：mm）

合同约定4月1日开工，国庆通车，工期6个月，其中，预制梁场（包括底模）建设需要1个月，预应力空心板梁预制（含移梁）需要4个月，制梁期间正值高温，后续工程施工需要1个月。每片空心板梁预制只有7天时间，项目部制定的空心板梁施工工艺流程依次为：钢筋安装→C→模板安装→钢绞线穿束→D→养护→拆除边模→E→压浆→F→移梁让出底模。

项目部采购了一批钢绞线共计50t，抽取部分进行了力学性能试验及其他试验，检验合格后用于预应力空心板梁制作。

问题：

1. 写出图1中桥面铺装层中A、B的名称。 （4分）

2. 写出图1中桥梁支座的作用，以及支座的名称。 （4分）

3. 列式计算预应力空心板梁加工至少需要的模板数量。（每月按30天计算） （5分）

4. 补齐项目部制定的预应力空心板梁施工工艺流程，写出C、D、E、F的工序名称。

（4分）

5. 项目部采购的钢绞线按规定应抽取多少盘进行力学性能试验和其他试验？ （3分）

【参考答案】

1. 写出图1中桥面铺装层中A、B的名称。

A为桥面铺装面层，B为现浇混凝土整平层（现浇混凝土基层）。 （每个2分）

2. 写出图1中桥梁支座的作用，以及支座的名称。

（1）支座作用：桥跨结构与桥墩或桥台的支承处设置的传力装置，不仅要传递很大的荷载，而且要保证桥跨结构能产生一定的变位。 （3分）

（2）支座名称：板式橡胶支座。 （1分）

【解析】

板式橡胶支座适应于常规跨径的桥（一般小于30m），其承载力都比较小，而且要求桥梁纵向、横向的变位都比较小，并且不要求有固定支点。无论是采用什么规格形式的橡胶支座，都必须在墩台顶设置支撑垫石。

盆式橡胶支座主要运用在一些特殊结构的桥梁（如弯桥、斜桥、高墩桥梁等）和大型桥梁，适用于桥梁的纵、横向变位都比较大的情况，并且还可以设置固定支座。盆式支座顶板和底板上下面调平，对于活动支座，根据安装时的温度按要求预设一定的位移量，然后用四块钢板连接牢固。

本桥梁跨径为16m，所以是板式橡胶支座。

3. 列式计算预应力空心板梁加工至少需要的模板数量。（每月按30天计算）

（1）共有空心板梁 $12 \times 2 \times 14$ 片 $=336$ 片。 （1分）

（2）空心板梁预制时间为 336×7 天 $=2352$ 天。 （1分）

（3）已知预应力空心板梁预制（含移梁）需要4个月，即 4×30 天 $=120$ 天。 （1分）

（4）需要的模板数量为 $2352 \div 120$ 个 $=19.6$ 个，至少需要的模板数量为20个。 （2分）

【解析】 注意图中给出的是半幅桥，计算梁板的时候要乘以2。

4. 补齐项目部制定的预应力空心板梁施工工艺流程，写出C、D、E、F的工序名称。

C为预留管道，D为浇筑混凝土，E为张拉钢绞线，F为封锚混凝土。 （每个1分）

5. 项目部采购的钢绞线按规定应抽取多少盘进行力学性能试验和其他试验？

应抽取3盘，并从每盘所选的钢绞线任一端截取一根试样，进行力学性能试验和其他试验。 （3分）

案例二十二【2020年二建真题】

某公司承建一座城市桥梁，上部结构采用20m预应力混凝土简支板梁，下部结构采用重力式U形桥台，明挖扩大基础。地质勘察报告揭示桥台处地质自上而下依次为杂填土、粉质黏土、黏土、强风化岩、中风化岩、微风化岩。桥台立面布置如图1所示。

施工过程中发生如下事件。

事件一：开工前，项目部会同相关单位将工程划分为单位、分部、分项工程和检验批，编制了隐蔽工程清单，以此作为施工质量检查、验收的基础，并确定了桥台基坑开挖（见图1）在该项目划分中所属的类别。

桥台基坑开挖前，项目部编制了专项施工方案，上报监理工程师检查。

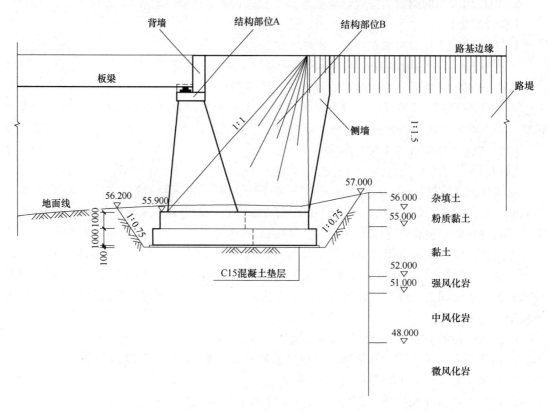

图1　桥台立面布置与基坑开挖断面
（标高单位：m；尺寸单位：mm）

事件二： 按设计图纸要求，桥台基坑开挖完成后，项目部在自检合格基础上，向监理单位申请验槽，并参照表1通过了验收。

表1　扩大基础基坑开挖与地基质量检验标准

序号	项　目		允许偏差/mm	检 验 方 法
1	一般项目	基底高程　土方	0 ~ -20	用水准仪测，四角和中心
2		基底高程　石方	+50 ~ -200	
3		轴线偏位	50	用C，纵横各2点
4		基坑尺寸	不小于设计规定	用D，每边各1点
5	主控项目	地基承载力	符合设计要求	检查地基承载力报告

问题：

1. 写出图1中结构部位A、B的名称，简述桥台在桥梁结构中的作用。　　　　　（6分）

2. 事件一中，项目部"会同相关单位"参与工程划分指的是哪些单位？　　　　（4分）

3. 事件一中，指出桥台基坑开挖在项目划分中属于哪几类？　　　　　　　　（4分）

4. 写出表1中C、D代表的内容。　　　　　　　　　　　　　　　　　　　（6分）

【参考答案】

1. 写出图 1 中结构部位 A、B 的名称，简述桥台在桥梁结构中的作用。

(1) 结构部位 A、B 的名称：A 为台帽，B 为锥形护坡。　　　　　（每个 2 分）

(2) 桥台作用：一边与路堤相接，以防止路堤滑塌；另一边则支承桥跨结构的端部。

（2 分）

2. 事件一中，项目部"会同相关单位"参与工程划分指的是哪些单位？

指的是建设单位、监理单位。　　　　　　　　　　　　　　　（每个 2 分）

3. 事件一中，指出桥台基坑开挖在项目划分中属于哪几类？

桥台基坑开挖属于分项工程，每个基坑属于检验批。　　　　　（每个 2 分）

4. 写出表 1 中 C、D 代表的内容。

C 代表的内容：经纬仪（或全站仪）测量。　　　　　　　　　　　（3 分）

D 代表的内容：钢尺测量。　　　　　　　　　　　　　　　　　　（3 分）

案例二十三【2020 年二建真题】

某公司承建一项城市桥梁工程，设计为双幅分离式四车道，下部结构为墩柱式桥墩，上部结构为简支梁。该桥盖梁采取支架法施工，项目部编制了盖梁支架模板搭设安装专项方案，包括如下内容：采用盘扣式钢管满堂支架；对支架强度进行计算，考虑了模板荷载、支架自重和盖梁钢筋混凝土的自重；核定地基承载力；对支架搭设范围的地面进行平整预压后搭设支架。盖梁模板支架搭设如图 1 所示。

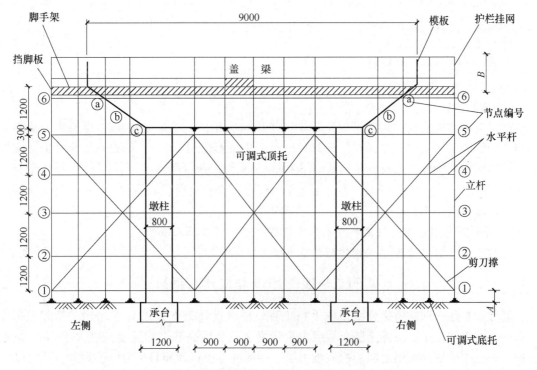

图 1　盖梁模板支架搭设（单位：mm）

架子工未完成全部斜撑搭设，被工长查出要求补齐。现场支架模板安装完成后，项目部拟立即开始混凝土浇筑，被监理叫停，下达了暂停施工通知，并提出整改要求。

问题：

1. 写出支架设计中除强度外还应验算的内容。　　　　　　　　　　　　　　（4 分）

2. 补充支架强度计算时还应考虑的荷载。　　　　　　　　　　　　　　　　（4 分）

3. 指出支架搭设过程中存在的问题。　　　　　　　　　　　　　　　　　　（4 分）

4. 指出图 1 中 A、B 的数值。　　　　　　　　　　　　　　　　　　　　　（4 分）

5. 写出图 1 中左侧支架需要补充两根斜撑两端的对应节点编号。　　　　　　（4 分）

【参考答案】

1. 写出支架设计中除强度外还应验算的内容。

还应验算支架的刚度、抗倾覆稳定性。　　　　　　　　　　　　　　　　（每个 2 分）

2. 补充支架强度计算时还应考虑的荷载。

（1）施工人员及施工材料机具等行走运输或堆放的荷载。　　　　　　　　（1 分）

（2）振捣混凝土时的荷载。　　　　　　　　　　　　　　　　　　　　　（2 分）

（3）其他可能产生的荷载（风雪荷载、冬期施工保温设施荷载）。　　　　（1 分）

3. 指出支架搭设过程中存在的问题。

（1）支架基础预压后未硬化，且未设置排水设施。

（2）支架基础未安放垫木（垫板）。

（3）斜撑不足（或缺少斜撑）。

（4）支架未进行预压。

（5）未设置水平安全网。

（6）未设置防倾覆设施。　　　　　　　　　　　　　　　　　　（写出 4 条以上得 4 分）

4. 指出图 1 中 A、B 的数值。

A≤550mm，B≥1500mm。　　　　　　　　　　　　　　　　　　　　（每个 2 分）

【解析】

背景资料为采用盘扣式钢管满堂支架，所以这些相应数字需要按照《建筑施工承插型盘扣式钢管脚手架安全技术标准》JGJ/T 231—2021 的规定作答。本标准 6.2.5 规定，支撑架可调底座调节丝杆外露长度不宜大于 300mm，作为扫地杆的最底层水平杆中心线距离可调底座的底板不应大于 550mm。本标准 7.5.5 规定，作业架顶层的外侧防护栏杆高出顶层作业层的高度不应小于 1500mm。

5. 写出图 1 中左侧支架需要补充两根斜撑两端的对应节点编号。

ⓐ对应的节点编号为⑤，ⓑ对应的节点编号为④。　　　　　　　　　　（每个 2 分）

案例二十四【2019 年二建真题】

某公司承建一项路桥结合城镇主干路工程，桥台设计为重力式 U 形结构。基础采用扩大基础，持力层位于砂质黏土层、地层中少量潜水；台后路基平均填土高度大于 5m。场地地质自上而下分别为腐殖土层、粉质黏土层、砂质黏土层、砂卵石层等。桥台及台后路基立面如图 1 所示。

问题： 写出图 1 中构件 A 的名称及其主要作用。　　　　　　　　　　　　（5 分）

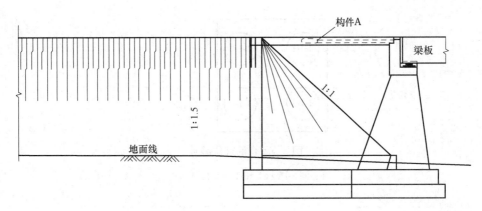

图1　桥台及台后路基立面

【参考答案】

（1）构件A的名称：桥头搭板　　　　　　　　　　　　　　　　　　　　　　（2分）

（2）主要作用：防止桥端连接处因不均匀沉降出现错台，车辆行至此处可起到缓冲作用，从而避免发生桥头跳车现象。　　　　　　　　　　　　　　　　　　　（3分）

案例二十五【2018年二建真题】

某公司项目部施工的桥梁基础工程，灌注桩混凝土强度为C25，直径1200mm，桩长18m，承台、桥台的位置如图1所示，承台的桩位编号如图2所示。

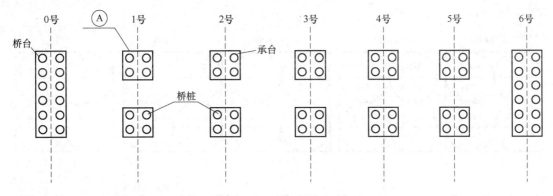

图1　承台、桥台的位置

事件一：项目部依据工程地质条件，安排4台反循环钻机同时作业，钻机工作效率（1根桩/2天）。在前12天，完成了桥台的24根桩，后20天要完成10个承台的40根桩。承台施工前项目部对4台钻机作业划分了区域，如图3所示，并提出了要求：①每台钻机完成10根桩；②一座承台只能安排1台钻机作业；③同一承台两桩施工间隙时间为2天，1号钻机工作进度安排及2号钻机部分工作进度安排如图4所示。

事件二：项目部对已加工好的钢筋笼做了相应标识，并且设置了桩顶定位吊环连接筋，钻机成孔、清孔后，监理工程师验收合格，立刻组织起重机吊放钢筋笼和导管，导管底部距孔底0.5m。

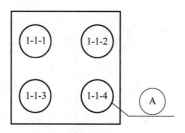

图2　承台的桩位编号

注：①-1-4表示1轴-1号承台-4号桩。

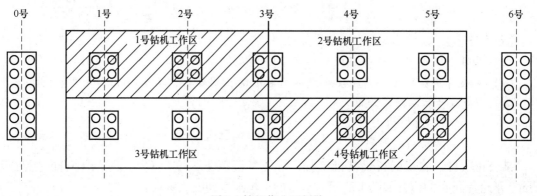

图3　钻机作业区划分

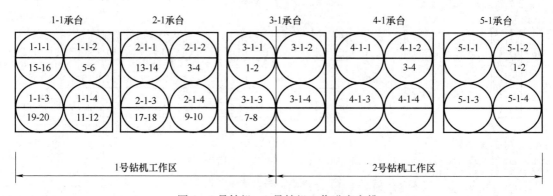

图4　1号钻机、2号钻机工作进度安排

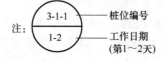

注：
3-1-1———桩位编号
1-2———工作日期（第1~2天）

事件三： 经计算，编号为3-1-1的钻孔灌注桩混凝土用量为4m³。商品混凝土到达现场后，施工人员通过在导管内安放隔水球、导管顶部放置储灰斗等措施灌注了首罐混凝土，经测量导管埋入混凝土的深度为2m。

问题：

1. 事件一中补全2号钻机工作区作业计划，用图4的形式表示。（将此图复制到答题卡

上作答，在试卷上答题无效） （4分）

2. 钢筋笼标识应有哪些内容？ （4分）

3. 事件二中吊放钢筋笼入孔时桩顶高程定位连接筋长度如何定？用计算公式（文字）表示。 （4分）

4. 按照灌注桩施工技术要求，事件三中 A 值和首罐混凝土最小用量各为多少？ （4分）

5. 混凝土灌注前项目部质检员对到达现场商品混凝土应做哪些工作？ （4分）

【参考答案】

1. 事件一中补全2号钻机工作区作业计划，用图4的形式表示。（将此图复制到答题卡上作答，在试卷上答题无效）

补全的2号钻机工作区作业计划如下图所示。 （4分）

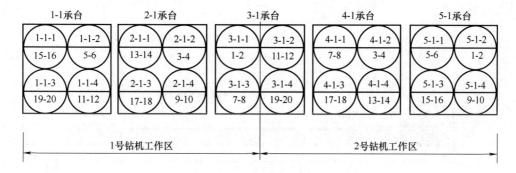

补全的2号钻机工作区作业计划

【解析】

本题答案有几十种排列方式，答案也有几十种，只要排列顺序满足背景资料中的条件即可。

2. 钢筋笼标识应有哪些内容？

有轴号、承台（桥台）编号、桩号、钢筋笼节段号；检验合格的标识牌。

（写对4条以上得4分）

3. 事件二中吊放钢筋笼入孔时桩顶高程定位连接筋长度如何定？用计算公式（文字）表示。

连接筋长度 = 孔口垫木顶高程 – 桩顶高程 – 预留筋长度 + 钢筋搭接焊缝长度 （4分）

4. 按照灌注桩施工技术要求，事件三中 A 值和首罐混凝土最小用量各为多少？

（1） A 值为

因 $A = \pi R^2 h$；h = 桩长 + 超灌量（超灌量为 $0.5 \sim 1 \mathrm{m}$），则

$A_{\min} = 3.14 \times 0.6^2 \times (18 + 0.5) \mathrm{m}^3 = 20.9 \mathrm{m}^3$ （1分）

$A_{\max} = 3.14 \times 0.6^2 \times (18 + 1) \mathrm{m}^3 = 21.5 \mathrm{m}^3$ （1分）

所以 A 值为 $20.9 \sim 21.5 \mathrm{m}^3$。

（2） 首罐混凝土最小用量为

$3.14 \times 0.6^2 \times (2 + 0.5) \mathrm{m}^3 = 2.83 \mathrm{m}^3$ （2分）

5. 混凝土灌注前项目部质检员对到达现场商品混凝土应做哪些工作？

（1）检查混凝土的开盘鉴定书（包括混凝土的等级、标号、配比）。　　　　（1分）

（2）查验混凝土出厂时间、到场时间和混凝土外观。　　　　　　　　　　（1分）

（3）测试混凝土的坍落度。　　　　　　　　　　　　　　　　　　　　　（1分）

（4）留置混凝土试块等工作。　　　　　　　　　　　　　　　　　　　　（1分）

案例二十六【2017年二建真题】

某公司承建一座城市桥梁，该桥上部结构为 6×20m 简支预制预应力混凝土空心板梁，每跨设置边梁 2 片，中梁 24 片；下部结构为盖梁及 φ1000mm 圆柱式墩柱，重力式 U 形桥台，基础均采用 φ1200mm 钢筋混凝土钻孔灌注桩。桥墩构造如图 1 所示。

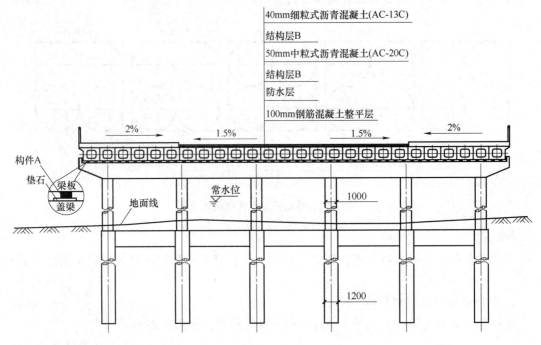

图1　桥墩构造（单位：mm）

开工前，项目部对该桥划分了相应的分部、分项工程和检验批，作为施工质量检查、验收的基础。划分后的分部（子分部）、分项工程及检验批对照表见表1。

表1　桥梁分部（子分部）、分项工程及检验批对照表（节选）

序号	分部工程	子分部工程	分项工程	检验批
1	地基与基础	灌注桩	机械成孔	54（根桩）
			钢筋笼制作与安装	54（根桩）
			C	54（根桩）
		承台	……	……
2	墩台	现浇混凝土墩台	……	……
		台背填土	……	……

（续）

序号	分部工程	子分部工程	分项工程	检验批
3	盖梁		D	E
			钢筋	E
			混凝土	E
……	……	……	……	……

问题：

1. 写出图 1 中构件 A 和桥面铺装结构层 B 的名称，并说明构件 A 在桥梁结构中的作用。　　　　　　　　　　　　　　　　　　　　　　　　　　　　　　　　（4 分）

2. 列式计算图 1 中构件 A 在桥梁中的总数量。　　　　　　　　　　　　（4 分）

3. 写出表 1 中 C、D 和 E 的内容。　　　　　　　　　　　　　　　　　（6 分）

4. 施工单位应向哪个单位申请工程竣工验收？　　　　　　　　　　　　　（2 分）

5. 工程完工后，施工单位在申请工程竣工验收前应做好哪些工作？　　　　（4 分）

【参考答案】

1. 写出图 1 中构件 A 和桥面铺装结构层 B 的名称，并说明构件 A 在桥梁结构中的作用。

（1）构件 A 和结构层 B 的名称：A 为支座，B 为粘层油。　　　（每个 1 分）

（2）构件 A 的作用：将桥梁上部结构承受的荷载和变形（位移和转角）可靠地传递给桥梁下部结构，是桥梁的重要传力装置。　　　　　　　　　　　　　　　　（2 分）

2. 列式计算图 1 中构件 A 在桥梁中的总数量。

每跨 24 + 2 = 26 片箱梁，共 6 跨，则有 26 × 6 = 156 片箱梁　　　　（2 分）

每个箱梁一端有两个支座，则共有 156 × 2 × 2 = 624 个支座　　　　（2 分）

3. 写出表 1 中 C、D 和 E 的内容。

C 为灌注混凝土，D 为模板安装，E 为 5（个盖梁）。　　　　（每个 2 分）

【解析】

E 稍有瑕疵。根据桥梁验收规范，盖梁的检验批为每个盖梁。但从背景资料可知，灌注桩的检验批是 54（根桩），那么 E 要写 5（个盖梁）。

4. 施工单位应向哪个单位申请工程竣工验收？

应向建设单位提交工程竣工报告，申请工程竣工验收。　　　　　　　　（2 分）

5. 工程完工后，施工单位在申请工程竣工验收前应做好哪些工作？

（1）施工单位自检合格。　　　　　　　　　　　　　　　　　　　　　（1 分）

（2）施工资料档案完整。　　　　　　　　　　　　　　　　　　　　　（1 分）

（3）建设主管部门及市场监督管理部门责令整改的问题全部整改完毕。（1 分）

（4）监理单位组织的预验收合格。　　　　　　　　　　　　　　　　　（1 分）

案例二十七【2016 年二建真题】

某公司中标一座城市跨河桥梁，该桥跨河部分总长 101.5m，上部结构为 30m + 41.5m + 30m 三跨预应力混凝土连续箱梁，采用支架现浇法施工。

项目部编制的支架安全专项施工方案的内容有：为满足河道 18m 宽通航要求，跨河中间部分采用贝雷梁-碗扣组合支架形式搭设门洞，其余部分均采用满堂式碗扣支架。满堂支架基础采用筑岛围堰，填料碾压密实；支架安全专项施工方案分为门洞支架和满堂支架两部分内容，并计算支架结构的强度和验算其稳定性。

项目部编制了混凝土浇筑施工方案，其中混凝土裂缝控制措施有：

（1）优化配合比，选择水化热较低的水泥，降低水泥水化热产生的热量。

（2）选择一天中气温较低的时候浇筑混凝土。

（3）对支架进行检测和维护，防止支架下沉变形。

（4）夏季施工保证混凝土养护用水及资源供给。

（5）混凝土浇筑施工前，项目技术负责人和施工员在现场进行了口头安全技术交底。

问题：

1. 支架安全专项施工方案还应补充哪些验算？说明理由。　　　　　　　　　（4 分）

2. 模板施工前还应对支架进行哪些试验？主要目的是什么？　　　　　　　　（4 分）

3. 本工程搭设的门洞应采取哪些安全防护措施？　　　　　　　　　　　　　（4 分）

4. 对工程混凝土裂缝的控制措施进行补充。　　　　　　　　　　　　　　　（4 分）

5. 项目部的安全技术交底方式是否正确？如不正确，给出正确做法。　　　　（4 分）

【参考答案】

1. 支架安全专项施工方案还应补充哪些验算？说明理由。

（1）还应补充刚度的验算。　　　　　　　　　　　　　　　　　　　　　　（1 分）

（2）理由：根据规范的规定，支架的强度、刚度、稳定性应当经过验算。刚度不符合要求，支架变形过大，会引起上部结构变形过大或开裂。　　　　　　　　　　（3 分）

2. 模板施工前还应对支架进行哪些试验？主要目的是什么？

（1）模板施工前还应对支架进行预压。　　　　　　　　　　　　　　　　　（1 分）

（2）目的：①检验支架的安全性；②收集施工沉降数据；③消除拼装间隙及地基沉降等非弹性变形。　　　　　　　　　　　　　　　　　　　　　　　　　（每个 1 分）

3. 本工程搭设的门洞应采取哪些安全防护措施？

（1）设置限高、限宽、警示标志。

（2）设置防撞设施。

（3）夜间设置照明设施和警示红灯。

（4）门洞上方满铺木板和防坠落水平安全网。

（5）专人巡视检查，定期维护。　　　　　　　　　　　　　　（写对 4 条以上得 4 分）

4. 对工程混凝土裂缝的控制措施进行补充。

（1）适当降低水泥与水的用量。

（2）严格控制集料的级配及其含泥量。

（3）选用合适的缓凝剂等外加剂。

（4）混凝土坍落度满足要求。

（5）采取分层方式进行混凝土浇筑。

（6）加强振捣，既不过振也不漏振。

（7）加强测温，控制混凝土内外温差不超过规范允许温度。

（8）拆模后及时覆盖保湿养护。　　　　　　　　　　　　　　（写对 5 条以上得 4 分）

5. 项目部的安全技术交底方式是否正确？如不正确，给出正确做法。

（1）不正确。 （1分）

（2）正确做法：技术交底应采取书面方式，双方应签字后归档留存。 （3分）

案例二十八【2015年二建真题】

某公司承建的市政桥梁工程中，桥梁引道与现有城市次干道呈T形平面交叉，次干道路堤采用植草防护；引道位于种植滩地，线位上距离拟建桥台15m现存池塘一处（长15m、宽12m、深1.5m）；引道两侧边坡采用挡土墙支护：桥台采用重力式桥台，基础为直径120cm混凝土钻孔灌注桩。引道纵断面如图1所示，挡土墙横截面如图2所示。

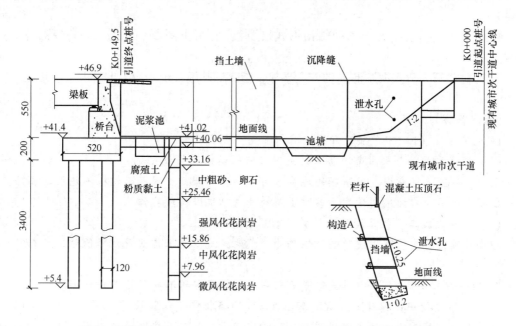

图1　引道纵断面　　　　　　　　　图2　挡土墙横截面

（标高单位：m；尺寸单位：cm）

项目部编制的引道路堤及桥台施工方案有如下内容：

（1）桩基泥浆池设置于台后引道滩地上（见图1），公司现有如下桩基施工机械可供选用：正循环回转钻、反循环回转钻、潜水钻、冲击钻、长螺旋钻机、静力压桩机。项目部准备采用反循环钻机进行成孔。

（2）引道路堤在挡土墙及桥台施工完成后进行，路基用合格的土方从现有城市次干道直接倾倒入路基后，用推土机运输后摊铺碾压。其施工工艺流程如图3所示。

监理工程师在审查施工方案时指出：施工方案（2）中施工组织存在不妥之处；施工工艺流程存在较多缺漏和错误，要求项目部改正。

在桩基施工期间，发生一起行人滑入泥浆池事故，但未造成伤害。

问题：

1. 施工方案（1）中，项目部做法有何不妥？说明理由。 （4分）

2. 指出施工方案（2）中引道路堤填土施工组织存在的不妥之处，并改正。 （6分）

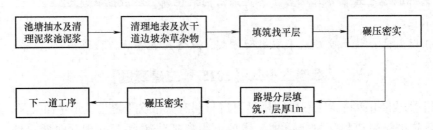

图3 引道路堤施工工艺流程

3. 结合图1, 补充并改正施工方案 (2) 中施工工艺流程的缺漏和错误之处。(用文字叙述) (4分)

4. 图2所示挡土墙属于哪种结构形式 (类型)? 写出图2中构造A的名称, 简述其功用。 (3分)

5. 针对 "行人滑入泥浆池" 的安全事故, 指出桩基施工现场应采取哪些安全措施?

(3分)

【参考答案】

1. 施工方案 (1) 中, 项目部做法有何不妥? 说明理由。

(1) 不妥之处一: 项目部准备采用反循环回转钻机进行成孔。 (1分)

理由: 从图1可看出, 桩基础的地层含有风化花岗岩, 反循环回转机不适用。根据背景资料提供的机械, 应该采用适用于各种土层的冲击钻机进行成孔作业。 (1分)

(2) 不妥之处二: 桩基泥浆池设置于台后引道滩地上。 (1分)

理由: 项目部应该利用现有的池塘作为泥浆池, 减少施工作业量, 降低施工成本。

(1分)

2. 指出施工方案 (2) 中引道路堤填土施工组织存在的不妥之处, 并改正。

(1) 不妥之处一: 填筑土方从现有城市次干道直接倾倒入路基。 (1分)

正确做法: 倾倒土方远离次干道, 不影响车辆通行且满足文明施工要求。 (1分)

(2) 不妥之处二: 用推土机运输后摊铺碾压。 (1分)

正确做法: 土方应按里程桩号分开堆放, 便于推土机发挥工作效率。 (1分)

(3) 不妥之处三: 引道路堤在挡土墙及桥台施工完成后进行。 (1分)

正确做法: 挡土墙在路基填土后再进行施工。 (1分)

3. 结合图1, 补充并改正施工方案 (2) 中施工工艺流程的缺漏和错误之处。(用文字叙述)

(1) 错误之处: 路堤填土层厚1m。 (1分)

正确做法: 机械填筑碾压路堤时, 层厚不超过300mm。 (1分)

(2) 施工工艺流程的缺漏:

1) 池塘和泥浆池基底处理, 分层回填压实。

2) 施工前做试验段。

3) 次干路边坡修成台阶状。

4) 桥台台背路基填土加筋。

5) 压实度的检测。 (写对4条以上得2分)

4. 图2所示挡土墙属于哪种结构形式（类型）？写出图2中构造A的名称，简述其功用。

(1) 属于重力式挡土墙。　　　　　　　　　　　　　　　　　　　　　　　　（1分）

(2) 构造A的名称：反滤层。　　　　　　　　　　　　　　　　　　　　　　（1分）

作用：过滤，防止泥沙堵塞泄水孔，以利于排水。　　　　　　　　　　　　　（1分）

5. 针对"行人滑入泥浆池"的安全事故，指出桩基施工现场应采取哪些安全措施？

(1) 泥浆池周围设置防护栏杆并挂密目安全网，底部设置踢脚板，悬挂警示标志，夜间有警示红灯，有专人巡视。　　　　　　　　　　　　　　　　　　　　　　　（2分）

(2) 施工现场设置连续封闭的施工围挡，大门口安排门卫值守。　　　　　　　（1分）

案例二十九【2014 年二建真题】

某公司承建一座市政桥梁工程，桥梁上部结构为 9 孔 30m 后张法预应力混凝土 T 梁，桥宽横断面布置 T 梁 12 片，T 梁支座中心线距梁端 600mm，T 梁横截面如图 1 所示。

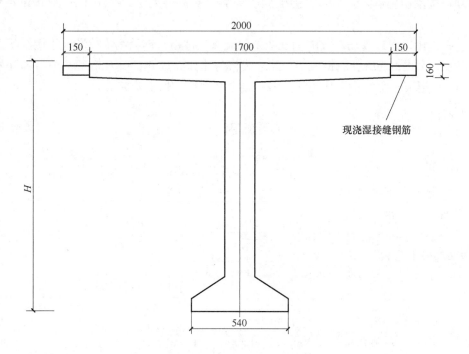

图 1　T 梁横截面（单位：mm）

项目部进场后，拟在桥位线路上现有城市次干道旁租地建设 T 梁预制场。平面布置如图 2 所示。

同时编制了预制场的建设方案：①混凝土采用商品混凝土；②预制台数量按预制工期 120 天，每片梁预制占用台座时间为 10 天配置；③在 T 梁预制施工时，现浇湿接缝钢筋不弯折，两个相邻预制台座间要求具有宽度 2m 的支模及作业空间；④露天钢材堆场经整平碾压后表面铺砂厚 50mm；⑤由于该次干道位于城市郊区，预制场用地范围采用高 1.5m 的松木桩挂网围炉。

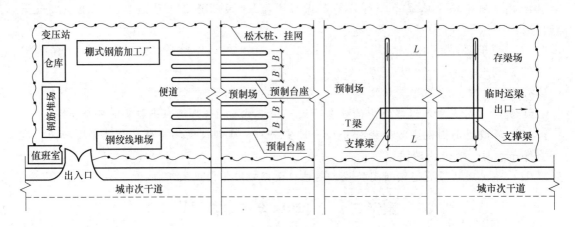

图2　T梁预制场平面布置

监理审批预制场建设方案时，指出预制场围护不符合规定，在施工过程中发生了如下事件。

事件一：雨季导致现场堆放的钢绞线外包装腐烂破损，钢绞线堆放场处于潮湿状态。

事件二：T梁钢筋绑扎、钢绞线安装、支模等工作完成并检验合格后，项目部开始浇筑T梁混凝土，混凝土浇筑采用从一端向另一端全断面一次性浇筑完成。

问题：

1. 全桥共有T梁多少片？为完成T梁预制任务，最少应设置多少个预制台座？均需列式计算。　(4分)

2. 列式计算图2中预制台座的间距B和支撑梁的间距L。(单位以m表示)　(4分)

3. 给出预制场围护的正确做法。　(4分)

4. 事件一中，钢绞线应如何存放？　(4分)

5. 事件二中，T梁混凝土应如何正确浇筑？　(4分)

【参考答案】

1. 全桥共有T梁多少片？为完成T梁预制任务最少应设置多少个预制台座？均需列式计算。

(1) 全桥共有T梁数为 12×9 片 $=108$ 片。　(2分)

(2) 应设置的预制台座数为 $108 \div (120 \div 10)$ 个 $=9$ 个。　(2分)

2. 列式计算图2中预制台座的间距B和支撑梁的间距L。(单位以m表示)

(1) $B = 2m + 2m = 4m$　(2分)

(2) $L = 30m - 2 \times 0.6m = 28.8m$　(2分)

3. 给出预制场围护的正确做法。

(1) 本工程施工现场围挡（墙）应沿工地四周连续设置，除大门出入口外，不得留有缺口。　(1分)

(2) 本工程围挡用材应坚固、稳定、整洁、美观，宜选用砌体、金属板材等硬质材料。　(2分)

(3) 本工程施工现场的围挡高度应大于1.8m。　(1分)

4. 事件一中，钢绞线应如何存放？

（1）预应力钢绞线存放于干燥、防潮、通风良好、无腐蚀气体和介质的仓库中。　（2分）

（2）露天及现场的存放不得直接堆放在地面上，应在地面上架设垫木，并加盖篷布或搭盖防雨篷。　（1分）

（3）按批号、规格分类码放有序并挂牌标识，采用防锈包装，存放时间不宜超过6个月。　（1分）

5. 事件二中，T梁混凝土应如何正确浇筑？

从梁的一端向另一端，水平分层浇筑，下部捣实后再浇筑腹板、翼板。　（4分）

二、单项选择题及答案

1. （2011年真题）桥面行车面标高到桥跨结构最下缘之间的距离为（　　）。

A. 建筑高度　　　　　　　　　　　　B. 桥梁高度

C. 净矢高　　　　　　　　　　　　　D. 计算矢高

【答案】　A

【解析】　各选项的含义如下所述。

A. 建筑高度：桥上行车路面（或轨顶）标高至桥跨结构最下缘之间的距离。

B. 桥梁高度：桥面与低水位之间的高度，或者桥面与桥下线路路面之间的距离，简称桥高。

C. 净矢高：从拱顶截面下缘至相邻两拱脚截面下缘最低点之间连接的垂直距离。

D. 计算矢高：从拱顶截面形心至相邻两拱脚截面形心连线的垂直距离。

2. （2014年真题）关于桥梁模板及承重支架的设计与施工的说法，错误的是（　　）。

A. 模板及支架应具有足够的承载力、刚度和稳定性

B. 支架立柱高于5m时，应在两横撑之间加剪刀撑

C. 支架通行孔的两边应加护桩，夜间设警示灯

D. 施工脚手架应与支架相连，以提高整体稳定性

【答案】　D

【解析】　脚手架应按规定采用连接件与构筑物相连接，使用期间不得拆除；脚手架不得与模板支架相连接。

3. （2015年真题）桥墩钢模板组装后，用于整体吊装的吊环应采用（　　）。

A. 热轧光圆钢筋　　　　　　　　　　B. 热轧带肋钢筋

C. 冷轧带肋钢筋　　　　　　　　　　D. 高强钢丝

【答案】　A

【解析】　本题考核的是钢筋施工技术的一般规定。预制构件的吊环必须采用未经冷拉的热轧光圆钢筋制作，不得以其他钢筋替代，且其使用时的计算拉应力应不大于65MPa。

4. （2016年真题）预应力混凝土应优先采用（　　）水泥。

A. 火山灰质硅酸盐　　　　　　　　　B. 硅酸盐

C. 矿渣硅酸盐　　　　　　　　　　　D. 粉煤灰硅酸盐

【答案】　B

【解析】　预应力混凝土应优先采用硅酸盐水泥、普通硅酸盐水泥。

5.（2014 年真题）关于预应力施工的说法，错误的是（　　　）。

A. 预应力筋实际伸长值与理论伸长值之差应控制在 ±6% 以内

B. 预应力筋张拉的目的是减少孔道摩阻损失的影响

C. 后张法曲线孔道的波峰部位应留排气孔

D. 曲线预应力筋宜在两端张拉

【答案】　B

【解析】　张拉前应根据设计要求对孔道的摩阻损失进行实测，以便确定张拉控制应力值，并确定预应力筋的理论伸长值。

6.（2010 年真题）设计强度为 C50 的预应力混凝土连续梁张拉时，混凝土强度最低应达到（　　　）MPa。

A. 35.0　　　　　　　　　　　　　　　　　B. 37.5

C. 40.0　　　　　　　　　　　　　　　　　D. 45.0

【答案】　B

【解析】　预应力筋张拉时，混凝土强度应符合设计要求；设计未要求时，不得低于强度设计值的 75%。

7.（2011 年和 2014 年真题）预应力混凝土管道最低点应设置（　　　）。

A. 排水孔　　　　　　　　　　　　　　　　B. 排气孔

C. 注浆孔　　　　　　　　　　　　　　　　D. 溢浆孔

【答案】　A

【解析】　预应力混凝土管道需设压浆孔，还应在最高点处设排气孔，最低点设排水孔。

8.（2016 年真题）关于桥梁防水涂料的说法，正确的是（　　　）。

A. 防水涂料配料时，可掺入少量结块的涂料

B. 第一层防水涂料完成后应立即涂布第二层涂料

C. 涂料防水层内设置的胎体增强材料，应顺桥面行车方向铺贴

D. 防水涂料施工应先进行大面积涂布后，再做好节点处理

【答案】　C

【解析】　A 选项应为防水涂料配料时，不得混入已固化或结块的涂料。B 选项应为防水涂料应保障固化时间，待涂布的涂料干燥成膜后，方可涂布后一遍涂料。D 选项应为防水涂料施工应先做好节点处理，然后再进行大面积涂布。

9.（2015 年真题）关于桥面防水施工质量验收规定的说法，错误的是（　　　）。

A. 桥面防水施工应符合设计文件要求

B. 从事防水施工检查验收工作的人员应具备规定的资格

C. 防水施工验收应在施工单位自行检查评定基础上进行

D. 防水施工验收应在桥面铺装层完成后一次性进行

【答案】　D

【解析】　本题考核的是桥面防水质量验收，其一般规定如下：

（1）桥面防水施工应符合设计文件的要求。

（2）从事防水施工验收检验工作的人员应具备规定的资格。

（3）防水施工验收应在施工单位自行检查评定的基础上进行。

（4）施工验收应按施工顺序分阶段验收。

（5）检测单元应符合要求。

10.（2017 年真题）桥梁防水混凝土基层施工质量检验的主控项目不包括（　　）。

A. 含水率
B. 粗糙度
C. 平整度
D. 外观质量

【答案】　D

【解析】　本题考核的是桥梁防水混凝土基层施工质量检验项目，其中外观质量是一般项目。

11.（2018 年真题）桥梁活动支座安装时，应在聚四氟乙烯板顶面凹槽内满注（　　）。

A. 丙酮
B. 硅脂
C. 清机油
D. 脱模剂

【答案】　B

【解析】　活动支座安装前应采用丙酮或酒精解体清洗其各相对滑移面，擦净后在聚四氟乙烯板顶面凹槽内满注硅脂。

12.（2018 年真题）钢筋工程施工中，当钢筋受力不明确时应按（　　）处理。

A. 受拉
B. 受压
C. 受剪
D. 受扭

【答案】　A

【解析】　施工中钢筋受力分不清受拉、受压的，按受拉处理。

13.（2018 年海南省真题）设置在桥梁两端，防止路堤滑塌，同时对桥跨结构起支承作用的构筑物是（　　）。

A. 桥墩
B. 桥台
C. 支座
D. 锥坡

【答案】　B

【解析】　桥台指设在桥的两端，一边与路堤相接，以防止路堤滑塌，另一边则支承桥跨结构的端部。为保护桥台和路堤填土，桥台两侧常做锥形护坡、挡土墙等防护工程。

14.（2018 年海南省真题）热轧钢筋的焊接接头应优先选择（　　）。

A. 电弧焊
B. 绑扎连接
C. 机械连接
D. 闪光对焊

【答案】　D

【解析】　焊接接头应优先选择闪光对焊，故 D 选项正确。B 选项：当普通混凝土中钢筋直径等于或小于 22mm，且无焊接条件时，可采用绑扎连接，但受拉构件中的主钢筋不得采用绑扎连接。C 选项：机械连接接头适用于 HRB335 和 HRB400 带肋钢筋的连接。

15.（2018 年真题）在桥梁支座的分类中，固定支座是按（　　）分类的。

A. 变形可能性
B. 结构形式
C. 价格的高低
D. 所用材料

【答案】　A

【解析】　桥梁支座的分类：

（1）按支座变形可能性分类，可分为固定支座、单向活动支座、多向活动支座。

（2）按支座所用材料分类，可分为钢支座、聚四氟乙烯支座（滑动支座）、橡胶支座（板式、盆式）

（3）按支座的结构形式分类，可分为弧形支座、摇轴支座、辊轴支座、橡胶支座、球形钢支座、拉压支座等。

16.（2019年真题）下列分项工程中，应进行隐蔽验收的是（　　）工程。

A. 支架搭设　　　　　　　　　　　　B. 基坑降水

C. 基础钢筋　　　　　　　　　　　　D. 基础模板

【答案】　C

【解析】　在浇筑混凝土之前应对钢筋进行隐蔽工程验收，确认符合设计要求并形成记录。

17.（2019年真题）人行桥是按（　　）进行分类的。

A. 用途　　　　　　　　　　　　　　B. 跨径

C. 材料　　　　　　　　　　　　　　D. 人行道位置

【答案】　A

【解析】　人行桥是按用途分类。

18.（2020年真题）现场绑扎钢筋时，不需要全部用绑丝绑扎的交叉点是（　　）。

A. 受力钢筋的交叉点

B. 单向受力钢筋网片外围两行钢筋交叉点

C. 单向受力钢筋往中间部分交叉点

D. 双向受力钢筋的交叉点

【答案】　C

【解析】　现场绑扎钢筋应符合下列规定：

（1）钢筋的交叉点应采用绑丝绑牢，必要时可辅以点焊。

（2）钢筋网的外围两行钢筋交叉点应全部扎牢，中间部分交叉点可间隔交错扎牢，但双向受力的钢筋网，钢筋交叉点必须全部扎牢。

19.（2020年真题）关于桥梁支座的说法，错误的是（　　）。

A. 支座传递上部结构承受的荷载

B. 支座传递上部结构承受的位移

C. 支座传递上部结构承受的转角

D. 支座对桥梁变形的约束应尽可能地大，以限制梁体自由伸缩

【答案】　D

【解析】

（1）桥梁支座的作用：桥梁支座是连接桥梁上部结构和下部结构的重要结构部件，位于桥梁和垫石之间，它能将桥梁上部结构承受的荷载和变形（位移和转角）可靠地传递给桥梁下部结构，是桥梁的重要传力装置。

（2）桥梁支座的功能要求：首先支座必须具有足够的承载能力，以保证可靠地传递支座反力（竖向力和水平力）。其次支座对桥梁变形的约束尽可能地小，以适应梁体自由伸缩和转动的需要；支座还应便于安装、养护和维修，并在必要时可以进行更换。

20. 采用土袋围堰施工，堰顶的宽度可为 1～2m。当采用机械挖掘时，应视机械的种类确定，但不宜小于（　　）m。

A. 2.0
B. 2.5
C. 3.0
D. 3.5

【答案】　C

【解析】　采用土袋围堰施工，堰顶宽度可为 1～2m。当采用机械挖掘时，应视机械的种类确定，但不宜小于 3m。

21. 钻孔灌注桩基础成孔方式有泥浆护壁成孔、干作业成孔、护筒（沉管）灌注桩及爆破成孔。下列施工设备中，适用于淤泥、淤泥质土的是（　　）。

A. 冲抓钻
B. 冲击钻
C. 潜水钻
D. 旋挖钻

【答案】　C

【解析】　钻孔灌注桩基础成孔方式有泥浆护壁成孔、干作业成孔、护筒（沉管）灌注桩及爆破成孔。其中，泥浆护壁成孔桩施工设备包括冲抓钻、冲击钻、旋挖钻和潜水钻。冲抓钻、冲击钻和旋挖钻适用于黏性土、粉土、砂土、填土、碎石土及风化岩层；潜水钻适用于黏性土、淤泥、淤泥质土及砂土。

22.（2011 年真题）沉桩施工时不宜用射水方法的施工的土层（　　）。

A. 黏性土
B. 砂层
C. 卵石地层
D. 粉细砂层

【答案】　A

【解析】　在密实的砂土、碎石土、砂砾的土层中用锤击法、振动沉桩法有困难时，可采用射水作为辅助手段进行沉桩施工。在黏性土中应慎用射水沉桩；在重要建筑物附近不宜采用射水沉桩。

23.（2015 年真题）地下水位以下土层的桥梁基础施工，不适宜采用的成桩设备是（　　）。

A. 正循环回旋钻机
B. 旋挖钻机
C. 长螺旋钻机
D. 冲孔钻机

【答案】　C

【解析】　本题考核的是钻孔灌注桩基础。长螺旋钻孔适用于地下水位以上的黏性土、砂土及人工填土非常密实的碎石类土、强风化岩。

24.（2019 年真题）预制桩的接桩不宜使用的连接方法是（　　）。

A. 焊接
B. 法兰连接
C. 环氧类结构胶连接
D. 机械连接

【答案】　C

【解析】　预制桩的接桩可采用焊接、法兰连接或机械连接，接桩材料工艺应符合规范要求。

25.（2012 年真题）关于装配式梁板吊装要求的说法，正确的是（　　）。

A. 吊装就位时混凝土强度为梁体设计强度的 70%

B. 吊移板式构件时，不用考虑其哪一面朝上

C. 吊绳与起吊构件的交角小于 60°时，应设置吊架或吊装扁担

D. 预应力混凝土构件待孔道压浆强度达 20MPa 才能吊装

【答案】　C

【解析】　吊装就位时，混凝土强度一般不低于设计强度的 75%，故 A 选项错误。吊移板式构件时，不得吊错板梁的上、下面，防止折断，故 B 选项错误。吊绳与起吊构件的交角小于 60°时，应设置吊架和吊装扁担，故 C 选项正确。孔道水泥浆的强度不应低于构件设计要求；如设计无要求时，一般不低于 30MPa，故 D 选项错误。

26. （2013 年真题）在起吊桥梁构件时，吊绳与构件夹角小于（　　）时应设置吊架或吊装扁担。

A. 30°　　　　　　　　　　　　　　　B. 45°

C. 60°　　　　　　　　　　　　　　　D. 75°

【答案】　C

【解析】　装配式桥梁构件移运、吊装时的吊点位置应按设计规定或根据计算决定。吊装时构件的吊环应顺直，吊绳与起吊构件的交角小于 60°时，应设置吊架或吊装扁担，尽量使吊环垂直受力。

27. （2015 年真题）在移动模架上浇筑预应力混凝土连续梁时，浇筑分段工作缝必须设在（　　）附近。

A. 弯矩零点　　　　　　　　　　　　B. 1/4 最大弯矩点

C. 1/2 最大弯矩点　　　　　　　　　D. 弯矩最大点

【答案】　A

【解析】　现浇预应力混凝土连续梁的常用施工方法有支架法、移动模架法和悬臂浇筑法。采用移动模架法时应注意：支架长度必须满足施工要求。支架应利用专用设备组拼，施工时能确保质量和安全。浇筑分段工作缝，必须设在弯矩零点附近。箱梁外、内模板在滑动就位时，模板平面尺寸、高程、预拱度的误差必须在容许范围内。混凝土内预应力筋管道、钢筋、预埋件设置应符合规范和设计要求。

28. （2016 年真题）关于桥梁悬臂浇筑法施工的说法，错误的是（　　）。

A. 浇筑混凝土时，宜从与前段混凝土连接端开始，最后结束于悬臂前端

B. 中跨合龙段应最后浇筑，混凝土强度宜提高一级

C. 桥墩两侧梁段悬臂施工应对称进行

D. 连续梁的梁跨体系转换应在解除各墩临时固结后进行

【答案】　A

【解析】　A 选项应为：悬臂浇筑混凝土时，宜从悬臂前端开始，最后与前段混凝土连接。这与悬臂梁混凝土浇筑应从端部到根部的浇筑原则是一致的。

29. （2011 年真题）桥梁施工时合龙段说法错误的是（　　）。

A. 合龙前应观测气温变化与梁端高程及悬臂端间距的关系

B. 合龙段的混凝土强度宜提高一级

C. 合龙段长度宜为 2m

D. 气温最高时浇筑

【答案】　D

【解析】　桥梁施工时，合龙宜在一天中气温最低时进行。

30.（2013年真题）预应力混凝土连续梁合龙宜在一天中气温（　　）时进行。

A. 最高　　　　　　　B. 较高　　　　　　　C. 最低　　　　　　　D. 较低

【答案】　C

【解析】　合龙宜在一天中气温最低时进行。

31.（2016年真题）关于钢梁施工的说法，正确的是（　　）。

A. 人行天桥钢梁出厂前可不进行试拼装

B. 多节段钢梁安装时，应全部节段安装完成后再测量其位置、标高和预拱度

C. 施拧钢梁高强螺栓时，最后应采用木棍敲击拧紧

D. 钢梁顶板的受压横向对接焊缝应全部进行超声波探伤检验

【答案】　D

【解析】　A选项应为：钢梁出厂前必须进行试拼装，并应按设计和有关规范的要求验收。B选项应为：钢梁安装过程中，每完成一节段应测量其位置、标高和预拱度。C选项应为施拧时，不得采用冲击拧紧和间断拧紧。

32.（2017年真题）预制梁板吊装时，吊绳与梁板的交角为（　　）时，应设置吊架或吊装扁担。

A. 45°　　　　　　　B. 60°　　　　　　　C. 75°　　　　　　　D. 90°

【答案】　B

【解析】　本题考核的是装配式施工技术：吊绳与梁板的交角小于60°时，应设置吊架或吊装扁担。注意，给水排水场站施工时，交角不小于45°。

33.（2017年真题）在移动模架上浇筑预应力混凝土连续梁时，浇筑分段施工缝应设在（　　）零点附近。

A. 拉力　　　　　　　B. 弯矩　　　　　　　C. 剪力　　　　　　　D. 扭矩

【答案】　B

【解析】　本题考核的是移动模架法。在移动模架上浇筑混凝土连续梁，浇筑分段工作缝，必须设置在弯矩零点附近。

34.（2019年真题）关于装配式预制混凝土梁存放的说法，正确的是（　　）。

A. 预制梁可直接支承在混凝土存放台座上

B. 构件应按其安装的先后顺序编号存放

C. 多层叠放时，各层垫木的位置在竖直线上应错开

D. 预应力混凝土梁存放时间最长为6个月

【答案】　B

【解析】　本题考核的是构件的存放。

（1）存放台座应坚固稳定且宜高出地面200mm以上。存放场地应有相应的防排水设施，并应保证梁、板等构件在存放期间不致因支点沉陷而受到损坏。

（2）梁、板构件存放时，其支点应符合设计规定的位置。支点处应采用垫木和其他适宜的材料支承，不得将构件直接支承在坚硬的存放台座上；存放时混凝土养护期未满的，应继续洒水养护。

（3）构件应按其安装的先后顺序编号存放，预应力混凝土梁、板的存放时间不宜超过3

个月，特殊情况下不应超过 5 个月。

（4）当构件多层叠放时，层与层之间应以垫木隔开，各层垫木的位置应设在设计规定的支点处，上下层垫木应在同一条竖直线上；叠放高度宜按构件强度、台座地基承载力、垫木强度及堆垛的稳定性等经计算确定。大型构件宜为 2 层，不应超过 3 层；小型构件宜为6～10 层。

（5）雨期和春季融冻期间，应采取有效措施防止因地面软化下沉而造成构件断裂及损坏。

35. （2020 年真题）关于先张法预应力空心板梁的场内移运和存放的说法，错误的是（　　）。

A. 吊运时混凝土强度不低于设计强度的 75%

B. 存放时支点处应采用垫木支承

C. 存放时间可长达 3 个月

D. 同长度的构件，多层叠放时，上下层垫木在竖直面上应适当错开

【答案】　D

【解析】　构件的场内移运和存放：

（1）存放台座应坚固稳定且宜高出地面 200mm 以上。存放场地应有相应的防排水设施，并应保证梁、板等构件在存放期间不致因支点沉陷而受到损坏。

（2）梁、板构件存放时，其支点应符合设计规定的位置，支点处应采用垫木和其他适宜的材料支承，不得将构件直接支承在坚硬的存放台座上；存放时混凝土养护期未满的，应继续洒水养护。

（3）构件应按其安装的先后顺序编号存放，预应力混凝土梁、板的存放时间不宜超过 3 个月，特殊情况下不应超过 5 个月。

（4）当构件多层叠放时，层与层之间应以垫木隔开，各层垫木的位置应设在设计规定的支点处，上下层垫木应在同一条竖直线上；叠放高度宜按构件强度、台座地基承载力、垫木强度以及堆垛的稳定性等经计算确定。大型构件宜为 2 层，不应超过 3 层；小型构件宜为6～10 层。

（5）雨期和春季融冻期间，应采取有效措施防止因地面软化下沉而造成构件断裂及损坏。

36. （2020 年真题）钢梁制造企业应向安装企业提供的相关文件中，不包括（　　）。

A. 产品合格证　　　　　　　　　　　B. 钢梁制造环境的温度、湿度记录

C. 钢材检验报告　　　　　　　　　　D. 工厂试拼装记录

【答案】　B

【解析】　钢梁制造企业应向安装企业提供下列文件：

1）产品合格证。

2）钢材和其他材料质量证明书和检验报告。

3）施工图、拼装简图。

4）工厂高强度螺栓摩擦面抗滑移系数试验报告。

5）焊缝无损检验报告和焊缝重大修补记录。

6）产品试板的试验报告。

7）工厂试拼装记录。

8）杆件发运和包装清单。

37.（2012年真题）关于箱涵顶进的说法，正确的是（　　）。

A. 箱涵主体结构混凝土强度必须达到设计强度的75%

B. 当顶力达到0.9倍结构自重时箱涵未启动，应立即停止顶进

C. 箱涵顶进必须避开雨期

D. 顶进过程中，每天应定时观测箱涵底板上设置观测标钉的高程

【答案】　D

【解析】　箱涵主体结构混凝土强度必须达到设计强度，故A选项错误。当顶力达到0.8倍结构自重时箱涵未启动，应立即停止顶进，故B选项错误。宜避开雨期施工；若在雨期施工，必须做好防洪水及防雨排水工作，故C选项错误。顶进过程中，每天应定时观测箱涵底板上设置观测标钉的高程，故D选项正确。

38.（2021年真题）下列因素中可导致大体积混凝土现浇结构产生沉陷裂缝的是（　　）。

A. 水泥水化热　　　　　　　　　　B. 外界气温变化

C. 支架基础变形　　　　　　　　　D. 混凝土收缩

【答案】　C

【解析】　混凝土现浇结构产生沉陷裂缝的原因是：支架、支撑变形下沉引发结构裂缝，过早拆除模板支架易使未达到强度的混凝土结构发生裂缝和破损。

注意，本题问的是"沉陷裂缝"，其他三个选项也会导致大体积混凝土产生裂缝，但不是沉陷裂缝。

39.（2021年真题）现浇混凝土箱梁支架设计时，计算强度及验算刚度均应使用的荷载是（　　）。

A. 混凝土箱梁的自重

B. 施工材料机具的荷载

C. 振捣混凝土时的荷载

D. 倾倒混凝土的水平方向冲击荷载

【答案】　A

【解析】　见下表。

模板构件名称	荷载组合		表中代号意思
	计算强度用	验算刚度用	
梁、板和拱的底模及支撑板、拱架、支架	①+②+③+④+⑦+⑧	①+②+⑦+⑧	① 模板、拱架、支架自重↓（受力方向，下同） ② 新浇混凝土、钢筋混凝土或砌体自重力↓ ③ 施工人员及材料机具等行走运输或堆放荷载↓ ④ 振捣混凝土时的荷载↓→ ⑤ 新浇筑混凝土对侧面模板的压力→ ⑥ 倾倒混凝土时产生的水平向冲击荷载→ ⑦ 水中支架所受的水流压力、波浪力、船只及其他漂浮物的撞击力↓ ⑧ 风雪荷载、冬期施工保温设施荷载↓
缘石、人行道、栏杆、柱、梁板、拱的侧模板	④+⑤	⑤	
基础、墩台等厚大结构物的侧模板	⑤+⑥	⑤	

40. （2021年真题）钢管混凝土内的混凝土应饱满，其质量检测应以（　　）为主。

A. 人工敲击　　　　　　　　　　　B. 超声波检测

C. 射线检测　　　　　　　　　　　D. 电火花检测

【答案】　B

【解析】　钢管混凝土的质量检测应以超声波检测为主，人工敲击为辅。

三、多项选择题及答案

1. （2014年真题）计算桥梁墩台侧模强度时采用的荷载有（　　）。

A. 新浇筑钢筋混凝土自重　　　　　B. 振捣混凝土时的荷载

C. 新浇筑混凝土对侧模的压力　　　D. 施工机具荷载

E. 倾倒混凝土时产生的水平冲击荷载

【答案】　CE

【解析】　见下表。

模板构件名称	荷载组合		表中代号意思
	计算强度用	验算刚度用	
梁、板和拱的底模及支撑板、拱架、支架	①+②+③+④+⑦+⑧	①+②+⑦+⑧	① 模板、拱架、支架自重 ② 新浇筑混凝土、钢筋混凝土或砌体自重力 ③ 施工人员及材料机具等行走运输或堆放荷载 ④ 振捣混凝土时的荷载 ⑤ 新浇筑混凝土对侧面模板的压力 ⑥ 倾倒混凝土时产生的水平向冲击荷载 ⑦ 水中支架所受的水流压力、波浪力、船只及其他漂浮物的撞击力 ⑧ 风雪荷载、冬期施工保温设施荷载
缘石、人行道、栏杆、柱、梁板、拱的侧模板	④+⑤	⑤	
基础、墩台等厚大结构物的侧模板	⑤+⑥	⑤	

2. （2015年真题）现浇钢筋混凝土预应力箱梁模板支架刚度验算时，在冬期施工的荷载组合包括（　　）。

A. 模板、支架自重　　　　　　　　B. 现浇箱梁自重

C. 施工人员、堆放施工材料荷载　　D. 风雪荷载

E. 倾倒混凝土时产生的水平冲击荷载

【答案】　ABD

【解析】　见上题。

3. （2016年真题）关于钢筋加工的说法，正确的有（　　）。

A. 钢筋弯制前应先将钢筋制作成弧形

B. 受力钢筋的末端弯钩应符合设计和规范要求

C. 箍筋末端弯钩平直部分的长度，可根据钢筋材料长度确定

D. 钢筋应在加热的情况下弯制

E. 钢筋弯钩应一次弯制成型

【答案】　BE

【解析】

A 选项应为：钢筋弯制前应先调直。C 选项应为：箍筋末端弯钩平直部分的长度，一般结构不宜小于箍筋直径的 5 倍，有抗震要求的结构不得小于箍筋直径的 10 倍。可见箍筋末端弯钩平直部分的长度与结构类型、箍筋直径有关，而并非根据钢筋材料长度确定。D 选项应为：钢筋宜在常温状态下弯制，不宜加热。

4.（2011 年真题）钢筋混凝土桥梁的钢筋接头说法，正确的有（　　）。

A. 同一根钢筋宜少设接头

B. 钢筋接头宜设在受力较小区段

C. 钢筋接头部位横向净距为 20mm

D. 同一根钢筋在接头区段内不能有两个接头

E. 受力不明确时，可认为是受压钢筋。

【答案】　ABD

【解析】　施工中钢筋受力分不清受拉、受压的，按受拉办理，故 E 选项错误。钢筋接头部位横向净距不得小于钢筋直径，且不得小于 25mm，故 C 选项错误。

5.（2018 年真题）采用充气胶囊作为空心构件芯模时，下列说法正确的是（　　）。

A. 胶囊使用前应经检查确认无漏气

B. 从浇筑混凝土到胶囊放气止，应保持气压稳定

C. 使用胶囊内模时不应固定其位置

D. 胶囊放气时间应经试验确定

E. 胶囊放气时间以混凝土强度达到保持构件不变形为度

【答案】　ABDE

【解析】　C 选项应为：使用胶囊内模时，应采用定位箍筋与模板连接固定，防止上浮和偏移。

6.（2019 年真题）下列质量检验项目中，属于支座施工质量检验主控项目的有（　　）。

A. 支座顶面标高　　　　　　　　　B. 支座垫石顶面高程

C. 盖梁顶面高程　　　　　　　　　D. 支座与垫石的密贴程度

E. 支座进场检验

【答案】　BDE

【解析】　支座施工质量检验标准（主控项目）：

1）支座应进行进场检验。

2）支座安装前，应检查跨距、支座栓孔位置和支座垫石顶面高程、平整度、坡度、坡向，确认符合设计要求。

3）支座与梁底及垫石之间必须密贴，间隙不得大于 0.3mm。垫石材料和强度应符合设计要求。

4）支座锚栓的埋置深度和外露长度应符合设计要求。支座锚栓应在其位置调整准确后固结。

5）支座的黏结灌浆和润滑材料应符合设计要求。

7.（2020 年真题）桥梁伸缩缝一般设置于（　　）。

A. 桥墩处的上部结构之间　　　　　B. 桥台端墙与上部结构之间

C. 连续梁桥最大负弯矩处　　　　　　　D. 梁式桥的跨中位置

E. 拱式桥拱顶位置的桥面处

【答案】　AB

【解析】　为满足桥面变形的要求，通常在两梁端之间、梁端与桥台之间或桥梁的铰接位置上设置伸缩装置。

8.（2018年海南省真题）预制桩接头一般采用的连接方式有（　　　）。

A. 焊接　　　　　　　　　　　　　　　　B. 硫黄胶泥

C. 法兰　　　　　　　　　　　　　　　　D. 机械连接

E. 搭接

【答案】　ACD

【解析】　预制桩的接桩可采用焊接、法兰连接或机械连接。

9.（2018年海南省真题）关于重力式砌体墩台砌筑的说法，正确的有（　　　）。

A. 砌筑前应清理基础，保持洁净

B. 砌体应采用坐浆法分层砌筑

C. 砌筑墩台镶面石应从直线中间部分开始

D. 分水体镶面石的抗压强度不得低于设计要求

E. 砌筑的石料应清洗干净，保持湿润

【答案】　ABDE

【解析】　C选项应为：砌筑墩台镶面石应从曲线部分或角部开始。

10.（2010年真题）关于现浇预应力混凝土连续梁施工的说法，正确的有（　　　）。

A. 采用支架法，支架验算的倾覆稳定系数不得小于1.3

B. 采用移动模架法时，浇筑分段施工缝必须设在弯矩最大值部位

C. 采用悬浇法时，挂篮与悬浇梁段混凝土的质量比值不应超过0.7

D. 悬臂浇筑时，0号段应实施临时固结

E. 悬臂浇筑时，通常最后浇筑中跨合龙段

【答案】　ACDE

【解析】　验算模板、支架和拱架的抗倾覆稳定时，各施工阶段的稳定系数均不得小于1.3，故A选项正确。采用移动模架法时，浇筑分段工作缝，必须设在弯矩零点附近，故B选项错误。挂篮质量与梁段混凝土的质量比值控制在0.3～0.5，特殊情况下不得超过0.7，故C选项正确。

悬臂梁浇筑时，悬浇顺序及要求：

1）在墩顶托架或膺架上浇筑0号段并实施墩梁临时固结。

2）在0号段山上安装悬臂挂篮，向两侧依次分段浇筑主梁至合龙前段。

3）在支架上浇筑边跨主梁合龙段。

4）最后浇筑中跨合龙段，形成连续梁体系。

11.（2013年真题）钢-混凝土结合梁混凝土桥面浇筑所采用的混凝土宜具有（　　　）。

A. 缓凝　　　　　　　　　　　　　　　　B. 早强

C. 补偿收缩性　　　　　　　　　　　　　D. 速凝

E. 自密性

【答案】　ABC

【解析】　现浇混凝土结构宜采用缓凝、早强、补偿收缩性混凝土。

12. （2017 年真题）悬臂浇筑法施工连续梁合龙段时，应符合的规定有（　　）。

A. 合龙前，应在两端悬臂预加压重，直至施工完成后撤除

B. 合龙前，应将合龙跨一侧墩的临时锚固放松

C. 合龙段的混凝土强度提高一级的主要目的是尽早施加预应力

D. 合龙段的长度可为 2m

E. 合龙段应在一天中气温最高时进行

【答案】　BC

【解析】

A 选项应为：合龙前，在两端悬臂预加压重，并于浇筑混凝土过程中逐步撤除，以使悬臂端挠度保持稳定。D 选项应为：合龙段的长度宜为 2m。E 选项应为：合龙宜在一天中气温最低时进行。

13. （2019 年真题）关于钢-混凝土结合梁施工技术的说法，正确的有（　　）。

A. 一般有钢梁和钢筋混凝土面板两部分组成

B. 在钢梁与钢筋混凝土板之间设传剪器的作用是使两者共同工作

C. 适用于城市大跨径桥梁

D. 桥梁混凝土浇筑应分车道分段施工

E. 浇筑混凝土桥梁时，横桥向从两侧向中间合拢

【答案】　ABC

【解析】

D、E 选项的正确说法是：混凝土桥面结构应全断面连续浇筑，浇筑顺序：顺桥向应自跨中开始向支点处交汇，或由一端开始浇筑；横桥向应先由中间开始向两侧扩展。

14. （2015 年真题）涵洞是城镇道路路基工程的重要组成部分，涵洞有（　　）。

A. 管涵　　　　　　　　　　　　　B. 拱形涵

C. 盖板涵　　　　　　　　　　　　D. 箱涵

E. 隧道

【答案】　ABCD

【解析】　涵洞是城镇道路路基工程的重要组成部分，涵洞有管涵、拱形涵、盖板涵、箱涵。

15. （2021 年真题）关于在拱架上分段浇筑混凝土拱圈施工技术的说法，正确的有（　　）。

A. 纵向钢筋应通长设置

B. 分段位置宜设置在拱架节点、拱顶、拱脚

C. 各分段接缝面应与拱轴线成 45°

D. 分段浇筑应对称拱顶进行

E. 各分段内的混凝土应一次连续浇筑

【答案】　BDE

【解析】　分段浇筑钢筋混凝土拱圈（拱肋）时，纵向不得采用通长钢筋。各分段内的

混凝土应一次连续浇筑完毕，因故中断时，应将施工缝凿成垂直于拱轴线的平面或台阶式接合面。

四、2022 考点预测

1. 基本概念。
2. 支架 12 大考点。
3. 钻孔灌注桩施工、质量控制。
4. 上部结构施工、计算。

第三章 城市轨道交通工程

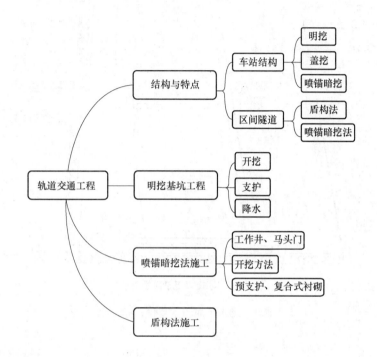

一、案例及参考答案

案例一 【2021 年一建真题】

某公司承建一项城市主干路工程，长度 2.4km，在桩号 K1 + 180 ～ K1 + 196 位置与铁路斜交，采用四跨地道桥顶进下穿铁路的方案。为保证铁路正常通行，施工前由铁路管理部门对铁路线进行加固，顶进工作坑顶进面采用放坡加网喷混凝土方式支护，其余三面采用钻孔灌注桩加桩间网喷支护，施工平面图及地道桥施工剖面图如图 1、图 2 所示。

项目部编制了地道桥基坑降水、支护、开挖、顶进方案并经过相关部门审批，施工流程如图 3 所示。混凝土钻孔灌注桩施工过程包括以下内容：采用旋挖钻成孔，桩顶设置冠梁，钢筋笼主筋采用直螺纹套筒连接，桩顶锚固钢筋按伸入冠梁长度 500mm 进行预留，混凝土浇筑至桩顶设计高程后，立即开始相邻桩的施工。

【问题】

1. 直螺纹连接套筒进场需要提供哪项报告？写出钢筋丝头加工和连接件检测专用工具的名称。 （4 分）

2. 改正混凝土灌注桩施工过程的错误之处。 （6 分）

3. 补全施工流程中 A、B 名称。 （4 分）

4. 地道桥每次顶进，除检查液压系统外，还应检查哪些部位的使用状况？ （6 分）

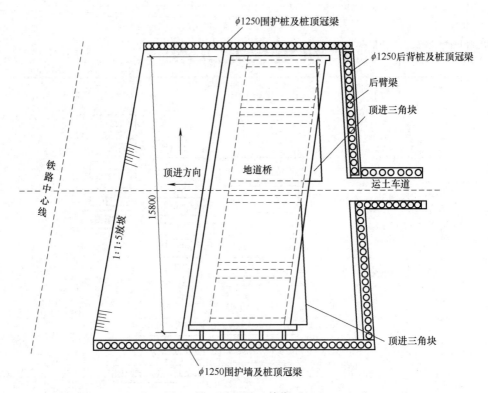

图1 施工平面图（单位：mm）

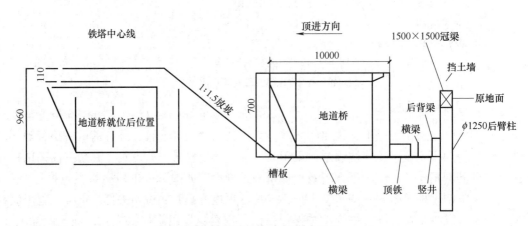

图2 地道桥施工剖面图（尺寸单位：mm）

5. 在每一顶程中测量的内容是哪些？ （5分）

6. 地道桥顶进施工应考虑的防排水措施是哪些？ （5分）

【参考答案】

1. 直螺纹连接套筒进场需要提供哪项报告？写出钢筋丝头加工和连接件检测专用工具的名称。

（1）需要提供形式检验报告、套筒机械性能检验报告。 （2分）

（2）专用工具：套丝机和钢筋直螺纹（套筒）通止规，钢筋数显扭矩扳手，卡尺。 （2分）

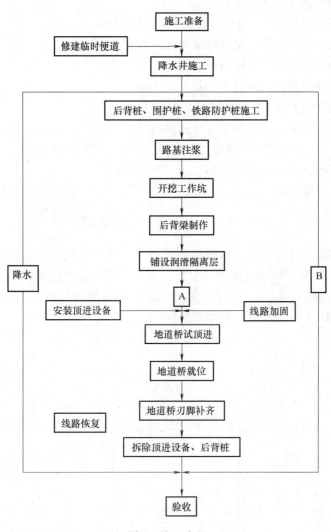

图 3　施工流程

2. 改正混凝土灌注桩施工过程的错误之处。

（1）错误之处一：桩顶锚固钢筋按伸入冠梁 500mm 预留。　　　　　　　　　　（1 分）

改正：桩顶钢筋预留长度应大于冠梁高度，长出部分进行弯曲并与冠梁上层钢筋焊接。

　　　　　　　　　　　　　　　　　　　　　　　　　　　　　　　　　　　　（1 分）

（2）错误之处二：混凝土浇筑至桩顶设计高程。　　　　　　　　　　　　　　　（1 分）

改正：混凝土浇筑至桩顶以上 0.5~1m。　　　　　　　　　　　　　　　　　　（1 分）

（3）错误之处三：浇筑完成后立即邻桩施工。　　　　　　　　　　　　　　　　（1 分）

改正：邻桩混凝土强度达 5MPa 后施工，或者间隔钻孔施工。　　　　　　　　　（1 分）

3. 补全施工流程中 A、B 名称。

A 为地道桥制作。B 为监控量测。　　　　　　　　　　　　　　　　　　　（每个 2 分）

4. 地道桥每次顶进，除检查液压系统外，还应检查哪些部位的使用状况？

还要检查千斤顶、顶铁、后背、滑板、地道桥结构、刃脚部位的情况　　　　（每个 1 分）

market市政公用工程管理与实务　历年真题解析及预测　2022版

5. 在每一顶程中测量的内容是哪些？

（1）里程（桩号），轴线，高程（标高），地面沉降。 （2分）

（2）观测点左、右偏差值，高程偏差值，顶程及总进尺。 （2分）

（3）底板观测标钉高程，中边墙竖向弯曲。 （1分）

6. 地道桥顶进施工应考虑的防排水措施是哪些？

（1）尽可能避开雨期施工，做好边坡的硬化或覆盖。 （1分）

（2）基坑顶地面硬化，设置防淹墙（挡水围堰）、排水沟（截水沟）。 （1分）

（3）顶进工作坑上方设置作业棚，坑底设排水沟、集水坑和水泵。 （1分）

（4）保持地下水位于基底以下0.5m。 （1分）

（5）加强基坑巡视检查。 （1分）

案例二【2019年一建真题】

某市政企业中标一城市地铁车站项目，该项目地处城郊接合部，场地开阔，建筑物稀少，车站全长200m，宽19.4m，深16.8m，设计为地下连续墙围护结构，采用钢筋混凝土支撑与钢管支撑，明挖法施工。本工程开挖区域内地层分布为回填土、黏土、粉砂、中粗砂及砾石，地下水位于3.95m处，如图1所示。

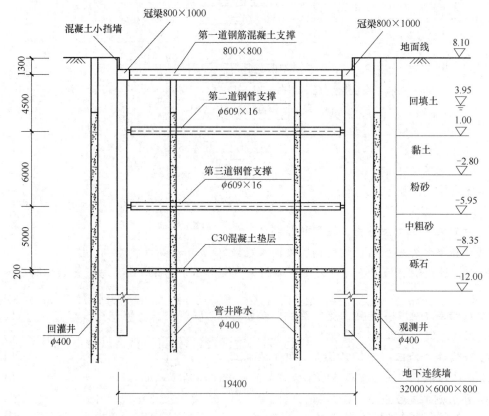

图1　地铁车站明挖施工（高程单位：m；尺寸单位：mm）

项目部依据设计要求和工程地质资料编制了施工组织设计。施工组织设计明确以下内容：

116

（1）工程全长范围内均采用地下连续墙围护结构，连续墙顶部设有 $800 \times 1000mm$ 的冠梁；钢筋混凝土支撑与钢管支撑的间距为：垂直间距 $4 \sim 6m$，水平间距为 $8m$。主体结构采用分段跳仓施工，分段长度为 $20m$。

（2）施工工序为：围护结构施工→降水→第一层土方开挖（挖至冠梁底面标高）→A→第二层土方开挖→设置第二道支撑→第三层土方开挖→设置第三道支撑→最底层开挖→B→拆除第三道支撑→C→负二层中板、中板梁施工→拆除第二道支撑→负一层侧墙、中柱施工→侧墙顶板施工→D。

（3）项目部对支撑作业做了详细的布置：围护结构第一道采用钢筋混凝土支撑，第二、三道采用 $\phi609 \times 16mm$ 的钢管支撑，钢管支撑一端为活络头，采用千斤顶在该侧施加预应力，预应力加设前后的 $12h$ 内应加密监测频率。

（4）为防止围护变形，项目部制定了开挖和支护的具体措施：

① 开挖范围及开挖、支撑顺序均应与围护结构设计工况相一致。

② 挖土要严格按照施工方案规定进行。

③ 软土基坑必须分层均衡开挖。

④ 支护与挖土要密切配合，严禁超挖。

问题：

1. 根据背景资料，本工程围护结构还可以采用哪些方式？ （4分）

2. 写出施工工序中代号 A、B、C、D 对应的工序名称。 （4分）

3. 钢管支撑施加预应力前后，预应力损失如何处理？ （4分）

4. 后浇带施工应有哪些技术要求？ （4分）

5. 补充完善开挖和支护的具体措施。 （4分）

【参考答案】

1. 根据背景资料，本工程围护结构还可以采用哪些方式？

（1）钻孔灌注桩与水泥土搅拌桩（高压旋喷桩）帷幕结合的方式。 （2分）

（2）SMW 工法桩。 （1分）

（3）钻孔咬合桩。 （1分）

2. 写出施工工序中代号 A、B、C、D 对应的工序名称。

A：设置冠梁、混凝土小挡墙及第一道支撑。 （1分）

B：垫层、底板及部分侧墙施工。 （1分）

C：负二层侧墙及中柱（墙）施工。 （1分）

D：拆除第一道支撑及回填。 （1分）

3. 钢管支撑施加预应力前后，预应力损失如何处理？

（1）施加预应力前：考虑操作时应力损失，故施加的应力值应比设计轴力增加 10%。 （2分）

（2）施加预应力后：发现预应力损失时应复加预应力至设计值。 （2分）

4. 后浇带施工应有哪些技术要求？

（1）后浇带处的钢筋与主体结构一次绑扎好，模板及支架应独立设置。 （1分）

（2）主体结构养护 42 天后，将原混凝土面两侧凿毛、清理、保持湿润，再用强度高一个等级的补偿收缩混凝土浇筑后浇带。 （1分）

（3）接缝处采用中埋或外贴式止水带、预埋注浆管、遇水膨胀止水条（胶）等方法加强防水。　　　　　　　　　　　　　　　　　　　　　　　　　　　　　　（1分）

（4）浇筑混凝土在温度最低时（夜间）进行，养护时间不应低于14天。　（1分）

5.补充完善开挖和支护的具体措施。

（1）尽量缩短基坑开挖卸荷的尺寸及无支护暴露时间。

（2）先撑后挖，分块开挖，钢支撑安装后及时施加预应力。

（3）开挖过程中，必须采取措施防止碰撞支撑、围护结构或扰动基底原状土。

（4）基坑发生异常情况时应立即停止挖土，并应立即查清原因并采取措施，正常后方能继续挖土。

（5）控制好基坑周边堆载，做好降排水工作，加强基坑监测。（写对4条以上得4分）

案例三【2018年一建真题】

某市区城市主干道改扩建工程，标段总长1.72km，周边有多处永久建筑，临时用地极少，环境保护要求高；现状道路交通量大，施工时现状交通不断行。本标段是在原城市主干路主路范围进行高架桥段-地面段-入地段改扩建，包括高架桥段、地面段、U形槽段和地下隧道段。各工种施工作业区设在围挡内，临时用电变压器可安放于图1中A、B位置，电缆敷设方式待定。

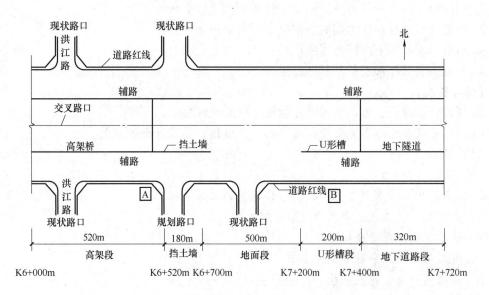

图1　平面示意图

高架桥段在洪江路交叉口处采用钢-混凝土叠合梁形式跨越，跨径组合为37m+45m+37m。地下隧道段为单箱双室闭合框架结构。采用明挖方法施工。本标段地下水位较高，属富水地层；有多条现状管线穿越地下隧道段，需进行拆改挪移。

作业区围挡如图2所示。围护结构采用U形槽，敞开段围护结构为直径φ1.0m的钻孔灌注桩，外侧桩间采用高压旋喷桩止水帷幕，内侧挂网喷浆。地下隧道段围护结构为地下连续墙及钢筋混凝土支撑。

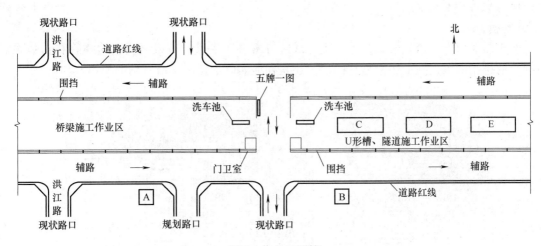

图2　作业区围挡

降水措施采用止水帷幕外侧设置观察井、回灌井，坑内设置管井降水，配轻型井点辅助降水。

问题：

1. 图1中，在A、B两处如何设置变压器？电缆线如何敷设？说明理由。　　　（8分）

2. 根据图2，地下连续墙施工时，C、D、E位置设置何种设施较为合理？　　（3分）

3. 观察井、回灌井、管井的作用分别是什么？　　　　　　　　　　　　　　（5分）

4. 本工程隧道基坑的施工难点是什么？　　　　　　　　　　　　　　　　　（4分）

5. 施工地下连续墙时，导墙的作用主要有哪四项？　　　　　　　　　　　　（4分）

6. 目前城区内钢梁安装的常用方法有哪些？针对本项目的特定条件，应采用何种架设方法？采用何种配套设备进行安装？在何时段安装合适？　　　　　　（6分）

【参考答案】

1. 图1中，在A、B两处如何设置变压器？电缆线如何敷设？说明理由。

（1）变压器。

1）A处：设专用、坚固的变压器室，距离辅路应有一定安全距离，周围设置护栏等安全防护装置，并设置相应安全警示标志，夜间悬挂警示灯。　　　　　　　　　（1分）

理由：A处进行的是桥梁作业，设置在高处有碰撞风险，故设在低处，并做好安全防护。　　　　　　　　　　　　　　　　　　　　　　　　　　　　　　　　（1分）

2）B处：悬吊设置，并设置相应安全警示标志，夜间悬挂警示灯。　　　　（1分）

理由：B处进行的是U形槽、隧道施工，变压器设置在高处可以避免施工碰撞风险。

（1分）

（2）电缆线。

1）A处：采用埋地敷设。　　　　　　　　　　　　　　　　　　　　　　（1分）

理由：A处进行的是桥梁作业，钢梁吊装和混凝土浇筑等都属于高空作业，如果电缆采用架空敷设，将会引起触电等多种风险。而埋地安全性高，对作业工序影响小。　（1分）

2）B处：采用架空敷设　　　　　　　　　　　　　　　　　　　　　　　（1分）

理由：B处进行的是U型槽段和地下隧道施工，主要为地下构造物，故采用埋地风险

大，所以采用架空敷设。 (1分)

【解析】

变压器如何安装争议较大，很多人写成了办理施工手续，审批之类，这样答有点牵强。命题人的思路应该是问变压器是悬吊设置还是在地面设置变压器室，见下图。

悬吊　　　　　　　　　　地面

变压器的设置

2. 根据图2，地下连续墙施工时，C、D、E位置设置何种设施较为合理？

C：土方（泥土）存放场地。 (1分)

D：泥浆搅拌站。 (1分)

E：钢筋加工厂。 (1分)

【解析】

此题考核的是现场实际施工，但现场情况千变万化，施工的管理人员思路也不尽相同，可能每个人的布置都不一样，难分对错。所以，本题给出的也仅是参考答案。对这类题重在思路，别纠结对错，主要是知道现场要布置哪些东西，这样就有得分的概率。

3. 观察井、回灌井、管井的作用分别是什么？

（1）观察井用于观测围护结构外侧地下水位变化。 (1分)

（2）回灌井用于通过观察井观测发现地下水位异常变化时补充地下水。 (2分)

（3）管井用于围护结构内降水，利于土方开挖 (2分)

4. 本工程隧道基坑的施工难点是什么？

（1）临时用地紧张，施工时现状交通不断行，干扰因素多。 (1分)

（2）土方、材料进出易受干扰，环境保护要求高。 (1分)

（3）场地周边建（构）筑物密集，地下管线多，地下水位高，不安全因素多。 (2分)

5. 施工地下连续墙时，导墙的作用主要有哪四项？

①挡土；②基准作用；③承重；④存蓄泥浆。 (每个1分)

6. 目前城区内钢梁安装的常用方法有哪些？针对本项目的特定条件，应采用何种架设方法？采用何种配套设备进行安装？在何时段安装合适？

（1）城区内常用钢梁安装方法有自行式起重机整孔架设法、门架起重机整孔架设法、支架架设法、缆索起重机拼装架设法、悬臂拼装架设法、拖拉架设法等。

（写对 4 条以上得 2 分）

（2）针对本项目的特定条件，应采用支架架设法。　　　　　　　　（1 分）

（3）采用起重机进行安装（同时配合平板拖车、电焊机等）。　　　　（2 分）

（4）在夜间安装合适。　　　　　　　　　　　　　　　　　　　　　（1 分）

案例四【2017 年一建真题】

某公司承建城区防洪排涝应急管道工程，受环境条件限制，其中一段管道位于城市主干路机动车道下，垂直穿越现状人行天桥，采用浅埋暗挖隧道形式；隧道开挖断面 3.9m × 3.35m。横断面布置如图 1 所示。施工过程中，在沿线 3 座检查井位置施做工作竖井，井室平面尺寸长 6.0m，宽 5.0m。井室、隧道均为复合式衬砌结构，初期支护为钢格栅 + 钢筋网 + 喷射混凝土，二衬为模筑混凝土结构，衬层间设塑料板防水层，隧道穿越土层主要为砂层、粉质黏土层、无地下水。设计要求施工中对机动车道和人行天桥进行重点监测，并提出了变形控制值。

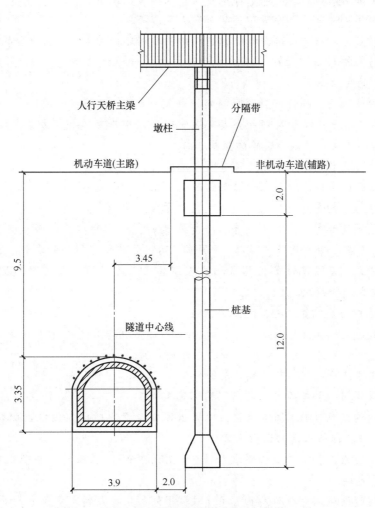

图 1　下穿人行天桥隧道横断面布置（单位：m）

施工前，项目部编制了浅埋暗挖隧道下穿道路专项施工方案，拟在工作竖井位置占用部分机动车道，搭建临时设施，进行工作竖井施工和出土，施工安排各竖井同时施作，隧道相向开挖，以满足工期要求。在施工区域，项目部采取了以下环保措施：

（1）对现场临时路面进行硬化，散装材料进行覆盖。

（2）临时堆土采用密目网进行覆盖。

（3）夜间施工部进行露天焊接作业，控制好照明装置灯光亮度。

问题：

1. 根据图 1 分析隧道施工对周边环境可能产生的安全风险。　　　　　　　　（5分）

2. 工作竖井施工前，项目部应向哪些部门申报、办理哪些报批手续？　　　　（5分）

3. 给出下穿施工的重点监测项目，简述监测方式。　　　　　　　　　　　　（5分）

4. 简述隧道相向开挖贯通施工的控制措施。　　　　　　　　　　　　　　　（5分）

5. 结合背景资料，补充项目部应采取的环保措施。　　　　　　　　　　　　（5分）

6. 二衬钢筋安装时，应对防水层采取哪些防护措施。　　　　　　　　　　　（5分）

【参考答案】

1. 根据图 1 分析隧道施工对周边环境可能产生的安全风险。

（1）竖井占用机动车道，因道路变窄而发生交通事故。　　　　　　　　　（1分）

（2）穿越砂层，容易造成路面塌陷，造成机动车和非机动车行驶安全事故。　（2分）

（3）隧道与天桥桩基间距小，施工扰动造成桩基的承载力不足，引起天桥变形超标、失稳，影响行人的交通安全。　　　　　　　　　　　　　　　　　　　　　　（2分）

2. 工作竖井施工前，项目部应向哪些部门申报、办理哪些报批手续？

（1）向市政工程行政主管部门和公安交通管理部门申报交通导行方案、规划审批文件、设计文件、临时占用和挖掘城市道路的报批手续。　　　　　　　　　　　　（2分）

（2）向道路管理部门申报下穿道路专项施工方案和应急预案。　　　　　　（2分）

（3）向城管部门申报办理渣土运输手续，向环保部门申报办理夜间施工手续。（1分）

3. 给出下穿施工的重点监测项目，简述监测方式。

（1）重点监测项目有：道路的沉降、隆起和裂缝；天桥的桩基沉降、墩柱倾斜、主梁变形；隧道拱顶下沉、净空收敛（位移）、围岩压力；竖井的变形。（写对4条以上得3分）

（2）监测方式：建设单位委托具有相应资质的第三方采用仪器监测和施工单位巡视、监测相结合的形式进行监测。　　　　　　　　　　　　　　　　　　　　　（2分）

4. 简述隧道相向开挖贯通施工的控制措施。

（1）同一隧道内相向开挖的两个开挖面距离为 2 倍洞跨且不小于 10m 时，一端应停止开挖，并保持开挖面稳定；另一端单向掘进，开挖贯通。　　　　　　　　　　（3分）

（2）对隧道中线和高程进行复测，及时纠偏。　　　　　　　　　　　　　（2分）

5. 结合背景资料，补充项目部应采取的环保措施。

（1）竖井周围应采取洒水降尘措施，现场出入口设置洗车池；土方运输车辆少装慢行、密闭或覆盖；沿路安排专人清扫遗散土方。　　　　　　　　　　　　　　　（2分）

（2）办理夜间施工手续并公告附近居民，采取低噪声、低振动设备；控制灯光照射角度，电焊设置遮光棚。　　　　　　　　　　　　　　　　　　　　　　　　　（2分）

（3）现场临时设施采用移动式卫生间，机械用油防止渗漏到地下。　　　　（1分）

6. 二衬钢筋安装时，应对防水层采取哪些防护措施。

（1）防水层与钢筋之间设置垫块隔离，钢筋安装时，将钢筋头进行包裹，防止刺破防水层，绑扎钢筋的铁丝头避免接触到防水层。　　　　　　　　　　　　　　　（3分）

（2）焊接钢筋时采取挡板，防止焊渣灼伤防水层。　　　　　　　　　　　　　（2分）

案例五【2017年一建真题】

某公司承建一段区间隧道，长度1.2km，埋深（覆土深度）8m，净高5.5m，支护结构形式采用钢拱架钢筋网喷射混凝土，辅以超前小导管。区间隧道上方为现况城市道路，道路下埋置有雨水、污水、燃气、热力等管线。资料揭示，隧道围岩等级为Ⅳ、Ⅴ级。

区间隧道施工采用暗挖法，施工时遵循浅埋暗挖技术"十八字"方针，施工方案按照隧道的断面尺寸、所处地层、地下水等情况制定，施工方案中开挖方法选用正台阶，循环进尺为1.5m。

隧道掘进过程中，突发涌水，导致土体坍塌事故，造成3人重伤。现场管理人员立即向项目经理报告，项目经理组织有关人员封闭事故现场，采取措施控制事故扩大，开展事故调查，并对事故现场进行清理，将重伤人员送至医院。事故调查发现，导致事故发生的主要原因如下：

（1）自于施工过程中地表变形，导致污水管道突发破裂涌水。

（2）超前小导管支护长度不足，实测长度仅为2m，两排小导管沿纵向搭接长度不足，不能起到有效的超前支护作用。

（3）隧道施工过程中未进行监测，无法对事故进行预测。

问题：

1. 根据《生产案例事故报告和调查处理条例》规定，指出事故等级及事故调查组织形式的错误之处？说明理由。　　　　　　　　　　　　　　　　　　　　　　　　（5分）

2. 分别指出事故现场处理方法、事故报告的错误之处，并给出正确做法。　　（6分）

3. 隧道施工中应该对哪些主要项目进行监测？　　　　　　　　　　　　　　　（4分）

4. 根据背景资料，小导管长度应该大于多少米？两排小导管纵向搭接不小于多少米？

　　　　　　　　　　　　　　　　　　　　　　　　　　　　　　　　　　　（5分）

【参考答案】

1. 根据《生产案例事故报告和调查处理条例》规定，指出事故等级及事故调查组织形式的错误之处？说明理由。

（1）本事故为一般事故。　　　　　　　　　　　　　　　　　　　　　　　（1分）

理由：造成3人以下死亡，或者10人以下重伤，或者1000万元以下直接经济损失的事故，为一般事故。　　　　　　　　　　　　　　　　　　　　　　　　　　　　（1分）

（2）错误之处：事故调查由项目经理组织。　　　　　　　　　　　　　　　（1分）

理由：一般事故由县级人民政府组织调查组进行调查。　　　　　　　　　　　（2分）

2. 分别指出事故现场处理方法、事故报告的错误之处，并给出正确做法。

（1）错误之处一：事故发生后现场管理人员立即向项目经理报告。　　　　　（1分）

正确做法：事故发生后，事故现场有关人员应当立即向本单位负责人报告。　　（1分）

（2）错误之处二：项目经理未向单位负责人报告。　　　　　　　　　　　　（1分）

正确做法：事故发生后，项目经理应立即向单位负责人报告，并立即启动应急预案、抢

救伤亡人员。 (1分)

（3）错误之处三：项目经理组织有关人员封闭事故现场，开展事故调查，并对事故现场进行清理。 (1分)

正确做法：事故发生后，施工单位负责人应立即要求相关人员保护事故现场。在抢救伤亡人员过程中，需要移动事故现场物件的，需要对痕迹做出标记并记录。 (1分)

3. 隧道施工中应该对哪些主要项目进行监测？

应该对地表沉降、地下管线沉降（雨水、污水、热力、燃气）、建筑物倾斜、建筑物沉降、拱顶下沉、净空收敛（位移）、围岩压力、岩体垂直和水平位移、衬砌应力应变、道路沉降进行监测。 (写对4条以上得4分)

4. 根据背景资料，小导管长度应该大于多少米？两排小导管纵向搭接不小于多少米？

（1）小导管长度应大于3m，因为小导管的长度应大于每循环开挖进尺的两倍。本工程开挖进尺每循环为1.5m。 (3分)

（2）两排小导管纵向搭接长度不应小于1m。 (2分)

案例六【2015年一建真题】

某公路承建城市主干道的地下隧道工程，长520m，为单箱双室箱型钢筋混凝土结构，采用明挖顺作法施工。隧道基坑深10m，侧壁安全等级为一级，基坑支护与主体结构设计断面如图1所示。围护桩为钻孔灌注桩，止水帷幕为双排水泥土搅拌桩，两道内支撑中间设立柱支撑；基坑侧壁与隧道侧墙的净距为1m。

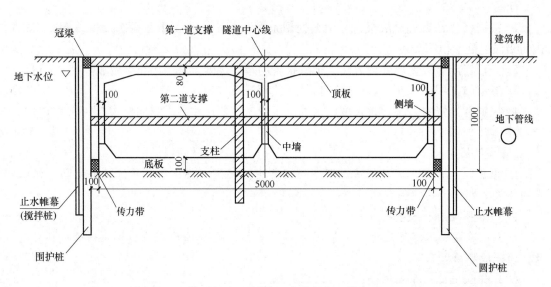

图1 基坑支护与主体结构设计断面（单位：cm）

项目部编制了专项施工方案，确定了基坑施工和主体结构施工方案，对结构施工与拆撑、换撑进行了详细安排。

施工过程发生如下事件。

事件一：进场踏勘发现有一条横跨隧道的架空高压线无法转移，鉴于水泥土搅拌桩机设备高，与高压线距离处于危险范围，导致高压线两侧计20m范围内水泥土搅拌桩无法施工。

项目部建议变更此范围内的止水帷幕设计，建设单位同意设计变更。

事件二： 项目部编制的专项施工方案，隧道主体结构与拆撑、换撑施工流程为：①底板垫层施工→②→③传力带施工→④→⑤隧道中墙施工→⑥隧道侧墙和顶板施工→⑦基坑侧壁与隧道侧墙间隙回填→⑧。

事件三： 某日上午监理人员在巡视工地时，发现以下问题，要求立即整改：

① 在开挖工作面位置，第二道支撑未安装的情况下，已开挖至基坑底部。

② 为方便挖土作业，挖掘机司机擅自拆除支撑立柱的个别水平联系梁；当日下午，项目部接到基坑监测单位关于围护结构变形超过允许值的报警。

③ 已开挖至基底的基坑侧壁局部位置出现漏水、水中夹带少量泥沙。

问题：

1. 本工程还有哪些专项方案需要专家论证。 　　　　　　　　　　　　　　　　（4分）

2. 本工程止水帷幕桩应变更成什么形式，理由是什么？简述现场方案设计变更的一般程序。 　　　　　　　　　　　　　　　　　　　　　　　　　　　　　　　　　（5分）

3. 本工程基坑监测应测的项目有哪些？ 　　　　　　　　　　　　　　　　　（4分）

4. 指出施工流程中缺少的②、④、⑧工序的名称。 　　　　　　　　　　　　（3分）

5. 对监理在巡视过程中发现的问题，项目部应如何采取措施？项目部接到基坑报警的通知后，该如何处理？ 　　　　　　　　　　　　　　　　　　　　　　　　（4分）

【参考答案】

1. 本工程还有哪些专项方案需要专家论证。

（1）土方开挖施工方案。 　　　　　　　　　　　　　　　　　　　　　　（1分）

（2）基坑支护施工方案。 　　　　　　　　　　　　　　　　　　　　　　（1分）

（3）基坑降水施工方案。 　　　　　　　　　　　　　　　　　　　　　　（1分）

（4）顶板混凝土模板支撑工程施工方案。 　　　　　　　　　　　　　　　（1分）

2. 本工程止水帷幕桩应变更成什么形式，理由是什么？简述现场方案设计变更的一般程序。

（1）本工程止水帷幕桩应变更成高压旋喷桩或咬合桩形式。 　　　　　　　（1分）

① 采用高压旋喷桩理由：设备高度低，可以满足高压线下施工的安全距离。 （1分）

② 采用咬合桩理由：高压线只对水泥土搅拌桩有影响，未对钻孔灌注桩设备造成影响，可以考虑围护桩中间增设素混凝土桩，形成咬合桩围护结构，此种围护结构可以直接作为止水帷幕。 　　　　　　　　　　　　　　　　　　　　　　　　　　　　　（1分）

（2）一般程序：施工单位向监理单位提出变更申请→总监理工程师审核报建设单位→建设单位确认后通知设计单位进行变更设计→变更由建设单位下发监理单位→监理单位向施工单位下达变更函。 　　　　　　　　　　　　　　　　　　　　　　　　　　（2分）

3. 本工程基坑监测应测的项目有哪些？

应测的项目有围护墙顶部水平和竖向位移；深层水平位移；立柱竖向位移；支撑轴力；地下水位；周边地表竖向位移、倾斜和裂缝；周边道路和管线竖向位移。

　　　　　　　　　　　　　　　　　　　　　　　　　（写对4条以上得4分）

4. 指出施工流程中缺少的②、④、⑧工序的名称。

②为底板施工。 　　　　　　　　　　　　　　　　　　　　　　　　　　（1分）

④为第二道支撑拆除。 　　　　　　　　　　　　　　　　　　　　　　　（1分）

⑧为第一道支撑及立柱拆除。　　　　　　　　　　　　　　　　　　　　（1分）

5. 对监理在巡视过程中发现的问题，项目部应如何采取措施？项目部接到基坑报警的通知后，该如何处理？

（1）对发现的问题，应采取以下措施：

1）停止开挖，立即安装第二道支撑，并加强监测；立即安装被拆除的立柱水平联系梁，立柱如有变形情况，进行加固。　　　　　　　　　　　　　　　　（1分）

2）漏水部位插入引流管并在引流管周围用双快水泥封堵，情况严重时可以局部回填，坑外相应位置注浆，并做好坑内排水。　　　　　　　　　　　　　　　（1分）

（2）项目部接到基坑报警的通知，应该按如下处理：

1）停止施工，人员撤离；分析原因，启动应急预案。　　　　　　　　　（1分）

2）对基坑及其支护结构进行加密监测；采取有效措施后，确认安全情况下继续施工。
　　　　　　　　　　　　　　　　　　　　　　　　　　　　　　　　（1分）

案例七【2014年一建真题】

某施工单位中标承建过街地下通道工程，周边地下管线较复杂。设计采用明挖顺作法施工。隧道基坑总长80m，宽12m，开挖深度10m，基坑围护结构采用SMW工法施工，基坑沿深度方向设有两道支撑，其中第一道支撑为钢筋混凝土支撑，第二道为$\phi 609 \times 16mm$钢管支撑（见图1），基坑场地地层自上而下依次为2m厚素填土、6m厚黏质粉土、10m厚砂质粉土，地下水埋深约1.5m，在基坑内布置了5口管井降水。

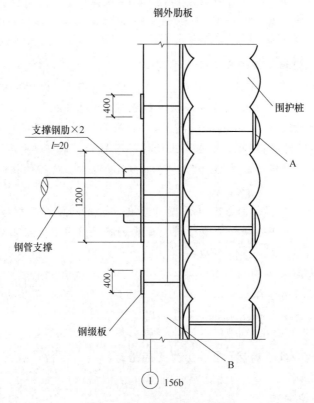

图1　第二道支撑节点平面

项目部选用坑内小挖机与坑外长臂挖机相结合的土方开挖方案，在挖土过程中发现围护结构两处出现渗漏现象，渗漏水为清水，项目部立即采取堵漏措施予以处理。堵漏处理造成直接经济损失 20 万元，工期拖延 10 天。项目部为此向业主提出索赔。

问题

1. 给出图 1 中 A、B 构（部）件名称，并分别简述其功用。 (6 分)
2. 根据两类支撑的特点分析围护结构设置不同类型支撑的理由。 (4 分)
3. 本项目基坑内管井属于什么类型，起什么作用？ (5 分)
4. 给出项目部堵漏措施的具体步骤。 (5 分)
5. 项目部提出的索赔是否成立？说明理由。 (5 分)
6. 列出基坑围护结构施工的大型工程机械设备。 (5 分)

【参考答案】

1. 给出图 1 中 A、B 构（部）件名称，并分别简述其功用。

（1）A 是 H 型钢。 (1 分)

功用：在水泥土搅拌桩中起到骨架作用，加强围护结构的强度、刚度、韧性，提高围护结构的抗剪能力。 (2 分)

（2）B 是围檩（腰梁、圈梁）。 (1 分)

功用：使围护结构均匀、整体受力，将挡墙的力传递给支撑，避免集中受力。 (2 分)

2. 根据两类支撑的特点分析围护结构设置不同类型支撑的理由。

（1）第一道支撑采用钢筋混凝土支撑，理由：钢筋混凝土支撑具有刚度大、变形小、可承受拉应力、整体性强，在地面施工方便的优点；本工程第一道支撑需要刚度大，稳定性好的支撑。 (2 分)

（2）第二道支撑采用钢管支撑，理由：钢管支撑具有施工速度快、装拆方便、可以周转使用、可施加预应力等优点；本工程第二道支撑需要安拆方便，施工速度快的支撑。

(2 分)

3. 本项目基坑内管井属于什么类型，起什么作用？

（1）本项目基坑内管井属于疏干井。 (2 分)

（2）作用：降低基坑内水位，便于土方开挖，保证基坑坑底稳定。 (3 分)

4. 给出项目部堵漏措施的具体步骤。

（1）因为渗漏水为清水，说明渗水不严重，可在缺陷处插入引流管引流；然后采用双快水泥封堵缺陷处，等封堵水泥形成一定强度后再关闭导流管。 (4 分)

（2）如果双快水泥封堵困难时，则应首先在坑内回填土封堵水流，然后在坑外打孔灌注聚氨酯或水泥-水玻璃双液浆等封堵渗漏处。 (1 分)

5. 项目部提出的索赔是否成立？说明理由。

（1）索赔不成立。 (1 分)

（2）理由：SMW 工法施工出现漏水现象，是施工质量问题，是施工单位自己应承担的责任，所以不能索赔。 (4 分)

6. 列出基坑围护结构施工的大型工程机械设备。

主要有三轴水泥土搅拌机、静力压桩设备（工字钢插入）、拔桩机（工字钢拔除）、混凝土泵车、起重机、挖掘机。 (写对 5 条以上得 5 分)

案例八【2013 年一建真题】

A 公司承建一座桥梁工程，将跨河桥的桥台土方开挖工程分包给 B 公司，桥台基坑底尺寸为 5m×8m，深 4.5m；施工期河道水位为 −4.0m，基坑顶远离河道一侧设置和施工便道（用于弃土和混凝土运输及浇筑）。基坑开挖侧面如图 1 所示。

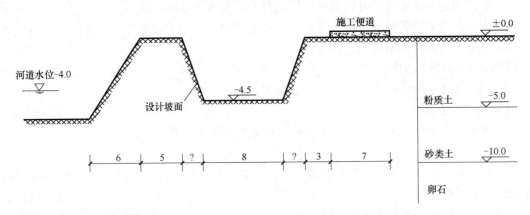

图 1　基坑开挖侧面（单位：m）

在施工前，B 公司按 A 公司项目部提供的施工组织设计编制了基坑开挖施工方案和施工安全技术措施。施工方案的基坑坑壁坡度按照图 1 提供的地质情况按表 1 确定。

表 1　基坑坑壁容许坡度表（规范规定）

坑壁土类	坑壁坡度（高∶宽）		
	基坑顶缘无荷载	基坑顶缘有静载	基坑顶缘有动载
粉质土	1∶0.67	1∶0.75	1∶1.0
黏质土	1∶0.33	1∶0.5	1∶0.75
砂类土	1∶1.0	1∶1.25	1∶1.5

在施工安全技术措施中，B 公司设立了安全监督员，明确了安全管理职责，要求在班前、班后对施工现场进行安全检查，施工时进行安全值日：对机械等危险源进行了评估，并制定了应急预案。

基坑开挖前，项目部对 B 公司作了书面的安全技术交底并双方签字。

问题：

1. B 公司上报 A 公司项目部后，施工安全技术措施处理的程序是什么？　（4 分）

2. 根据所给图表确定基坑的坡度，给出坡度形成的投影宽度。　（4 分）

3. 依据现场条件，宜采用何种降水方式？应如何布置？　（4 分）

4. 现场安全监督员的职责有哪些？除了机械伤害和高处坠落，本项目的风险源识别增加哪些内容？　（4 分）

5. 安全技术交底包括哪些内容？　（4 分）

【参考答案】

1. B 公司上报 A 公司项目部后，施工安全技术措施处理的程序是什么？

（1）项目部的安全技术负责人审批。　　　　　　　　　　　　　　　　　　（1分）

（2）报 A 公司的安全监督部门备案。　　　　　　　　　　　　　　　　　　（1分）

（3）报监理和建设单位审核。　　　　　　　　　　　　　　　　　　　　　（1分）

（4）返还分包方签收，并监督其对应急预案演练；在实施过程中应对 B 公司进行监督管理。　　　　　　　　　　　　　　　　　　　　　　　　　　　　　　　　　（1分）

【解析】

安全技术措施不同于施工组织设计，所以安全方面的程序也要考虑。

2. 根据所给图表确定基坑的坡度，给出坡度形成的投影宽度。

（1）远离河道一侧坑壁坡度应为 1:1.0；边坡投影宽度为 $4.5m \times 1.0 = 4.5m$。　　（2分）

（2）靠近河道一侧坑壁坡度应为 1:0.67；边坡投影宽度为 $4.5m \times 0.67 = 3.015m$。

　　　　　　　　　　　　　　　　　　　　　　　　　　　　　　　　　（2分）

【解析】

此问只要看懂表格，选出相应的坡度就很简单了。原题图上给的是粉质黏土，这就造成了很多歧义，现修改为粉质土。

3. 依据现场条件，宜采用何种降水方式？应如何布置？

（1）本工程宜采用轻型井点降水方式。　　　　　　　　　　　　　　　　　（1分）

（2）轻型井点布置成环形，出入道可不封闭，留在下游方向。　　　　　　　（3分）

【解析】

长宽比≤20 的基坑属于面状基坑，布置成环形。

4. 现场安全监督员的职责有哪些？除了机械伤害和高处坠落，本项目的风险源识别增加哪些内容？

（1）现场安全监督员的职责：

1）接受 A 公司安全监督；参与制定安全技术措施。　　　　　　　　　　　（1分）

2）现场安全施工日常性检查，以及专项方案实施过程中的监督检查；对违章作业及时制止；发现安全事故隐患及时报告；做好安全检查记录。　　　　　　　　　　　（1分）

（2）项目风险源识别应增加：①触电；②坍塌；③物体打击；④车辆伤害；⑤起重伤害；⑥淹溺；⑦其他伤害。　　　　　　　　　　　　　　　　（写对4条以上得2分）

5. 安全技术交底包括哪些内容？

（1）本施工项目的施工作业特点和危险点；针对危险点的具体预防措施；应注意的安全事项；相应的安全操作规程和标准；发生事故后应及时采取的避难和急救措施。　　（2分）

（2）机械安全操作要求；施工人员的防护设施；开挖边坡满足方案要求；边坡堆载的要求；施工监测的要求；降水井运行状态要求；安全防护设施。　　　　　　　　（2分）

【解析】

当不能确定考的是教材原文还是本工程实际时，那就两方面都写上。

案例九【2013 年一建真题】

某公司总承包了一条单跨城市隧道，隧道长度为 800m，跨度为 15m，地质条件复杂。设计采用浅埋暗挖法进行施工，其中支护结构由建设单位直接分包给一家专业施工单位。

施工准备阶段，某公司项目部建立了现场管理体系，设置了组织机构，确定了项目经理的岗位职责和工作程序；在暗挖加固支护材料的选用上，通过不同掺量的喷射混凝土试验来确定最佳掺量。

施工阶段，项目部根据工程的特点，对施工现场采取了职业病防止措施，安设了通风换气装置和照明设施。

工程竣工联合验收阶段，总承包单位与专业分包单位分别向城建档案馆提交了施工验收资料，专业分包单位的资料直接由专业监理工程师签字。

问题：

1. 根据背景介绍，该隧道可选择哪些浅埋暗挖方法？　　　　　　　　　　　　　（4 分）
2. 现场管理体系中还缺少哪些人员的岗位职责和工作程序？　　　　　　　　　（4 分）
3. 最佳掺量的试验要确定喷射混凝土哪两项指标？　　　　　　　　　　　　　（4 分）
4. 现场职业病防止措施还应增加哪些内容？　　　　　　　　　　　　　　　　（4 分）
5. 城建档案馆竣工验收是否会接收总包、分包分别递交的资料？总承包工程项目施工资料汇集、整理的原则是什么？　　　　　　　　　　　　　　　　　　　　　　（4 分）

【参考答案】

1. 根据背景介绍，该隧道可选择哪些浅埋暗挖方法？
   (1) 双侧壁导坑法。　　　　　　　　　　　　　　　　　　　　　　　　　　（1 分）
   (2) 中隔壁法（CD 法）。　　　　　　　　　　　　　　　　　　　　　　　（1 分）
   (3) 交叉中隔壁法（CRD 法）。　　　　　　　　　　　　　　　　　　　　　（2 分）

2. 现场管理体系中还缺少哪些人员的岗位职责和工作程序？
   (1) 项目技术负责人。　　　　　　　　　　　　　　　　　　　　　　　　　（1 分）
   (2) 施工管理负责人。　　　　　　　　　　　　　　　　　　　　　　　　　（1 分）
   (3) 各部门主要负责人（项目核算负责人、质量负责人、安全负责人、材料负责人、机械设备负责人）。　　　　　　　　　　　　　　　　　　　　　　　　　　　　（2 分）

【解析】

《房屋建筑和市政基础设施施工分包管理办法》第十一条规定，分包工程发包人应当设立项目管理机构，组织管理所承包工程的施工活动。

项目管理机构应当具有与承包工程的规模、技术复杂程度相适应的技术、经济管理人员。其中，项目负责人、技术负责人、项目核算负责人、质量管理人员、安全管理人员必须是本单位的人员。

3. 最佳掺量的试验要确定喷射混凝土哪两项指标？
   (1) 初凝时间（不应大于 5min）。　　　　　　　　　　　　　　　　　　　（2 分）
   (2) 终凝时间（不应大于 10min）。　　　　　　　　　　　　　　　　　　　（2 分）

4. 现场职业病防止措施还应增加哪些内容？
   (1) 设置除尘设备和消毒设施。
   (2) 设置防辐射和热危害的装置及隔热、防暑、降温设施。
   (3) 设置原材料和加工材料消毒设施。
   (4) 设置降噪、减振、气体检测设施。
   (5) 改善劳动条件，铺设各种垫板。
   (6) 本工程特有的其他设施。　　　　　　　　　　　　　　　　（写对 4 条以上得 4 分）

5. 城建档案馆竣工验收是否会接收总包、分包分别递交的资料？总承包工程项目施工资料汇集、整理的原则是什么？

（1）城建档案馆不会接收总包、分包分别提交的竣工验收资料。　　　（1分）

（2）总承包工程项目施工资料汇集、整理的原则：

1）资料应随施工进度及时整理，需建造师签章的，应严格按有关法规规定签字、盖章。　　　（1分）

2）由总承包单位负责汇集整理所有有关施工资料，分包单位应主动向总承包单位提交有关施工资料，需要监理工程师签字的由总包提请专业监理工程师签字。　　　（2分）

案例十【2021年二建真题】

某公司承建一项地铁车站土建工程，车站长236m，标准段宽19.6m，底板埋深16.2m。地下水位标高为12.5m。车站为地下二层三跨岛式结构，采用明挖法施工；围护结构为地下连续墙，内支撑第一道为钢筋混凝土支撑，其余为φ800mm钢管支撑；基坑内设管井降水。车站围护结构及支撑断面如图1所示。

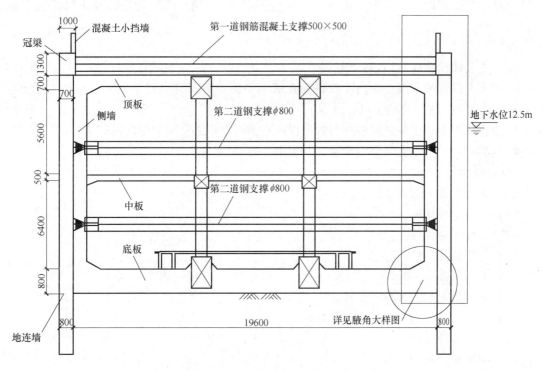

图1　车站围护结构及支撑断面（单位：mm）

项目部为加强施工过程变形监测，结合车站基坑风险等级编制了监测方案。其中应测项目包括地连墙顶面的水平位移和竖向位移。

项目部将整个车站划分为12仓施工，标准段每仓长度20m，每仓的混凝土浇筑施工顺序为：垫层→底板→负二层侧墙→中板→负一层侧墙→顶板。按照上述情况工序和规范要求设置了水平施工缝：其中底板与负二层侧墙的水平施工缝设置如图2所示。

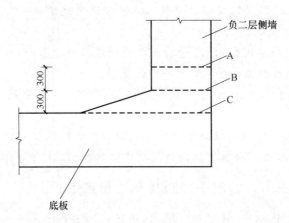

图2　腋角大样图及水平施工缝设置（单位：mm）

标准段某仓顶板施工时，日均气温23℃。为检验评定混凝土强度，控制模板拆除时间，项目部按相关要求留置了混凝土试件。顶板模板支撑体系采用盘扣式满堂支架。项目部编制了支架搭设专项方案。由于搭设高度不足8m，项目部认为该方案不必经过专家论证。

问题：

1. 补充其他监测应测项目。　（5分）

2. 图1右侧方框范围断面内应该设置几道水平施工缝？写出图2中底板与负二层侧墙水平施工缝正确位置对应的字母。　（5分）

3. 该仓顶板混凝土浇筑过程应留置几组混凝土试件？并写出对应的养护条件。　（5分）

4. 支架搭设方案是否需经专家论证？写出原因。　（5分）

【参考答案】

1. 补充其他监测应测项目。

（1）深层水平位移。

（2）立柱竖向位移。

（3）支撑轴力。

（4）地下水位。

（5）周边地表竖向位移、裂缝。

（6）周边建筑竖向位移、倾斜、裂缝。

（7）周边管线竖向位移。

（8）周边道路竖向位移。　（写对5条以上得5分）

2. 图1右侧方框范围断面内应该设置几道水平施工缝？写出图2中底板与负二层侧墙水平施工缝正确位置对应的字母。

（1）4道。　（3分）

（2）A。　（2分）

3. 该仓顶板混凝土浇筑过程应留置几组混凝土试件？并写出对应的养护条件。

（1）10组。　（2分）

（2）试块放置在靠近顶板混凝土的适当位置并采应采取相同的养护方法（同条件

养护）。　　　　　　　　　　　　　　　　　　　　　　　　　　　　（3分）

4. 支架搭设方案是否需经专家论证？写出原因。

（1）需要专家论证。　　　　　　　　　　　　　　　　　　　　　（1分）

（2）原因：标准仓每仓跨度为20m，根据相关规范要求，搭设跨度18m以上的模板支撑工程，需要进行专家论证。　　　　　　　　　　　　　　　　　　（4分）

案例十一【2018年二建真题】

某公司承包一座雨水泵站工程，泵站结构尺寸23.4m（长）×13.2m（宽）×9.7m（高），地下部分深度为5.5m，位于粉土、砂土层，地下水位为地面下3.0m。设计要求基坑采用明挖放坡，每层开挖深度不大于2.0m，坡面采用锚杆喷射混凝土支护，基坑周边设置轻型井点降水。

基坑临近城市次干路，围挡施工占用部分现况道路，项目部编制了交通导行图（见图1）。在路边按要求设置了A区、上游过渡区、B区、作业区、下游过渡区、C区6个区段，配备了交通导行标志、防护设施、夜间警示信号。

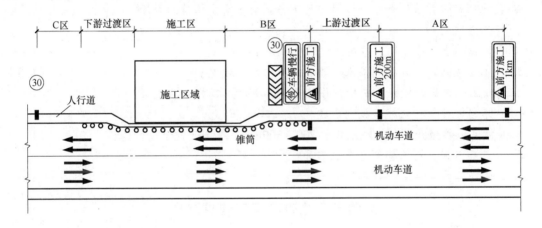

图1　交通导行图

基坑周边地下管线比较密集，项目部针对地下管线距基坑较近的现况制定了管理保护措施，设置了明显的标识。

（1）项目部的施工组织设计文件中包括质量、进度、安全、文明环保施工、成本控制等保证措施；基坑土方开挖等安全专项施工技术方案，经审批后开始施工。

（2）为了能在雨期前完成基坑施工，项目部拟采取以下措施：

1）采用机械分两层开挖。

2）开挖到基底标高后一次完成边坡支护。

3）机械直接开挖到基底标高夯实后，报请建设单位、监理单位进行地基验收。

问题：

1. 补充施工组织设计文件中缺少的保证措施。　　　　　　　　　　（4分）

2. 交通导行图中，A、B、C功能区的名称分别是什么？　　　　　（3分）

3. 项目部除了编制地下管线保护措施，在施工过程中还需具体做哪些工作？　（4分）

4. 指出项目部拟采取加快进度措施的不当之处，写出正确的做法。　　　　（6分）

5. 地基验收时，还需要哪些单位参加？　　　　　　　　　　　　　　　（2分）

【参考答案】

1. 补充施工组织设计文件中缺少的保证措施。

缺少季节性施工保证措施、交通导行措施、建（构）筑物及文物保护措施、应急措施。

　　　　　　　　　　　　　　　　　　　　　　　　　　　　　　（每个1分）

2. 交通导行图中，A、B、C 区段的名称分别是什么？

A 区为警告区；B 区为缓冲区；C 区为终止区。　　　　　　　　　（每个1分）

3. 项目部除了编制地下管线保护措施，在施工过程中还需具体做哪些工作？

（1）基坑开挖前挖探坑，探明管线走向高程，并标记在施工总平面图上。

（2）对可以改移的管线进行改移。

（3）对探明后不能拆改的管线进行支架、吊架、托架保护。

（4）施工过程中派专人对管线进行看护。

（5）开挖过程中对管线进行沉降变形监测。　　　　　　（写对4条以上得4分）

4. 指出项目部拟采取加快进度措施的不当之处，写出正确的做法。

（1）不当之处一：机械分两层开挖。　　　　　　　　　　　　　　　（1分）

正确做法：分三层开挖，每层开挖深度不大于 2.0m。　　　　　　　（1分）

（2）不当之处二：开挖到基底标高后一次完成边坡支护。　　　　　　（1分）

正确做法：分层开挖分次支护，每层开挖后及时施工支护。　　　　　（1分）

（3）不当之处三：机械开挖到基底。　　　　　　　　　　　　　　　（1分）

正确做法：机械开挖时，坑底预留 200～300mm，人工开挖至设计高程，整平。（1分）

5. 地基验收时，还需要哪些单位参加？

还需要勘察单位和设计单位参加。　　　　　　　　　　　　　　　（每个1分）

案例十二【2017 年二建真题】

某地铁盾构工作井，平面尺寸为 18.6m×18.8m，深 28m，位于砂性土、卵石地层，地下水埋深为地表以下 23m。施工影响范围内有现状给水、雨水、污水等多条市政管线。盾构工作井采用明挖法施工，围护结构为钻孔灌注桩加钢支撑，盾构工作井周边设降水管井。设计要求基坑土方开挖分层厚度不大于 1.5m，基坑周边 2～3m 范围内堆载不大于 30MPa，地下水位需在开挖前 1 个月降至基坑底以下 1m。

项目部编制的施工组织设计有如下事项：

（1）施工现场平面布置图如图 1 所示。布置内容有施工围挡范围 50m×22m，东侧围挡距居民楼 15m，西侧围挡与现状道路步道路缘平齐；搅拌设施及堆土场设置于基坑外缘 1m 处；布置了临时用电、临时用水等设施；场地进行硬化等。

（2）考虑盾构工作井基坑施工进入雨期，基坑围护结构上部设置挡水墙，防止水浸入基坑。

（3）基坑开挖监测项目有地表沉降、道路（管线）沉降、支撑轴力等。

（4）应急预案分析了基坑土方开挖过程中可能引起基坑坍塌的因素，包括钢支撑架设不及时、未及时喷射混凝土支护等。

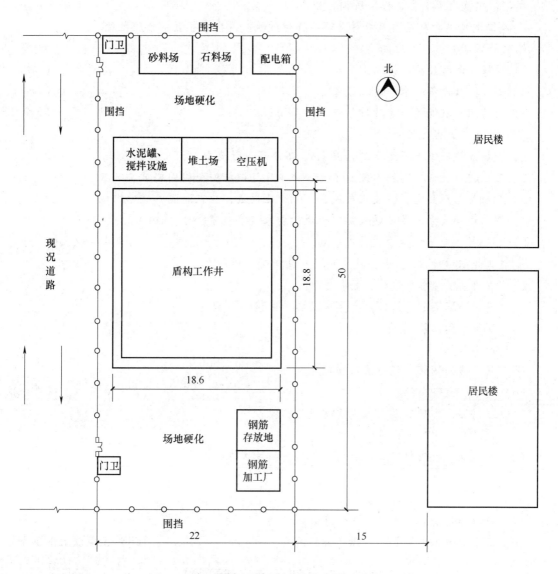

图 1　盾构工作井施工现场平面布置图（单位：m）

问题：

1. 基坑施工前有哪些危险性较大的分部分项工程的安全专项施工方案需要组织专家论证？ (5分)

2. 施工现场平面布置图还应补充哪些临时设施？请指出布置不合理之处。 (6分)

3. 施工组织设计（3）中基坑监测还应包括哪些项目？ (4分)

4. 基坑坍塌应急预案还应考虑哪些危险因素？ (5分)

【参考答案】

1. 基坑施工前有哪些危险性较大的分部分项工程的安全专项施工方案需要组织专家论证？

需要组织专家认证的有盾构工作井的基坑降水工程、基坑土方开挖工程、基坑支护工

135

程、龙门吊起重设备安装工程、盾构工程。 （每个1分）

2. 施工现场平面布置图还应补充哪些临时设施？请指出布置不合理之处。

（1）还应补充：

1）现场的消防设施、排水沟。 （1分）

2）垂直提升设备、水平运输设备。 （1分）

3）料具间、机修间、管片堆放场、防雨篷等。 （1分）

（2）布置不合理之处：

1）搅拌设施及堆土场距离工作井1m，不满足设计要求。

2）砂石料堆放紧挨围挡内侧，不符合施工现场围挡安全稳固要求。

3）钢筋加工厂和空压机设在居民区一侧，距离近，应采取隔声降噪措施。

4）施工现场尺寸不满足设置循环干道的要求（宽度不小于3.5m）。

5）砂石料场应与搅拌设施放在一起。 （写对4条以上得3分）

3. 施工组织设计（3）中基坑监测还应包括哪些项目？

（1）桩墙顶顶部水平位移、竖向位移。

（2）围护墙深层水平位移；土体深层水平位移。

（3）立柱竖向位移。

（4）地下水位。

（5）居民楼的倾斜、竖向位移和裂缝。

（6）周边管线竖向位移。 （写对4条以上得4分）

4. 基坑坍塌应急预案还应考虑哪些危险因素？

（1）每层开挖深度超出设计要求。

（2）基坑周边堆载超限或行驶的车辆距离基坑边缘过近。

（3）支撑中间立柱不稳。

（4）基坑周边长时间积水。

（5）基坑周边现况给水排水管线渗漏。

（6）降水措施不当引起基坑周边土粒流失。 （写对5条以上得5分）

案例十三【2016年二建真题】

某公司承建城市桥区泵站调蓄工程，其中调蓄池为地下式现浇钢筋混凝土结构，混凝土强度等级C35，池内平面尺寸为62.0m×17.3m，筏形基础。场地地下水类型为潜水，埋深6.6m。设计基坑长63.8m、宽19.1m、深12.6m，围护结构采用$\phi800$mm钻孔灌注桩排桩＋2道$\phi609$mm钢支撑，桩间挂网喷射C20混凝土，桩顶设置钢筋混凝土冠梁。基坑围护桩外侧采用厚度700mm止水帷幕，如图1所示。

施工过程中，基坑土方开挖至深度8m处，侧壁出现渗漏，并夹带泥沙；迫于工期压力，项目部继续开挖施工，同时安排专人巡视现场，加密地表沉降、桩身水平变形等项目的监测频率。

按照规定，项目部编制了模板支架及混凝土浇筑专项施工方案，拟在基坑单侧设置泵车浇筑调蓄池结构混凝土。

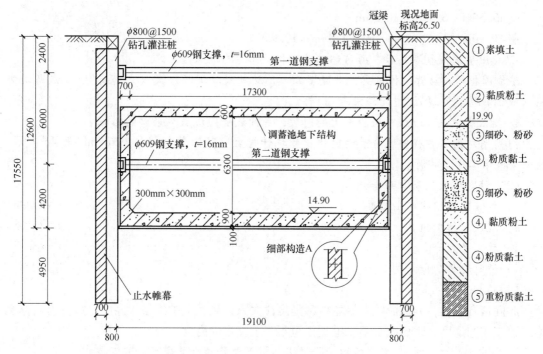

图 1 调蓄池结构与基坑围护断面图（单位：结构尺寸为 mm，高程为 m）

问题：

1. 列式计算池顶模板承受的结构自重分布荷载 q（kN/m^2）（混凝土重度，旧称容重 $\gamma = 25kN/m^3$）；根据计算结果，判断模板支架安全专项施工方案是否需要组织专家论证，说明理由。 (6分)

2. 计算止水帷幕在地下水中的高度。 (3分)

3. 指出基坑侧壁渗漏后，项目部继续开挖施工存在的风险。 (5分)

4. 指出基坑施工过程中风险最大的时段，并简述稳定坑底应采取的措施。 (6分)

5. 写出图 1 中细部构造 A 的名称，并说明其留置位置的有关规定和施工要求。 (5分)

6. 根据本工程特点，试述调蓄池混凝土浇筑工艺应满足的技术要求。 (5分)

【参考答案】

1. 列式计算池顶模板承受的结构自重分布荷载 q（kN/m^2）（混凝土重度，旧称容重 $\gamma = 25kN/m^3$）；根据计算结果，判断模板支架安全专项施工方案是否需要组织专家论证，说明理由。

（1）池顶板模板承受结构自重分布荷载为

$q =$ 板厚 × 混凝土重度（容重）$= 0.6m \times 25kN/m^3 = 15kN/m^2$ (2分)

（2）模板支架专项方案需要组织专家论证。 (1分)

理由：住房和城乡建设部令第 37 号和建办质〔2018〕31 号文件规定，施工总荷载为 $15kN/m^2$ 及以上的混凝土模板支撑工程所编制的安全专项施工方案需要组织专家论证。 (3分)

2. 计算止水帷幕在地下水中的高度。

高度为 $19.90m - (26.5 - 17.55)m = 10.95m$ (3分)

或 $17.55\mathrm{m}-6.60\mathrm{m}=10.95\mathrm{m}$

或 $19.90\mathrm{m}-14.90\mathrm{m}+1.0\mathrm{m}+4.95\mathrm{m}=10.95\mathrm{m}$

3. 指出基坑侧壁渗漏后，项目部继续开挖施工存在的风险。

造成围护结构后背土体流失，导致地面或周边构筑物沉降过大（或超标），造成基坑失稳（或围护结构倾覆），进而淹没或坍塌。　　　　　　　　　　　　　　　　　（5分）

4. 指出基坑施工过程中风险最大的时段，并简述稳定坑底应采取的措施。

（1）基坑施工过程中风险最大时段：基坑开挖至地下标高 18.1m（26.5m－8.4m）后，还未安装第二道支撑时。　　　　　　　　　　　　　　　　　　　　　　　　　（2分）

（2）稳定坑底应采取的措施：

1）加深围护结构入土深度。　　　　　　　　　　　　　　　　　　　　　（1分）

2）坑底土体加固。　　　　　　　　　　　　　　　　　　　　　　　　　（1分）

3）坑内井点降水。　　　　　　　　　　　　　　　　　　　　　　　　　（1分）

4）适时施作底板结构。　　　　　　　　　　　　　　　　　　　　　　　（1分）

【解析】

此问稍有争议，分析命题人的意思，是想让大家计算无支护的最大高度，第一道支撑至第二道支撑的高度，明显大于第二道支撑至第三道支撑的高度。

5. 写出图中细部构造 A 的名称，并说明其留置位置的有关规定和施工要求。

（1）A 的名称：带止水钢板（或止水带）的施工缝。　　　　　　　　　　（1分）

（2）相关规定：施工缝应位于腋角以上不少于 200mm。　　　　　　　　　（1分）

（3）施工要求：

1）止水钢板（止水带）安装应居中、垂直、平顺、稳定、牢固，接头搭接长度不小于20mm，且必须双面满焊。　　　　　　　　　　　　　　　　　　　　　　　　（2分）

2）施工缝部位凿毛、清理干净并保持湿润，浇筑前铺一层与待浇筑混凝土等级相同的水泥砂浆。　　　　　　　　　　　　　　　　　　　　　　　　　　　　　（1分）

6. 根据本工程特点，试述调蓄池混凝土浇筑工艺应满足的技术要求。

（1）混凝土分段分层浇筑，一次浇筑量应适应各施工环节的实际能力。

（2）同一个施工段混凝土连续浇筑，底层混凝土初凝前完成上层混凝土浇筑。

（3）混凝土运输、浇筑和间歇的全部时间不应超过混凝土的初凝时间。

（4）混凝土下料高度超过 2m 时需要设置串筒、溜槽。

（5）混凝土应振捣密实，既不漏振也不过振。

（6）浇筑过程中设专人维护支架。　　　　　　　　　　　（写对 5 条以上得 5 分）

案例十四【2013 年二建真题】

某公司承接了一项市政排水管道工程，采用明挖开槽施工。

项目部进场后立即编制施工组织设计，拟将表层杂填土放坡挖除后再打设钢板桩。设置两道水平钢支撑及型钢围檩，沟槽基坑支护剖面图如图 1 所示。沟槽拟采用机械开挖至设计标高，清槽后浇筑混凝土基础；混凝土直接从商品混凝土输送车上卸料到坑底。

在施工至下管工序时，发生了如下事件：起重机腿距沟槽边缘较近致使沟槽局部变形过大，导致起重机倾覆；正在吊装的混凝土管道掉入沟槽，导致一名施工人员重伤。施工负责

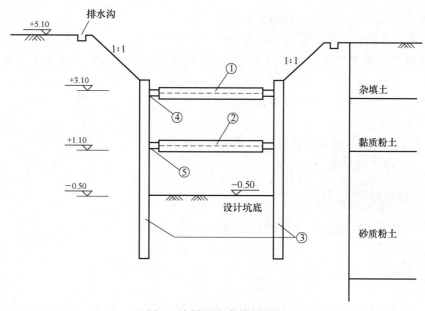

图1　沟槽基坑支护剖面图
①、②—钢支撑　③—钢板桩　④、⑤—围檩

人立即将伤员送到医院救治，同时将起重机拖离现场，用了两天时间对沟槽进行清理加固。在这些工作完成后，项目部把事故和处理情况汇报至上级主管部门。

问题：

1. 本沟槽开挖深度是多少？　　　　　　　　　　　　　　　　　　　　　　　　（3分）

2. 用图中序号①～⑤及"→"表示支护体系施工和拆除的先后顺序。　　　　　　（6分）

3. 指出施工组织设计中错误之处并给出正确做法。　　　　　　　　　　　　　　（8分）

4. 按安全事故类别分类，案例中的事故属哪类？该事故处理过程存在哪些不妥之处？

　　　　　　　　　　　　　　　　　　　　　　　　　　　　　　　　　　　　（3分）

【参考答案】

1. 本沟槽开挖深度是多少？

深度为 $5.1m + 0.5m = 5.6m$。　　　　　　　　　　　　　　　　　　　　　　（3分）

2. 用图中序号①～⑤及"→"表示支护体系施工和拆除的先后顺序。

（1）施工顺序：③→④→①→⑤→②。　　　　　　　　　　　　　　　　　　　（3分）

（2）拆除顺序：②→⑤→①→④→③。　　　　　　　　　　　　　　　　　　　（3分）

3. 指出施工组织设计中的错误之处并给出正确做法。

（1）错误之处一：采用机械开挖至设计标高。　　　　　　　　　　　　　　　　（1分）

正确做法：机械开挖接近槽底时，应预留 $200 \sim 300mm$，由人工开挖至设计高程。

　　　　　　　　　　　　　　　　　　　　　　　　　　　　　　　　　　　　（1分）

（2）错误之处二：清槽后浇筑混凝土基础。　　　　　　　　　　　　　　　　　（1分）

正确做法：清槽后，经检验合格后才能浇筑混凝土基础。　　　　　　　　　　　（1分）

（3）错误之处三：直接从混凝土输送车上卸料到坑底。　　　　　　　　　　　　（1分）

正确做法：采用串筒、溜槽输送混凝土。　　　　　　　　　　　　　　　　　　（1分）

（4）错误之处四：图中基坑顶部未设防护。　　　　　　　　　　　　　　（1分）

正确做法：基坑顶部需安装围栏和防淹墙。　　　　　　　　　　　　　（1分）

4. 按安全事故类别分类，案例中的事故属于哪类？该事故处理过程中存在哪些不妥之处？

（1）本案例中的事故属于一般事故。　　　　　　　　　　　　　　　　　（1分）

（2）不妥之处：

1）事故上报前将起重机拖离现场并对现场清理加固。　　　　　　　　　（1分）

2）两天后对事故上报。　　　　　　　　　　　　　　　　　　　　　　（1分）

二、单项选择题及答案

1.（2012年真题）城市轨道交通地面站台形式不包括（　　）。

A. 岛式站台　　　　　　　　　　　　　　B. 侧式站台

C. 岛、侧混合式站台　　　　　　　　　　D. 中心站台

【答案】　D

【解析】　城市轨道交通地面站台形式包括岛式站台、侧式站台、岛、侧混合式站台。

2.（2013年真题）场地地面空旷、地质条件较好、周围无需要保护的建（构）筑物时，应优先采用的基坑施工方法是（　　）。

A. 放坡开挖　　　　　　　　　　　　　　B. 钢板桩支护

C. 钻孔灌注桩支护　　　　　　　　　　　D. 地下连续墙支护

【答案】　A

【解析】　在场地土质较好、基坑周围具备放坡条件、不影响相邻建筑物的安全及正常使用的情况下，基坑宜采用全深度放坡或部分深度放坡。

3.（2015年真题）地铁工程施工常采用的方法中，自上而下的顶板、中隔板及水平支撑体系刚度大，可营造一个相对安全的作业环境的是（　　）。

A. 盖挖顺作法　　　　　　　　　　　　　B. 盖挖逆作法

C. 明挖法　　　　　　　　　　　　　　　D. 喷锚暗挖法

【答案】　B

【解析】　盖挖逆作法的工法特点是：快速覆盖、缩短中断交通的时间；自上而下的顶板、中隔板及水平支撑体系刚度大，可营造一个相对安全的作业环境；占地少、回填量小、可分层施工，也可分左右两幅施工，交通导改灵活；不受季节影响、无冬期施工要求，低噪声、扰民少；设备简单、不需大型设备，操作空间大、操作环境相对较好。

4.（2016年真题）下列隧道施工方法中，当隧道穿过河底时不影响施工的是（　　）。

A. 新奥法　　　　　　　　　　　　　　　B. 明挖法

C. 浅埋暗挖法　　　　　　　　　　　　　D. 盾构法

【答案】　D

【解析】　在松软含水地层、地面构筑物不允许拆迁，施工条件困难地段，采用盾构法施工隧道能显示其优越性：振动小、噪声低、施工速度快、安全可靠，对沿线居民生活、地下和地面构筑物及建筑物影响小等。采用盾构法施工，当隧道穿过河底或其他建筑物时，不影响施工。

5. (2014 年真题) 关于隧道浅埋暗挖法施工的说法，错误的是（　　　）。

A. 施工时不允许带水作业

B. 要求开挖面具有一定的自立性和稳定性

C. 常采用预制装配式衬砌

D. 与新奥法相比，初期支护允许变形量较小

【答案】　C

【解析】　盾构法中，隧道砌筑常采用预制装配式衬砌。

6. (2012 年真题) 在松软含水地层，施工条件困难的地段修建隧道，且地面构筑物不允许拆迁，宜先考虑（　　　）。

A. 明挖法　　　　　　　　　　　B. 盾构法

C. 浅埋暗挖法　　　　　　　　　D. 新奥法

【答案】　B

【解析】　在松软含水地层、地面构筑物不允许拆除，施工条件困难地段，采用盾构法施工隧道能显示其优越性。

7. (2013 年真题) 城市轨道交通地面正线宜采用（　　　）。

A. 长枕式整体道床　　　　　　　B. 短枕式整体道床

C. 木枕碎石道床　　　　　　　　D. 混凝土枕碎石道床

【答案】　D

【解析】　地面正线宜采用混凝土枕碎石道床，基底坚实、稳定，排水良好的地面车站地段可采用整体道床。

8. (2018 年真题) 两条单线区间地铁隧道之间应设置横向联络通道，其作用不包括（　　　）。

A. 隧道排水　　　　　　　　　　B. 隧道防火消防

C. 安全疏散乘客　　　　　　　　D. 机车转向掉头

【答案】　D

【解析】　联络通道是设置在两条地铁隧道之间的一条横向通道，起到安全疏散乘客、隧道排水及防火、消防等作用。

9. (2013 年真题) 强度大、变位小，同时可兼作主体结构的一部分的深基坑围护结构是（　　　）。

A. 灌注桩　　　　　　　　　　　B. 地下连续墙

C. 墙板式桩　　　　　　　　　　D. 自立式水泥土挡墙

【答案】　B

【解析】　地下连续墙的特点：①刚度大，开挖深度大，可适用于所有地层；②强度大，变位小，隔水性好，同时可兼作主体结构的一部分；③可临近建、构筑物使用，环境影响小；④造价高。

10. (2011 年真题) 降水工程说法正确的是（　　　）。

A. 降水施工有利于增强土体强度

B. 开挖深度浅时，不可以进行集水明排

C. 从环境安全考虑，要回灌

D. 在软土地区基坑开挖深度超过 5m，一般就要用井点降水

【答案】 C

【解析】 基坑降水方法的基本要求是：

1）当地下水位高于基坑开挖面时，需要采用降低地下水的方法疏干坑内土层中的水。疏干水有增加坑内土体强度的作用，有利于控制基坑围护结构的变形。在软土地区基坑开挖深度超过 3m 时，一般就要用井点降水。开挖深度浅时，也可边开挖边用排水沟和集水井进行集水明排。

2）当基坑底为隔水层且层底作用有承压水时，应进行坑底突涌验算，必要时可采取水平封底隔渗或钻孔减压措施，保证坑底土层稳定。当坑底含承压水层土部土体压重不足以抵抗承压水水头时，应布置降压井降低承压水水头压力，防止承压水突涌，确保基坑开挖的施工安全。

3）当因降水而危及基坑和周边环境安全时，宜采用截水或回灌方法。

11. 下列不属于基坑开挖确定开挖方案依据的是（   ）。

A. 支护结构设计   B. 降水要求

C. 排水要求   D. 工地现有的排水设施

【答案】 D

【解析】 基坑开挖应根据支护结构设计、降排水要求确定开挖方案。

12. 小导管注浆施工应根据土质条件选择注浆法，在淤泥质软土层中宜采用（   ）。

A. 渗入注浆法   B. 劈裂注浆法

C. 电动硅化注浆法   D. 高压喷射注浆法

【答案】 D

【解析】 小导管注浆施工应根据土质条件选择注浆法：在砂卵石地层中宜采用渗入注浆法；在砂层中宜采用劈裂注浆法；在黏土层中宜采用劈裂或电动硅化注浆法；在淤泥质软土层中宜采用高压喷射注浆法。

13. （2010 年真题）下列基坑围护结构中，主要结构材料可以回收反复使用的是（   ）。

A. 地下连续墙   B. 灌注桩

C. 水泥挡土墙   D. 组合式 SMW 桩

【答案】 D

【解析】 SMW 工法桩围护结构的特点主要表现在止水性好，构造简单，型钢插入深度一般小于搅拌桩深度，施工速度快，型钢可以回收、重复利用。

14. （2016 年真题）SMW 工法桩（型钢水泥土搅拌桩）复合围护结构多用于（   ）地层。

A. 软土   B. 软岩

C. 砂卵石   D. 冻土

【答案】 A

【解析】 SMW 工法桩多用于软土地基，在沿海软土地区有较多应用。

15. （2015 年真题）地下连续墙的施工工艺不包括（   ）。

A. 导墙墙工   B. 槽底消淤

C. 吊放钢筋笼　　　　　　　　　　　D. 拔出型钢

【答案】　D

16. （2015 年真题）沿海软土地区深度小于 7m 的二、三级基坑，不设内支撑时，常用的支护结构是（　　）。

A. 拉锚式支护　　　　　　　　　　　B. 钢板桩支护

C. 重力式水泥土墙　　　　　　　　　D. 地下连续墙

【答案】　C

【解析】　选项 B、D 都属于内支撑，选项 A 虽无内支撑，但锚杆不宜用在软土层。

17. （2016 年真题）基坑边坡坡度是直接影响基坑稳定的重要因素，当基坑边坡土体中的剪应力大于土体的（　　）强度时，边坡就会失稳坍塌。

A. 抗扭　　　　　　　　　　　　　　B. 抗拉

C. 抗压　　　　　　　　　　　　　　D. 抗剪

【答案】　D

【解析】　土体的强度主要是指抗剪强度。

18. （2012 年真题）当基坑开挖较浅且未设支撑时，围护墙体水平变形表现为（　　）。

A. 墙顶位移最大，向基坑方向水平位移

B. 墙顶位移最大，背离基坑方向水平位移

C. 墙底位移最大，向基坑方向水平位移

D. 墙底位移最大，背离基坑方向水平位移

【答案】　A

【解析】　当基坑开挖较浅且未设支撑时，无论对刚性墙体还是柔性墙体，均表现为墙顶位移最大，向基坑方向水平位移，呈三角形分布。

19. （2014 年真题）设有支护的基坑土方开挖过程中，能够反映坑底土体隆起的监测项目是（　　）。

A. 立柱变形　　　　　　　　　　　　B. 冠梁变形

C. 地表沉降　　　　　　　　　　　　D. 支撑梁变形

【答案】　A

【解析】　由于坑底隆起，进一步造成支撑向上弯曲，可能引起支撑体系失稳，直接监测坑底土体隆起较为困难，一般通过监测立柱变形来反映基坑底土体隆起情况。

20. （2014 年真题）水泥土搅拌法地基加固适用于（　　）。

A. 障碍物较多的杂填土　　　　　　　B. 欠固结的淤泥质土

C. 可塑的黏性土　　　　　　　　　　D. 密实的砂类土

【答案】　C

【解析】　水泥土搅拌适用于加固淤泥、淤泥质土、素填土、黏性土（软塑和可塑）、粉土（稍密、中密）、粉细砂（稍密、中密）、中粗砂（松散、稍密）、饱和黄土等土层，不适用于含有大孤石或障碍物较多且不易清除的杂填土、欠固结的淤泥和淤泥质土、硬塑及坚硬的黏性土、密实的砂类土，以及地下水影响成桩质量的土层。

21. （2017 年真题）主要材料可反复使用，止水性好的基坑围护结构是（　　）。

A. 钢管桩　　　　　　　　　　　　　B. 灌注桩

C. SMW 工法桩
D. 型钢桩

【答案】 C

【解析】 本题主要考核的是基坑围护结构的特点。

22.（2018 年真题）疏干地下水有增加坑内土体强度的作用，有利于控制基坑围护的（　　）。

A. 沉降
B. 绕流

C. 变形
D. 渗漏

【答案】 C

【解析】 疏干地下水有增加坑内土体强度的作用，有利于控制基坑围护结构的变形。

23.（2019 年真题）适用于中砂以上的砂性土和有裂隙的岩石土层的注浆方法是（　　）。

A. 劈裂注浆
B. 渗透注浆

C. 压密注浆
D. 电动化学注浆

【答案】 B

24.（2020 年真题）地铁基坑采用的围护结构形式很多。其中强度大，开挖深度大，同时可兼作主体结构一部分的围护结构是（　　）。

A. 重力式水泥土挡墙
B. 地下连续墙

C. 预制混凝土板桩
D. SMW 工法桩

【答案】 B

25.（2021 年真题）在软土基坑地基加固方式中，基坑面积较大时宜采用（　　）。

A. 墩式加固
B. 裙边加固

C. 抽条加固
D. 格栅式加固

【答案】 B

【解析】 采用墩式加固时，土体加固一般多布置在基坑周边阳角位置或跨中区域；长条形基坑可考虑采用抽条加固；基坑面积较大时，宜采用裙边加固；地铁车站的端头井一般采用格栅式加固；环境保护要求高，或为了封闭地下水时，可采用满堂加固。

26.（2015 年真题）下列盾构类型中，属于密闭式盾构的是（　　）。

A. 泥土加压式盾构
B. 手掘式盾构

C. 半机械挖掘式盾构
D. 机械挖掘式盾构

【答案】 A

27.（2017 年真题）下列盾构掘进的地层中，需要采取措施控制后续沉降的是（　　）。

A. 岩层
B. 卵石

C. 软弱黏性土
D. 砂土

【答案】 C

28.（2020 年真题）盾构接收施工，工序可分为①洞门凿出；②到达段掘进；③接收基座安装与固定；④洞门密封安装；⑤盾构接收。施工程序正确的是（　　）。

A. ①→③→④→②→⑤
B. ①→②→③→④→⑤

C. ①→④→②→③→⑤
D. ①→②→④→③→⑤

【答案】 A

29.（2021 年真题）盾构壁后注浆分为（　　）、二次注浆和堵水注浆。

A. 喷粉注浆　　　　　　　　　　B. 深孔注浆

C. 同步注浆　　　　　　　　　　D. 渗透注浆

【答案】　C

30.（2021 年真题）下列盾构施工监测项目中，属于必测的项目是（　　）。

A. 土体深层水平位移　　　　　　B. 衬砌环内力

C. 地层与管片的接触应力　　　　D. 隧道结构变形

【答案】　D

【解析】　盾构施工监测项目见下表。

盾构施工监测项目（表 1K413035）

类　别	监 测 项 目
必测项目	施工区域地表隆沉、沿线建（构）筑物和地下管线变形
	隧道结构变形
选测项目	岩土体深层水平位移和分层竖向位移
	衬砌环内力
	地层与管片的接触应力

31.（2014 年真题）关于隧道全断面暗挖法施工的说法，错误的是（　　）。

A. 可减少开挖对围岩的扰动次数

B. 围岩必须有足够的自稳能力

C. 自上而下一次开挖成型并及时进行初期支护

D. 适用于地表沉降难于控制的隧道施工

【答案】　D

【解析】　全断面开挖法的优点是可以减少开挖对围岩的扰动次数，有利于围岩天然承载拱的形成，工序简便，缺点是对地质条件要求严格，围岩必须有足够的自稳能力。故 D 说法错误。

32. 喷射混凝土应采用早强混凝土，要求初凝时间不得大于（　　）min，终凝时间不得大于（　　）min。

A. 5；10　　　　　　　　　　　　B. 5；8

C. 3；10　　　　　　　　　　　　D. 3；8

【答案】　A

【解析】　喷射混凝土应采用早强混凝土，其强度必须符合设计要求。严禁选用碱活性集料。可根据工程需要掺加外加剂，速凝剂应根据水泥品种、水灰比等，通过不同掺量的混凝土试验选择最佳掺量；使用前应做凝结时间试验，要求初凝时间不应大于 5min，终凝时间不应大于 10min。

33. 冻结法的主要缺点是（　　）。

A. 成本高　　　　　　　　　　　B. 污染大

C. 地下水封闭效果不好　　　　　D. 地层整体固结性差

【答案】　A

【解析】　冻结法的主要缺点是成本较高，有一定的技术难度。

34. 超前小导管注浆施工应根据土质条件选择注浆法，以下关于选择注浆法说法正确的是（　　）。

A. 在砂卵石地层中宜采用高压喷射注浆法

B. 在黏土层中宜采用劈裂或电动硅化注浆法

C. 在砂层中宜采用渗入注浆法

D. 在淤泥质软土层中宜采用劈裂注浆法

【答案】　B

【解析】　在砂卵石地层中宜采用渗入注浆法，A 选项错误；在砂层中宜采用劈裂注浆法，C 选项错误；在淤泥质软土层中宜采用高压喷射注浆法，D 选项错误。

小导管注浆和基坑注浆加固稍有一些区别，注意区分。

35. （2010 年真题）采用喷锚暗挖法施工多层多跨结构隧道时，宜采用的施工方法为（　　）。

A. 全断面法　　　　　　　　　　B. 正台阶法

C. 单侧壁导坑法　　　　　　　　D. 柱洞法

【答案】　D

【解析】　当地层条件差、断面特大时，一般设计成多跨结构，跨与跨之间由梁、柱连接，一般采用中洞法、侧洞法、柱洞法及洞桩法等施工，其核心思想就是变大断面为中小断面，提高施工安全度。其中，柱洞法施工适合多层多跨结构的地段。

36. （2013 年真题）下列喷锚暗挖开挖方式中，防水效果较差的是（　　）。

A. 全断面法　　　　　　　　　　B. 环形开挖预留核心土法

C. 交叉中隔壁（CRD）法　　　　D. 双侧壁导坑法

【答案】　D

37. （2011 年真题）暗挖施工中防水效果差的工法是（　　）。

A. 全断面　　　　　　　　　　　B. 中隔壁法

C. 侧洞法　　　　　　　　　　　D. 单侧壁导坑法

【答案】　C

【解析】　喷锚暗挖法掘进中，中洞法、侧洞法、柱洞法、双侧壁导坑法都属于结构防水效果差的方法。

38. （2012 年真题）喷射混凝土应采用（　　）混凝土，严禁选用碱活性集料。

A. 早强　　　　　　　　　　　　B. 高强

C. 低温　　　　　　　　　　　　D. 负温

【答案】　A

39. （2015 年真题）喷射混凝土必须采用的外加剂是（　　）。

A. 减水剂　　　　　　　　　　　B. 速凝剂

C. 引气剂　　　　　　　　　　　D. 缓凝剂

【答案】　B

【解析】　本题考核的是暗挖隧道内加固支护技术。喷射混凝土应采用早强混凝土，其强度必须符合设计要求。严禁选用碱活性集料。可根据工程需要掺入外加剂，速凝剂应根据水泥品种、水胶比等，通过不同掺量的混凝土试验选择最佳掺量。使用前应做凝结时间试验，要求初凝时间不应大于5min，终凝时间不应大于10min。

40.（2013年真题）用于基坑边坡支护的喷射混凝土的主要外加剂是（　　）。

A. 膨胀剂
B. 引气剂
C. 防水剂
D. 速凝剂

【答案】　D

41.（2015年真题）关于喷锚暗挖法二衬混凝土施工的说法，错误的是（　　）。

A. 可采用补偿收缩混凝土
B. 可采用组合钢模板和钢模板台车两种模板体系
C. 采用泵送入模浇筑
D. 混凝土应两侧对称，水平浇筑，可设置水平和倾斜接缝

【答案】　D

【解析】　本题考核的是复合式衬砌防水层施工。混凝土浇筑应连续进行，两侧对称，水平浇筑，不得出现水平和倾斜接缝。

42.（2019年真题）沿隧道轮廓采取自上而下一次开挖成型，按施工方案一次进尺并及时进行初期支护的方法称为（　　）。

A. 正台阶法
B. 中洞法
C. 全断面法
D. 环形开挖预留核心土法

【答案】　C

【解析】　全断面开挖法采取自上而下一次开挖成型，沿着轮廓开挖，按施工方案一次进尺并及时进行初期支护。

三、多项选择题及答案

1.（2019年真题）盾构法施工隧道的优点有（　　）。

A. 不影响地面交通
B. 对附近居民干扰少
C. 适宜于建造覆土较深的隧道
D. 不受风雨气候影响
E. 对结构断面尺寸多变的区段适应能力较好

【答案】　ABCD

【解析】　E选项：盾构法对结构断面尺寸多变的区段适应能力较差。

2.（2020年真题）地铁车站通常由车站主体及（　　）组成。

A. 出入口及通道
B. 通风口
C. 风亭
D. 冷却塔
E. 轨道及道床

【答案】　ABCD

【解析】　地铁车站通常由车站主体（站台、站厅、设备用房、生活用房）、出入口及通道、附属建筑物（通风道、风亭、冷却塔等）三大部分组成。

3.（2016年真题）明挖基坑轻型井点降水的布置应根据基坑的（　　）来确定。

A. 工程性质
B. 地质和水文条件
C. 土方设备施工效率
D. 降水深度

E. 平面形状大小

【答案】 ABDE

【解析】 轻型井点布置应根据基坑平面形状与大小、地质和水文情况、工程性质、降水深度等而定。

4. 常用的注浆方法有（　　）。

A. 渗透注浆 B. 劈裂注浆

C. 压密注浆 D. 电动化学注浆

E. 漫灌注浆

【答案】 ABCD

【解析】 常用的注浆方法有渗透注浆、劈裂注浆、压密注浆、电动化学注浆。

5. （2013 年真题）引起长条形基坑纵向土体滑坡事故的原因主要有（　　）。

A. 坡度过陡 B. 雨期施工

C. 边坡加固 D. 排水不畅

E. 坡脚扰动

【答案】 ABDE

【解析】 沿海等地软土地区曾多次发生放坡开挖的工程事故，原因大都是由坡度过陡、雨期施工、排水不畅、坡脚扰动等引起的。

6. （2014 年真题）基坑内地基加固的主要目的有（　　）。

A. 减少围护结构位移 B. 提高坑内土体强度

C. 提高土体的侧向抗力 D. 防止坑底土体隆起

E. 减少围护结构的主动土压力

【答案】 ABCD

【解析】 基坑地基按加固部位不同，分为基坑内加固和基坑外加固两种。基坑外加固的目的主要是止水，有时也可减少围护结构承受的主动土压力。基坑内加固的目的主要有：提高土体的强度和土体的侧向抗力，减少围护结构位移，保护基坑周边建筑物及地下管线，防止坑底土体隆起破坏，防止坑底土体渗流破坏，弥补围护墙体插入深度不足等。

7. （2016 年真题）基坑内地基加固的主要目的有（　　）。

A. 提高结构的防水性能 B. 减少围护结构位移

C. 提高土体的强度和侧向抗力 D. 防止坑底土体隆起破坏

E. 弥补围护墙体插入深度不足

【答案】 BCDE

【解析】 见第 6 题。

8. （2015 年真题）基坑内被动区加固平面布置常用的形式有（　　）。

A. 墩式加固 B. 岛式加固

C. 裙边加固 D. 抽条加固

E. 满堂加固

【答案】 ACDE

【解析】 被动区加固形式主要有墩式加固、裙边加固、抽条加固、格栅式加固和满堂加固。

9. （2014 年真题）高压喷射注浆施工工艺有（　　）。

A. 单管法　　　　　　　　　　　　　B. 双管法

C. 三管法　　　　　　　　　　　　　D. 四管法

E. 五管法

【答案】　ABC

【解析】　高压喷射有旋喷（固结体为圆柱形）、定喷（固结体为壁状）和摆喷（固结体为扇状）等三种基本形状，它们均可用下列方法实现：

1）单管法：喷射高压水泥浆液一种介质。

2）双管法：喷射高压水泥浆液和压缩空气两种介质。

3）三管法：喷射高压水流、压缩空气及水泥浆液等三种介质。

10. （2017 年真题）当基坑底有承压水时，应进行坑底突涌验算，必要时可采取（　　）保证坑底土层稳定。

A. 截水　　　　　　　　　　　　　　B. 水平封底隔渗

C. 设置集水井　　　　　　　　　　　D. 钻孔减压

E. 回灌

【答案】　BD

11. （2017 年真题）关于地下连续墙的导墙作用的说法，正确的有（　　）。

A. 控制挖槽精度　　　　　　　　　　B. 承受水土压力

C. 承受施工机具设备的荷载　　　　　D. 提高墙体的刚度

E. 保证墙壁的稳定

【答案】　ABC

【解析】　地下连续墙的导墙是控制挖槽精度的主要构筑物，导墙结构应建于坚实的地基之上，并能承受水土压力和施工机械设备等附加荷载，不得移位和变形。

12. （2018 年真题）基坑内支撑体系的布置与施工要点，正确的有（　　）。

A. 宜采用对称平衡性、整体性强的结构形式

B. 应有利于基坑土方开挖和运输

C. 应与主体结构的结构形式、施工顺序相协调

D. 必须坚持先开挖后支撑的原则

E. 围檩与围护结构之间应预留变形用的缝隙

【答案】　ABC

【解析】　D 选项应为必须坚持先支撑后开挖的原则。E 选项应为围檩与围护结构之间紧密接触，不得留有缝隙。

13. （2021 年真题）关于深基坑内支撑体系施工的说法，正确的有（　　）。

A. 内支撑体系的施工，必须坚持先开挖后支撑的原则

B. 围檩与围护结构之间的间隙，可以用 C30 细石混凝土填充密实

C. 钢支撑预加轴力出现损失时，应再次施加到设计值

D. 结构施工时，钢筋可临时存放于钢支撑上

E. 支撑拆除应在替换支撑的结构构件达到换撑要求的承载力后进行

【答案】　BCE

【解析】　内支撑结构的施工与拆除顺序应与设计工况一致，必须坚持先支撑后开挖的

原则，故 A 选项错误。支撑结构上不应堆放材料和运行施工机械，当需要利用支撑结构兼做施工平台或栈桥时，应进行专门设计，故 D 选项错误。

14.（2016 年真题）敞开式盾构按开挖方式可分为（　　）。

A. 手掘式　　　　　　　　　　　　B. 半机械挖掘式

C. 土压式　　　　　　　　　　　　D. 机械挖掘式

E. 泥水式

【答案】　ABD

【解析】　按开挖面是否封闭划分，盾构可分为密闭式和敞开式两类。土压式和泥水式属于密闭式盾构，故 C、E 选项错误。

15.（2010 年真题）关于盾构法隧道现场设施布置的说法，正确的有（　　）。

A. 盾构基座必须采用钢筋混凝土结构

B. 采用泥水机械出土时，地面应设置水泵房

C. 采用气压法施工时，地面应设置空压机房

D. 采用泥水式盾构时，必须设置泥浆处理系统及中央控制室

E. 采用土压式盾构时，应设置地面出土和堆土设施

【答案】　BCDE

【解析】　盾构施工的现场平面布置包括盾构工作竖井、竖井防雨篷及防淹墙、垂直运输设备、管片堆场、管片防水处理厂、拌浆站、料具间及机修间、两回路的变配电间等设施，以及进出通道等。盾构施工现场设置：

1）工作井施工需要采取降水措施时，应设相当规模的降水系统（水泵房）。

2）采用气压法盾构施工时，施工现场应设置空压机房，以供给足够的压缩空气。

3）采用泥水平衡盾构施工时，施工现场应设置泥浆处理系统（中央控制室）、泥浆池。

4）采用土压平衡盾构施工时，应设置地面出土和堆土、电动机车电瓶充电间等设施。

16.（2012 年真题）盾构法隧道始发洞口土体常用的加固方法有（　　）。

A. 注浆法　　　　　　　　　　　　B. 冻结法

C. SMW 法　　　　　　　　　　　D. 地下连续墙法

E. 高压喷射搅拌法

【答案】　ABE

【解析】　盾构法隧道始发洞口土体常用加固方法主要有注浆法、高压喷射搅拌法和冻结法。

17.（2013 年真题）确定盾构始发长度的因素有（　　）。

A. 衬砌与周围地层的摩擦阻力　　　B. 盾构长度

C. 始发加固的长度　　　　　　　　D. 后续台车长度

E. 临时支撑和反力架长度

【答案】　AD

【解析】　决定始发段长度有两个因素：一是衬砌与周围地层的摩擦阻力，二是后续台车长度。

18.（2018 年海南省真题）盾构法施工时，要控制好盾构机姿态，出现偏差时，应本着（　　）的原则操作。

A. 快纠　　　　　　　　　　　B. 勤纠

C. 少纠　　　　　　　　　　　D. 慢纠

E. 适度

【答案】　BCE

【解析】　减小盾构穿越过程中围岩变形的措施：控制好盾构姿态，避免不必要的纠偏作业。出现偏差时，应本着"勤纠、少纠、适度"的原则操作。

19.（2012 年真题）浅埋暗挖法中施工工期较长的方法有（　　）。

A. 全断面法　　　　　　　　　B. 正台阶法

C. 双侧壁导坑法　　　　　　　D. 中洞法

E. 柱洞法

【答案】　CDE

【解析】　本题考核的是喷锚暗挖法施工技术要求。采用浅埋暗挖法施工时，常见的典型施工方法是正台阶法，以及适用于特殊地层条件的其他施工方法。相对来说，施工工期较长的方法有双侧壁导坑法、交叉中隔壁法（CRD 工法）、中洞法、侧洞法、柱洞法。正台阶法工期短，全断面法工期最短。

20. 常规冻结法适用的边界条件是（　　）。

A. 土体含水量大于 10%　　　　B. 土体含水量大于 2.5%

C. 地下水流速为 7～9m/d　　　D. 地下水含盐量不大于 3%

E. 地下水流速不大于 40m/d

【答案】　BDE

【解析】　通常，当土体含水量大于 2.5%、地下水含盐量不大于 3%、地下水流速不大于 40m/d 时，均可使用常规冻结法。当土层含水量大于 10%、地下水流速为 7～9m/d 时，冻土扩展速度和冻结体形成的效果最佳。注意，问的是边界条件。

21.（2015 年真题）按照《地铁设计规范》GB 50157—2013，地下铁道隧道工程防水设计应遵循的原则有（　　）。

A. 以截为主　　　　　　　　　B. 刚柔结合

C. 多道防线　　　　　　　　　D. 因地制宜

E. 综合治理

【答案】　BCDE

【解析】　本题考核的是地下工程防水设计与施工的原则。有两个相类似的原则，一个是《地下工程防水技术规范》GB 50108—2008 的规定：地下工程防水的设计和施工应遵循"防、排、截、堵相结合，刚柔相济，因地制宜，综合治理"的原则。另一个是《地铁设计规范》GB 50157—2003 的规定："以防为主，刚柔结合，多道防线，因地制宜，综合治理"的原则。此题考的是后一个。

22.（2011 年真题）管棚施工描述正确的是（　　）。

A. 管棚打入地层后，应及时隔跳孔向钢管内及周围压注水泥砂浆

B. 必要时在管棚中间设置小导管

C. 管棚打设方向与隧道纵向平行

D. 管棚可应用于强膨胀的地层

E. 管棚末端应支架在坚硬地层上

【答案】　ABD

【解析】

C 选项应为管棚打设方向与隧道有不大于 3°的外插角；E 选项应为管棚末端应支架在钢拱架上。

23.（2018 年海南省真题）地下工程防水设计和施工应遵循（　　）相结合的原则。

A. 防   B. 排

C. 降   D. 截

E. 堵

【答案】　ABDE

【解析】　地下工程防水的设计和施工应遵循"防、排、截、堵相结合，刚柔相济，因地制宜，综合治理"的原则。

四、2022 考点预测

1. 计算降水深度、结构混凝土方量。

2. 开挖安全措施、支护形式选择、降水方法选择。

3. 基坑应急处理坍塌、漏水应急处理。

第四章 城市给水排水工程

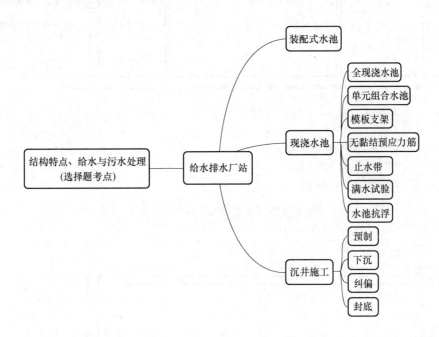

一、案例及参考答案

案例一 【2020 年一建真题】

A 公司承建某地下水池工程，为现浇钢筋混凝土结构。混凝土设计强度为 C35，抗渗等级为 P8。水池结构内设有三道钢筋混凝土隔墙，顶板上设置有通气孔及人孔，水池剖面图如图 1 和图 2 所示。

A 公司项目部将场区内降水工程分包给 B 公司。结构施工正值雨期，为满足施工开挖及结构抗浮要求，B 公司编制了降排水方案，经项目部技术负责人审批后报送监理单位。

水池顶板混凝土采用支架整体现浇，项目部编制了顶板支架支拆施工方案，明确了拆除支架时混凝土强度、拆除安全措施，如设置上下爬梯、洞口防护等。

项目部计划在顶板模板拆除后，进行底板防水施工，然后进行满水试验，被监理工程师制止。

项目部编制了水池满水试验方案，方案中对试验流程、试验前准备工作、注水过程、水位观测、质量、安全等内容进行了详细的描述，经审批后进行了满水试验。

问题：

1. B 公司方案报送审批流程是否正确？说明理由。 （5 分）

2. 请说明 B 公司降水注意事项、降水结束时间。 （5 分）

3. 项目部拆除顶板支架时混凝土强度应满足什么要求？请说明理由。请列举拆除支架

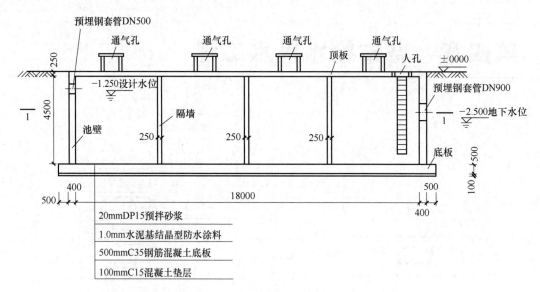

图1　水池剖面图（标高单位：m；尺寸单位：mm）

预埋钢套管DN500
通气孔　通气孔　通气孔　通气孔　顶板　人孔　±0000
250
−1.250设计水位
4500
隔墙
池壁
250　250　250
预埋钢套管DN900
−2.500地下水位
底板
100　500
400　500
500　18000　400

20mmDP15预拌砂浆
1.0mm水泥基结晶型防水涂料
500mmC35钢筋混凝土底板
100mmC15混凝土垫层

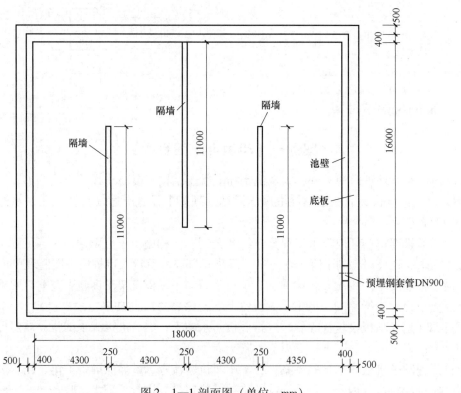

图2　1—1剖面图（单位：mm）

时，还有哪些安全措施？　　　　　　　　　　　　　　　　　（6分）

4. 请说明监理工程师制止项目部施工的理由。　　　　　　　（4分）

5. 满水试验前，需要对哪个部位进行压力验算？往水池注水过程中，项目部应关注哪

些易渗漏水部位？除了对水位观测，还应进行哪个项目的观测？　　　　　　　（5分）

6. 请说明满水试验水位观测时，水位测针的初读数与末读数的测读时间；计算池壁和池底的浸湿面积（单位：m²）。　　　　　　　　　　　　　　　　　　（5分）

【参考答案】

1. B公司方案报送审批流程是否正确？说明理由。

（1）不正确。　　　　　　　　　　　　　　　　　　　　　　　　　　　（1分）

（2）理由：应经B公司技术负责人审批，之后A公司技术负责人审批，再报监理单位。　　　　　　　　　　　　　　　　　　　　　　　　　　　　　　　　（3分）

另外，本基坑开挖深度已经超过5m（0.25m+4.5m+0.5m+0.1m=5.35m），基坑土方开挖、支护、降水工程需要编制专项方案并组织专家论证。　　　　　　　　（1分）

2. 请说明B公司降水注意事项、降水结束时间。

（1）降水注意事项：

1）雨期施工辅以集水明排。　　　　　　　　　　　　　　　　　　　　　（1分）

2）降水保持在基底以下0.5m。　　　　　　　　　　　　　　　　　　　　（1分）

3）基坑施工期间降排水不能间断。　　　　　　　　　　　　　　　　　　（1分）

（2）降水结束时间：构筑物具备抗浮条件时方可停止降水。　　　　　　　（2分）

3. 项目部拆除顶板支架时混凝土强度应满足什么要求？请说明理由。请列举拆除支架时，还有哪些安全措施？

（1）应满足设计强度的100%。　　　　　　　　　　　　　　　　　　　　（1分）

理由：顶板跨度大于8m（本工程跨度为16m），支架拆除时，强度需达到设计强度的100%。　　　　　　　　　　　　　　　　　　　　　　　　　　　　　（2分）

（2）安全措施还有：

1）设置警示标志，专人值守。

2）作业人员佩戴安全防护用品并进行安全技术交底。

3）采取强制通风，气体检测，36V以下安全电压防水灯。

4）支架由上而下逐层拆除，严禁上下同时作业。

5）模板、杆件严禁抛掷，拆除后分类码放。　　　　（写对4条以上得3分）

4. 请说明监理工程师制止项目部施工的理由。

（1）按规范要求，现浇混凝土水池满水试验在主体结构防水层施工前进行（应在满水试验合格后再进行防水作业）。　　　　　　　　　　　　　　　　　　　（2分）

（2）先进行满水试验无法检验结构本体的防水性能。　　　　　　　　　　（2分）

5. 满水试验前，需要对哪个部位进行压力验算？往水池注水过程中，项目部应关注哪些易渗漏水部位？除了对水位观测，还应进行哪个项目的观测？

（1）需要进行压力验算的部位：对预埋钢套管的临时封堵部位进行压力验算。（2分）

（2）应关注的易漏水部位：池壁与底板相接处施工缝部位、预埋钢套管外侧与混凝土接触位置、钢套管内部封堵位置、外墙对拉螺栓锥形孔封堵位置及闸门。　　（2分）

（3）还应进行观测的项目：还应进行外观渗水观测（必要时还要进行沉降量观测）。　　　　　　　　　　　　　　　　　　　　　　　　　　　　　　　　（1分）

6. 请说明满水试验水位观测时，水位测针的初读数与末读数的测读时间；计算池壁和池底的浸湿面积（单位：m²）。

（1）初读数时间为注水至设计水深24h后，末读数时间为测读初读数24h后。

（每个1分）

（2）池壁和池底的浸湿面积：

满水试验设计水位高度为 $(4.5+0.25)m-1.25m=3.5m$。　　　　　　　　　（1分）

池壁浸湿面积为 $(18+16)\times2\times3.5m^2=238m^2$。　　　　　　　　　　（1分）

池底浸湿面积为 $18\times16m^2-11\times0.25\times3m^2=288-8.25=279.75m^2$。　（1分）

【解析】

满水试验标准：

（1）水池渗水量计算，按池壁（不含内隔墙）和池底的浸湿面积计算。

（2）渗水量合格标准。钢筋混凝土结构水池不得超过 $2L/(m^2\cdot d)$；砌体结构水池不得超过 $3L/(m^2\cdot d)$。

此题稍有争议，池壁不含内隔墙，那么计算池壁渗水量时对内隔墙与池壁接触面积不予考虑，但计算池底浸湿面积时，需要扣除内隔墙与池底接触的面积。另外，套管的面积不要扣除，因为套管的封堵位置也可能渗水。

案例二【2019年一建真题】

某项目部承接一项顶管工程。其中，DN1350管道为东西走向，长度90m；DN1050管道为偏东南方向走向，长度80m。设计要求始发工作井y采用沉井法施工，接收井A、C为其他标段施工（见图1），项目部按程序和要求完成了各项准备工作。

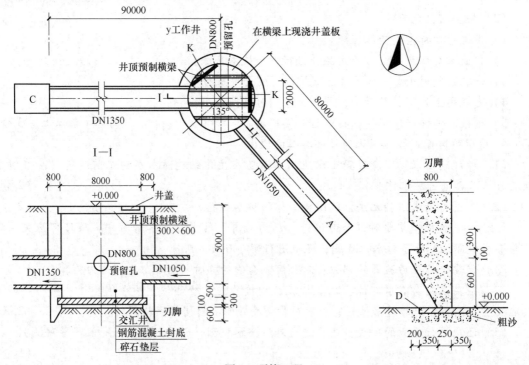

图1　顶管工程

开工前，项目部测量员带一测量小组按建设单位给定的测量资料进行高程点与 y 井中心坐标的布设，布设完毕后随即将成果交予施工员组织施工。

按批准的进度计划先集中力量完成 y 井的施工作业，按沉井预制工艺流程，在已测定的圆周中心线上按要求铺设粗砂于 D；采用定型钢模进行刃脚混凝土浇筑，然后按顺序先设置 E 与 F、安装绑扎钢筋，再设置内、外模，最后进行井壁混凝土浇筑。

下沉前，需要降低地下水位（已预先布置了喷射井点），采用机械取土；为防止 y 井下沉困难，项目部预先制定了下沉辅助措施。

y 井下沉到位，经检验合格后，顶管作业队进场按施工工艺流程安装设备：K→千斤顶就位→观测仪器安放→铺设导轨→顶铁就位。为确保首节管节能顺利出洞，项目部按预先制定的方案在 y 井出洞口进行土体加固；加固方法采用高压旋喷注浆，深度 6m（地质资料显示为淤泥质黏土）。

问题：

1. 按测量要求，该小组如何分工？测量员将测量成果交予施工员的做法是否正确，应该怎么做？ （5分）

2. 按沉井预制工艺流程写出 D、E、F 的名称；本项目对刃脚是否要加固，为什么？ （5分）

3. 降低地下水的高程为多少米（列式计算）？有哪些机械可以取土？下沉辅助措施有哪些？ （5分）

4. 写出 K 的名称，应该布置在何处？按顶管施工的工艺流程，管节启动后，出洞前应检查哪些部位？ （5分）

5. 加固出洞口的土体用哪种浆液，有何作用？注意顶进轴线的控制，做到随偏随纠，通常纠偏有哪几种方法？ （5分）

【参考答案】

1. 按测量要求，该小组如何分工？测量员将测量成果交予施工员的做法是否正确，应该怎么做？

（1）分工如下：

1）一组进行坐标位置放线。 （1分）

2）另一组进行高程点布设。 （1分）

（2）不正确。 （1分）

正确做法：布设完毕后应进行复测，再将复测合格的测量成果上报监理工程师，待监理工程师复检合格后再交予施工员进行施工。 （2分）

【解析】

测量分组问的不知所云。分组的方式有很多，可以按专业、配合来分；可以按外业、内业来分；可以一组测高程，另一组测平面坐标；可以一组主测，一组复测；根据背景"按建设单位给定的测量资料进行高程点与 y 井中心坐标的布设"，那么一组进行平面坐标放线，另一组测高程更合理一些。

2. 按沉井预制工艺流程写出 D、E、F 的名称；本项目对刃脚是否要加固，为什么？

（1）D 的名称：垫木或素混凝土。 （1分）

E 的名称：内脚手架。 （1分）

F 的名称：外脚手架。　　　　　　　　　　　　　　　　　　　　　　　　（1分）

（2）不需要。　　　　　　　　　　　　　　　　　　　　　　　　　　　（1分）

原因：因为沉井下沉区域土质为淤泥质黏土，刃脚踏面的底宽较大（250mm），且淤泥质黏土土质松软，所以不用加固。　　　　　　　　　　　　　　　　　　　　　（1分）

3. 降低地下水的高程为多少米（列式计算)？有哪些机械可以取土？下沉辅助措施有哪些？

（1）降低地下水的高程为

$$(5000+500+300+100+600) \div 1000\text{m} + 0.5\text{m} = 7\text{m}$$

$$0.000\text{m} - 7\text{m} = -7.000\text{m}$$　　　　　　　　　　（1分）

（2）取土机械有伸缩臂挖掘机、长臂挖掘机、抓斗机、小挖掘机。　　　（2分）

（3）下沉辅助措施有触变泥浆套助沉、接高或压重助沉、采用阶梯形外壁灌砂助沉（空气幕助沉）。　　　　　　　　　　　　　　　　　　　　　　　　　　　（2分）

4. 写出 K 的名称，应该布置在何处？按顶管施工的工艺流程，管节启动后，出洞前应检查哪些部位？

（1）K 的名称：后背制作。　　　　　　　　　　　　　　　　　　　　（1分）

布置位置：布置在千斤顶后面，与侧壁密贴。　　　　　　　　　　　　　（1分）

（2）应检查的部位有千斤顶后背、顶进设备（千斤顶、轨道、顶铁）、管节本身及接口连接、沉井结构及周边土体、轴线和高程。　　　　　（写对 4 条以上得 3分）

5. 加固出洞口的土体用哪种浆液，有何作用？注意顶进轴线的控制，做到随偏随纠，通常纠偏有哪几种方法？

（1）加固出洞口的土体用水泥浆液。　　　　　　　　　　　　　　　　（1分）

作用：可提高土体固结强度，防止开洞时坍塌，防止首节管节在出洞时发生垂头；防止地层过大变形；防止洞口地下水流入井内。　　　　　　　　　　　　　　　　（2分）

（2）纠偏方法有挖土纠偏（超挖校正）、调整顶进合力方向纠偏（千斤顶校正）、顶木校正、改变切削刀盘的转动方向、在管内相对于机头旋转的反向增加配重。　　（2分）

案例三【2018年广东省、海南省一建真题】

某项目部承建的圆形钢筋混凝土泵池，内径 10m，刃脚高 2.7m，井壁总高 11.45m，井壁厚 0.65m，均采用 C30、P6 抗渗混凝土，采用 2 次接高 1 次下沉的不排水沉井法施工。

井位处工程地质由地表往下分别为在填土厚 2.0m、粉土厚 2.5m、粉砂厚 4.5m、粉砂夹粉土厚 8.0m，地下水位稳定在地表下 2.5m 处。水池外缘北侧 18m 和 12m 处分别存在既有 DN 1000 自来水管和 DN 600 的污水管线，水池外缘南侧 8m 处现有二层食堂。

事件一：开工前，项目部依据工程地质土层的力学性质决定在粉砂层作为沉井起沉点，即在地表以下 4.5m 处作为制作沉井的基础，确定了基坑范围和选定了基坑支护方式。在制定方案时对施工场地进行平面布置，设定沉井中心桩和轴线控制桩，并制定了对受施工影响的附近建筑物及地下管线的控制措施和沉降、位移监测方案。

事件二：编制方案前，项目部对地基的承载力进行了验算，验算结果为刃脚下须加铺

400mm 厚的级配碎石垫层，分层夯实，并加铺垫木，可满足上部荷载要求。

事件三： 方案中对沉井分三节制作的方法提出施工要求，第一节高于刃脚，当刃脚混凝土强度等级达 75% 后浇筑上一节混凝土，并对施工缝的处理做了明确要求。

问题：

1. 事件一中，基坑开挖前，项目部还应做哪些准备工作？　　　　　　　　　（5 分）

2. 事件二中，写出级配碎石垫层上铺设的垫木应符合的技术要求。　　　　（4 分）

3. 事件三中，补充第二节沉井接高时对混凝土浇筑的施工缝的做法和要求。　（5 分）

4. 结合背景资料，指出本工程项目中属于危险性较大的分部分项工程，是否需要组织专家论证，并说明理由。　　　　　　　　　　　　　　　　　　　　　　　　（6 分）

【参考答案】

1. 事件一中，基坑开挖前，项目部还应做哪些准备工作？

（1）编制开挖专项方案并报监理、建设单位审批。　　　　　　　　　　　（1 分）

（2）复测水准点，做好开挖深度控制措施。　　　　　　　　　　　　　　（1 分）

（3）现场在不受施工影响范围内布置监测点。　　　　　　　　　　　　　（1 分）

（4）将地下水降至基底以下 0.5m。　　　　　　　　　　　　　　　　　（1 分）

（5）确定土方堆放位置、土方运输路线。　　　　　　　　　　　　　　　（1 分）

2. 事件二中，写出级配碎石垫层上铺设的垫木应符合的技术要求。

垫木铺设应使刃角底面在同一水平面上，并符合起沉标高的要求，平面布置要均匀对称，每根垫木的长度中心应与刃角底面中心线重合，定位垫木的布置应使沉井有对称的着力点。　　　　　　　　　　　　　　　　　　　　　　　　　　　　　　（4 分）

3. 事件三中，补充第二节沉井接高时对混凝土浇筑的施工缝的做法和要求。

（1）施工缝做法：采用凹凸缝形式或接缝处设置钢板止水带。　　　　　　（2 分）

（2）施工要求：

1）设置钢板止水带，保证止水钢板平顺、无孔洞，并且安装居中、对称、稳定、牢固，接头双面满焊。　　　　　　　　　　　　　　　　　　　　　　　　　　（1 分）

2）第一节沉井拆模后，将接缝位置进行凿毛并清理干净，清除止水钢板上的灰浆。（1 分）

3）浇筑混凝土前，在施工缝位置铺贴一层与待浇筑混凝土等级相同的水泥砂浆。

　　　　　　　　　　　　　　　　　　　　　　　　　　　　　　　　　（1 分）

4. 结合背景资料，指出本工程项目中属于危险性较大的分部分项工程，是否需要组织专家论证，并说明理由。

（1）危险性较大的分部分项工程：基坑的土方开挖、支护、降水工程；沉井预制接高部分井壁模板支撑工程。　　　　　　　　　　　　　　　　　　　　　　　（2 分）

（2）理由：

① 基坑开挖深度为 4.5m，未超过 5m，依据住房和城乡建设部令第 37 号和建办质〔2018〕31 号文件规定，基坑的土方开挖、支护和降水工程不需要组织专家论证。　（2 分）

② 沉井预制接高部分井壁模板支撑工程需要组织专家论证。因井壁总高 11.45m，采用 2 次接高 1 次下沉，有部分模板搭设高度超过 8m，依据住房和城乡建设部令第 37 号和建办质〔2018〕31 号文件规定，属于需要组织专家论证的范围。　　　　　　　（2 分）

案例四【2018年一建真题】

某公司承建的地下水池工程，设计采用薄壁钢筋混凝土结构，长×宽×高为30m×20m×6m，池壁顶面高出地表0.5m，池体位置地质分布自上而下分别为回填土（厚2m）、粉砂土（厚2m）、细砂土（厚4m），地下水位于地表下4m处。

水池基坑支护设计采用ϕ800mm灌注桩及高压旋喷桩止水帷幕，第一层钢筋混凝土支撑，第二层钢管支撑，井点降水采用ϕ400mm无砂管和潜水泵。当基坑支护结构强度满足要求及地下水位降至满足施工要求后，方可进行基坑开挖施工。

施工前，项目部编制了施工组织设计、基坑开挖专项施工方案、降水施工方案、灌注桩专项施工方案及水池施工方案，施工方案相关内容如下：

（1）水池主体结构施工工艺流程如下：水池边线与桩位测量定位→基坑支护与降水→A→垫层施工→B→底板钢筋模板安装与混凝土浇筑→C→顶板钢筋模板安装与混凝土浇筑→D（功能性试验）。

（2）在基坑开挖安全控制措施中，对水池施工期间基坑周围物品堆放做了详细规定，如下：

① 支护结构达到强度要求前，严禁在滑裂面范围内堆载。

② 支撑结构上不应堆放材料和运行施工机械。

③ 基坑周边要设置堆放物料的限重牌。

（3）混凝土池壁模板安装时，应位置正确，拼缝紧密不漏浆；采用两端均能拆卸的穿墙螺栓来平衡混凝土浇筑对模板的侧压力；使用符合质量技术要求的封堵材料，封堵穿墙螺栓拆除后在池壁上形成的锥形孔。

为防止水池在雨期施工时因基坑内水位急剧上升导致构筑物上浮，项目部制定了雨期水池施工抗浮措施。

问题：

1. 本工程除了灌注桩支护方式，还可以采用哪些支护形式？基坑水位应降至什么位置才能满足基坑开挖和水池施工要求？ （4分）

2. 写出施工工艺流程中工序A、B、C、D的名称。 （4分）

3. 施工方案（2）中，基坑周围堆放物品的相关规定不全，请补充。 （4分）

4. 施工方案（3）中，封堵材料应满足什么技术要求？ （4分）

5. 写出水池雨期施工抗浮措施的技术要点。 （4分）

【参考答案】

1. 本工程除了灌注桩支护方式，还可以采用哪些支护形式？基坑水位应降至什么位置才能满足基坑开挖和水池施工要求？

（1）还可以采用的支护形式：① SMW工法桩。 （2分）

② 地下连续墙。 （1分）

（2）基坑水位应降至基坑底以下不小于0.5m。 （1分）

2. 写出施工工艺流程中工序A、B、C、D的名称。

A：土方开挖与支撑。 （1分）

B：底板防水层施工。 （1分）

C：池壁与柱钢筋、模板安装与混凝土浇筑。　　　　　　　　　　（1分）

D：水池满水试验。　　　　　　　　　　　　　　　　　　　　　（1分）

3. 施工方案（2）中，基坑周围堆放物品的相关规定不全，请补充。

（1）基坑开挖的土方不应在周边影响范围内堆放，应及时外运。

（2）基坑周边6m以内不得堆放阻碍排水的物品或垃圾。

（3）在现场堆放物料时，需对基坑稳定性进行验算。

（4）基坑周边设置堆物限高、限距牌。

（5）堆放物严禁遮盖（掩埋）雨水口、测量标志、闸井、消火栓。

（写对4条以上得4分）

4. 施工方案（3）中，封堵材料应满足什么技术要求？

（1）无收缩。　　　　　　　　　　　　　　　　　　　　　　　（1分）

（2）易密实。　　　　　　　　　　　　　　　　　　　　　　　（1分）

（3）足够强度。　　　　　　　　　　　　　　　　　　　　　　（1分）

（4）与池壁混凝土颜色一致或接近。　　　　　　　　　　　　　（1分）

5. 写出水池雨期施工抗浮措施的技术要点。

（1）基坑四周设防汛墙。建立防汛组织，强化防汛工作。　　　　（1分）

（2）水池垫层下及基坑内四周埋设排水盲管（盲沟）和抽水设备。（1分）

（3）备有应急供电和排水设施并保证其可靠性。　　　　　　　　（1分）

（4）雨水较大时，引入地下水和地表水等外来水进入水池，使构筑物内外无水位差。

（1分）

案例五【2017年一建真题】

某城市水厂改扩建工程，内容包括多个现有设施改造和新建系列构筑物。新建的一座半地下式混凝土沉淀池，池壁高度为5.5m，设计水深为4.8m，容积为中型水池；钢筋混凝土薄壁结构，混凝土设计强度等级C35、防渗等级P8。池体地下部分处于硬塑状粉质黏土层和夹砂黏土层，有少量浅层滞水，无须考虑降水施工。

鉴于工程项目结构复杂，不确定因素多，项目部进场后，项目经理主持了设计交底；在现场调研和审图基础上，向设计单位提出多项设计变更申请。

项目部编制的混凝土沉淀池专项施工方案内容包括：明挖基坑采用无支护的放坡开挖形式；池底板设置后浇带分次施工；池壁竖向分两次施工，施工缝设置钢板止水带，模板采用特制钢模板，防水对拉螺栓固定。混凝土沉淀池施工横断面布置如图1所示。依据进度计划安排，施工进入雨期。

混凝土沉淀池专项施工方案经修改和补充后获准实施。

池壁混凝土首次浇筑时发生了跑模事故，经检查确定为对拉螺栓滑扣所致。

池壁混凝土浇筑完成后挂编织物洒水养护，监理工程师巡视发现编织物呈干燥状态，发出整改通知。

依据厂方意见，所有改造和新建的给水构筑物进行单体满水试验。

问题：

1. 项目经理主持设计交底的做法有无不妥之处？如不妥，写出正确做法。　　（4分）

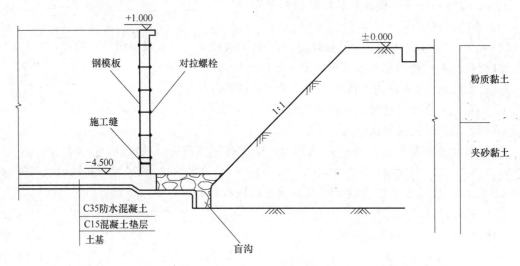

图1　混凝土沉淀池施工横断面布置（单位：m）

2. 项目部申请设计变更的程序是否正确？如果不正确，给出正确的做法。（4分）

3. 找出图中存在的应修改和补充之处。（7分）

4. 试分析池壁混凝土浇筑跑模事故的可能原因。（6分）

5. 监理工程师为何要求整改混凝土养护工作？简述养护的技术要求。（4分）

6. 写出满水试验时混凝土沉淀池注水次数和高度。（5分）

【参考答案】

1. 项目经理主持设计交底的做法有无不妥之处？如不妥，写出正确做法。

（1）有不妥之处。（1分）

（2）正确做法：应由发包人组织设计单位向承包人进行设计交底。（3分）

2. 项目部申请设计变更的程序是否正确？如果不正确，给出正确的做法。

（1）不正确。（1分）

（2）正确做法：应依据工程合同，由施工单位向监理单位提出申请，经监理单位审核、建设单位确认，交由设计单位出具设计变更文件，建设单位将返回的设计变更交由监理单位，监理工程师出具变更令。（3分）

3. 找出图中存在的应修改和补充之处。

（1）需要修改的有：

1）边坡坡度陡于规范要求，应设置土钉和喷射混凝土硬化。（1分）

2）在不同土层之间应设置折线形边坡，下坡缓于上坡。（1分）

3）排水沟距坡脚过近，要离开坡脚0.3m。（1分）

（2）需要补充的有：

1）基坑底部增加集水井及抽水设施。

2）基坑顶部增加防淹墙并硬化地面。

3）坡壁设置排除浅层滞水的泄水孔。

4）坡顶设置安全防护装置。

5）增加池壁内外脚手架和模板支撑体系，对拉螺栓中间设止水片。（写对 4 条以上得 4 分）

4. 试分析池壁混凝土浇筑跑模事故的可能原因。

（1）模板安装前未检查对拉螺栓外观，造成材质不合格或丝扣已经破损的螺栓被使用。　　　　　　　　　　　　　　　　　　　　　　　　　　　　　（2 分）

（2）安装前未进行有效的计算，造成螺栓间距过大，或者使用直径过细的螺栓固定模板。　　　　　　　　　　　　　　　　　　　　　　　　　　　　　　（2 分）

（3）未制定合理的浇筑方案，造成混凝土浇筑速度过快、布放集中，下料高度过高及过度振捣等。　　　　　　　　　　　　　　　　　　　　　　　　　　　（2 分）

5. 监理工程师为何要求整改混凝土养护工作？简述养护的技术要求。

（1）理由：因为本工程池壁混凝土属于薄壁结构，且有防水要求。而覆盖的编织物呈干燥状态，说明养护保湿不到位，会导致混凝土出现裂缝，影响正常使用。　（2 分）

（2）养护技术要求：应在 12h 以内，对混凝土加以覆盖并保湿养护；混凝土浇水养护时间不少于 14 天，保持混凝土处于湿润状态。　　　　　　　　　　　　　（2 分）

6. 写出满水试验时混凝土沉淀池注水次数和高度。

（1）注水次数为 3 次，最终注水高度为 4.8m。　　　　　　　　　　　　（2 分）

（2）第一次注水高度为底板以上 1.6m，即注水至 -2.900m。　　　　　　（1 分）

（3）第二次注水高度为底板以上 3.2m，即注水至 -1.300m。　　　　　　（1 分）

（4）第三次注水高度为底板以上 4.8m，即注水至 0.300m。　　　　　　　（1 分）

案例六【2015 年一建真题】

某公司中标污水处理厂升级改造工程，处理规模为 70 万 m^3/d，其中包括中水处理系统。中水处理系统的配水井为矩形钢筋混凝土半地下室结构，平面尺寸 17.6m×14.4m，高 11.8m，设计水深 9m；底板、顶板厚度分别为 1.1m、0.25m。

施工中发生了如下事件。

事件一：配水井基坑边坡坡度 1:0.7（基坑开挖不受地下水影响），采用厚度 6~10cm 的细石混凝土护面。配水井顶板现浇施工采用扣件式钢管支架，支架剖面如图 1 所示。方案报公司审批时，主管部门认为基坑缺少降水、排水设施，顶板支架缺少重要杆件，要求修改补充。

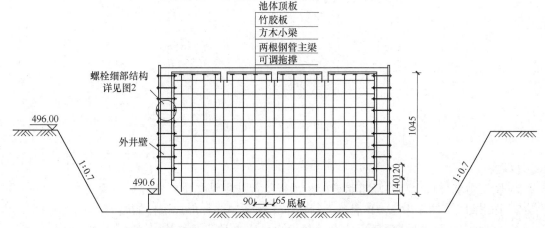

图 1　配水井顶板支架剖面（标高单位：m；尺寸单位：cm）

事件二：在基坑开挖时，现场施工员认为土质较好，拟取消细石混凝土护面，被监理工程师发现后制止。

事件三：项目部识别了现场施工的主要危险源，其中配水井施工现场主要易燃易爆物体包括脱模剂、油漆稀释料等，项目部针对危险源编制了应急预案，给出了具体预防措施。

事件四：施工过程中，由于设备安装工期压力，中水管道未进行功能性试验就进行了道路施工（中水管在道路两侧）。试运行时，中水管道出现问题，破开道路对中水管进行修复造成经济损失180万元，施工单位为此向建设单位提出费用索赔。

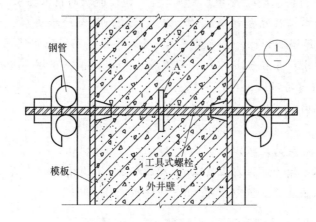

图2　模板对拉螺栓细部结构

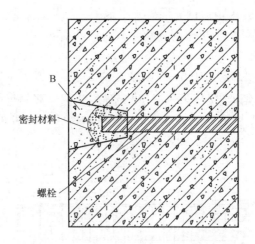

图3　拆模后螺栓孔处置节点 ①图

问题：

1. 图1中基坑缺少哪些降排水设施？顶板支架缺少哪些重要杆件？　　　　　　（6分）

2. 指出图2、图3中A、B名称，简述本工程采用这种形式螺栓的原因。　　　　（6分）

3. 事件二中，监理工程师为什么会制止现场施工员行为？取消细石混凝土护面应履行

什么手续？　　　　　　　　　　　　　　　　　　　　　　　　　　　　　　　（5分）

4. 事件三中，现场的易燃易爆物体危险源还应包括哪些？　　　　　　　　　（4分）

5. 事件四所造成的损失能否索赔？说明理由。　　　　　　　　　　　　　　（4分）

6. 配水井满水试验至少应分几次？分别列出每次充水高度。　　　　　　　　（5分）

【参考答案】

1. 图1中基坑缺少哪些降排水设施？顶板支架缺少哪些重要杆件？

（1）基坑缺少的降排水设施：

1）基坑顶部未设立排水沟、防淹墙。　　　　　　　　　　　　　　　　　（2分）

2）基坑内缺少排水明沟、集水井、水泵。　　　　　　　　　　　　　　　（2分）

（2）顶板支架缺少：可调底座、水平剪刀撑、竖向剪刀撑、扫地杆　　　　（2分）

2. 指出图2、图3中A、B名称，简述本工程采用这种形式螺栓的原因。

（1）A、B名称：A是止水环（止水钢板），B是聚合物水泥砂浆（或防水砂浆）。

　　　　　　　　　　　　　　　　　　　　　　　　　　　　　　　（每条2分）

（2）理由：本工程是中水工程的配水井，设计水深9m，容易造成池壁的渗漏。这种对拉螺栓可以有效地阻止水沿着螺栓杆渗漏，也可确保混凝土池壁的厚度。　　（2分）

3. 事件二中，监理工程师为什么会制止现场施工员行为？取消细石混凝土护面应履行什么手续？

（1）理由：

1）取消护面易造成边坡失稳，基坑坍塌。　　　　　　　　　　　　　　　（1分）

2）施工单位不得擅自修改施工方案，如确需修改，需要按照程序重新办理审批手续。

　　　　　　　　　　　　　　　　　　　　　　　　　　　　　　　　　（1分）

（2）应履行的手续：修改施工方案后，由施工单位技术负责人审核签字、加盖单位公章，并由总监理工程师审查签字、加盖执业印章，并重新组织专家论证后，方可实施（依据图上数据可以计算出本工程基坑开挖深度为496.0m－490.6m＋1.1m＝6.5m，属超过一定规模的危大工程）。　　　　　　　　　　　　　　　　　　　　　　　　　（3分）

4. 事件三中，现场的易燃易爆物体危险源还应包括哪些？

还应包括气焊气割所用氧气瓶和乙炔瓶；火药、雷管等爆破物品；各种施工机械车辆油箱；油漆；防水材料、养护用的塑料薄膜等。　　　　　　　（写对5条以上得4分）

5. 事件四所造成的损失能否索赔？说明理由。

（1）不能索赔。　　　　　　　　　　　　　　　　　　　　　　　　　　（1分）

（2）理由：管道未进行功能性试验，在试运行时出现问题，造成费用增加，依据相应规范规定，施工方自己应承担的责任。　　　　　　　　　　　　　　　　　　（3分）

6. 配水井满水试验至少应分几次？分别列出每次充水高度。

（1）至少分3次。　　　　　　　　　　　　　　　　　　　　　　　　　（2分）

（2）每次充水高度：

1）第一次充水高度：距池底3m；标高：490.6＋3＝493.6。　　　　　　　（1分）

2）第二次充水高度：距池底6m；标高：493.6＋3＝496.6。　　　　　　　（1分）

3）第一次充水高度：距池底9m；标高：496.6＋3＝499.6。　　　　　　　（1分）

案例七【2013 年一建真题】

A 公司为某水厂改扩建工程总承包单位，工程包括新建滤池、沉淀池、清水池、进水管道及相应的设备安装，其中设备安装经招标后由 B 公司实施，施工期间，水厂要保持正常运营。新建清水池为地下式构筑物，池体平面尺寸为 128m×30m，高度为 7.5m，纵向设两道变形缝；其横断面及变形缝构造如图 1 和图 2 所示。鉴于清水池为薄壁结构且有顶板，方案确定沿水池高度方向上分三次浇筑混凝土，并合理划分清水池的施工段。

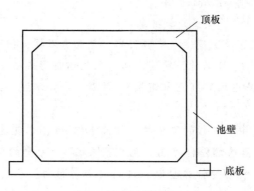

图 1　清水池横断面

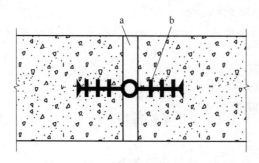

图 2　变形缝构造

A 公司项目部进场后将临时设施中生产设施搭设在施工的构筑物附近，其余的临时设施搭设在原厂区构筑物之间的空地上，并与水厂签订施工现场管理协议。B 公司进场后，A 公司项目部安排 B 公司临时设施搭设在厂区内的滤料堆场附近，造成部分滤料损失，水厂物资部门向 B 公司提出赔偿滤料损失的要求。

问题：

1. 分析本案例中施工环境的主要特点。　　　　　　　　　　　　　　　　　　（4 分）
2. 清水池高度方向施工需设置几道施工缝，应分别在什么部位？　　　　　　　（6 分）
3. 指出图 2 中 a、b 材料的名称。　　　　　　　　　　　　　　　　　　　　（4 分）
4. 简述清水池划分施工段的主要依据和施工顺序，清水池混凝土应分几次浇筑？（6 分）
5. 列出本工程其余临时设施种类，指出现场管理协议的责任主体。　　　　　　（5 分）
6. 简述水厂物资部门的索赔程序。　　　　　　　　　　　　　　　　　　　　（5 分）

【参考答案】

1. 分析本案例中施工环境的主要特点。

主要特点为土建与安装多专业交叉施工；施工用地紧张；与原区运营相互干扰；深基坑开挖，危险性大。　　　　　　　　　　　　　　　　　　　　　　　（每个1分）

2. 清水池高度方向施工需设置几道施工缝，应分别在什么部位？

（1）清水池高度方向施工需设置两道施工缝。　　　　　　　　　　　　（2分）

（2）设置的部位：

1）第一道施工缝设置在池壁下腋角上面不小于200mm处。　　　　　　（2分）

2）第二道施工缝设置在顶板与侧壁腋角下部。　　　　　　　　　　　　（2分）

3. 指出图2中a、b材料的名称。

a为嵌缝密封材料。　　　　　　　　　　　　　　　　　　　　　　　　（2分）

b为中埋式止水带。　　　　　　　　　　　　　　　　　　　　　　　　（2分）

4. 简述清水池划分施工段的主要依据和施工顺序，清水池混凝土应分几次浇筑？

（1）划分施工段的主要依据：

1）设计图纸。

2）变形缝、施工缝的位置。

3）施工场地的要求。

4）现有机械设备和劳动力条件。

5）有关规范和设计的特殊性要求。　　　　　　　　　（写对4条以上得2分）

（2）清水池施工顺序：测量放样→土方开挖及地基处理→垫层及防水层施工→底板钢筋、止水带、模板、混凝土分段施工→立柱（或内隔墙）施工→池壁钢筋、止水带、模板、混凝土分段施工→顶板钢筋、止水带、模板、混凝土分段施工→功能性试验。　　（2分）

（3）浇筑次数：该清水池混凝土应分9次浇筑。　　　　　　　　　　　（2分）

5. 列出本工程其余临时设施种类，指出现场管理协议的责任主体。

（1）本工程其余临时设施种类：①办公设施；②生活设施；③辅助设施。（每个1分）

（2）现场管理协议的责任主体：A公司和水厂。　　　　　　　　　　　（每个1分）

6. 简述水厂物资部门的索赔程序。

物资部门应呈报水厂，水厂依据施工现场管理协议向A公司索赔；在事件发生28天内，向监理工程师发出索赔意向通知；发出通知后，及时准备索赔的证据资料，并在28天内向监理工程师提交索赔申请报告及有关资料。A公司可根据分包合同规定，向B公司追偿相应损失。　　　　　　　　　　　　　　　　　　　　　　　　　　　　　（5分）

案例八【2012年一建真题】

A公司中标承建某污水处理厂扩建工程，新建构筑物包括沉淀池、曝气池及进水泵房，其中沉淀池采用预制装配式预应力混凝土结构，池体直径为40m，池壁高6m，设计水深4.5m。

鉴于运行管理因素，在沉淀池施工前，建设单位将预制装配式预应力混凝土结构变更为现浇无粘结预应力结构，并与施工单位签订了变更协议。

项目部重新编制了施工方案，列出池壁施工主要工序：①安装模板；②绑扎钢筋；③浇筑混凝土；④安装预应力筋；⑤张拉预应力筋。同时，明确了各工序的施工技术措施，方案中还包括满水试验。

问题：

1. 将背景资料中工序按常规流程进行排序（用序号排列）。　　　　　　　　（5分）

2. 沉淀池满水试验的浸湿面积由哪些部分组成（不需计算）？　　　　　　（4分）

【参考答案】

1. 将背景资料中工序按常规流程进行排序（用序号排列）。

排序为②→④→①→③→⑤。　　　　　　　　　　　　　　　　　　　　（5分）

2. 沉淀池满水试验的浸湿面积由哪些部分组成（不需计算）？

（1）4.5m高的周边池壁面积（不含内隔墙）。　　　　　　　　　　　　（2分）

（2）池底内面积。　　　　　　　　　　　　　　　　　　　　　　　　（2分）

案例九【2011年一建真题】

A公司中标某供水厂的扩建工程，主要内容为新建一座调蓄水池。水池长度65m、宽度32m，为现浇钢筋混凝土结构，筏形基础。新建水池采用基坑明挖施工，挖深为6m。设计采用直径800mm混凝土灌注桩作为基坑围护结构、水泥土搅拌桩作为止水帷幕。

项目部编制了施工组织设计后按程序进行了报批。A公司主管部门审核时提出以下质疑：

（1）水池浇筑混凝土采用桩墙作为外模板，仅支设内侧模板方案，没有考虑桩墙与内模板之间杂物的清扫措施。

（2）为控制结构裂缝，浇筑与振捣措施主要有降低混凝土入模温度，保证混凝土结构内外温差不大于25℃。主管部门认为有缺项。

问题：

1. 水池模板之间杂物清扫应采取哪些措施？　　　　　　　　　　　　　（6分）

2. 补充混凝土浇筑与振捣措施。　　　　　　　　　　　　　　　　　　（5分）

【参考答案】

1. 水池模板之间杂物清扫应采取哪些措施？

（1）池壁钢筋安装前，对作为外模板的桩墙进行清理，并在桩墙顶部采取措施，以防止地面杂物掉入。　　　　　　　　　　　　　　　　　　　　　　　　　　（2分）

（2）池壁内模板安装前，对池壁底部进行清扫。　　　　　　　　　　　（2分）

（3）池壁混凝土浇筑前，在内模板底部设置清扫口或预留一块模板，采用空压机或高压水清理。　　　　　　　　　　　　　　　　　　　　　　　　　　　　　　（2分）

2. 补充混凝土浇筑与振捣措施。

（1）浇筑方法：分段分层连续浇筑，下层初凝以前上层浇筑完毕，混凝土浇筑、振捣、间歇的全部时间不超过混凝土的初凝时间。　　　　　　　　　　　　　　　（2分）

（2）浇筑高度：严格控制混凝土的浇筑高度，超过2m时使用串筒、溜槽。　（1分）

（3）振捣：即不过振，也不漏振。　　　　　　　　　　　　　　　　　（1分）

（4）控制：浇筑过程中严格控制混凝土入模坍落度。　　　　　　　　　（1分）

案例十【2010 年一建真题】

A 公司中标某污水处理厂的中水扩建工程，主要包括沉淀池和滤池等现浇混凝土水池。

A 公司施工项目部编制了施工组织设计，其中含有现浇混凝土水池施工方案和基坑施工方案。基坑施工方案包括降水井点设计施工、土方开挖、边坡围护和沉降观测等内容。现浇混凝土水池施工方案包括模板支架设计及安装、拆除，钢筋加工，混凝土供应及止水带、预埋件安装等。在报建设方和监理方审批时，要求增加内容后再报。

问题： 补充现浇混凝土水池施工方案的内容。 （5 分）

【参考答案】

（1）钢筋安装。

（2）预应力筋铺设。

（3）预应力筋张拉。

（4）混凝土的原材料、配合比控制。

（5）混凝土的浇筑、振捣、养护控制。

（6）后浇带施工。

（7）满水试验。 （写对 5 条以上得 5 分）

案例十一【2021 年二建真题】

某公司承建一污水处理厂扩建工程，新建 AAO 生物反应池等污水处理设施。采用综合箱体结构形式，基础埋深为 55 ~ 97m，采用明挖法施工。基坑围护结构采用 ϕ800mm 钢筋混凝土灌注桩，止水帷幕采用 ϕ600mm 高压旋喷桩。基坑围护结构与箱体结构位置立面如图 1 所示。

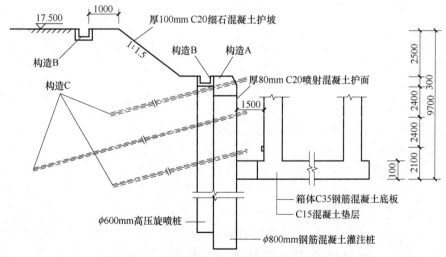

图 1 基坑围护结构与箱体结构位置立面
（高程单位：m；尺寸单位：mm）

施工合同专用条款约定如下：主要材料市场价格浮动在基准价格 ±5% 以内（含）不予调整，超过 ±5% 时，对超出部分按月进行调整；主要材料价格以当地造价行政主管部门发布的信息价格为准。

施工过程中发生了如下事件。

事件一：施工期间，建设单位委托具有相应资质的监测单位对基坑施工进行第三方监测，并及时向监理等参建单位提交监测成果。当开挖至坑底高程时，监测结果显示：地表沉降测点数据变化超过规定值。项目部及时启动稳定坑底应急措施。

事件二：项目部根据当地造价行政主管部门发布的 3 月份材料信息价格和当月部分工程材料用量，申报当月材料价格调整差价。3 月份部分工程材料用量及材料信息价格见下表。

事件三：为加快施工进度，项目部增加劳务人员。施工过程中，一名新进场的模板工发生高处坠亡事故。当地安全生产行政主管部门的事故调查结果显示：这名模板工上岗前未进行安全培训，违反作业操作规程；被认定为安全责任事故。根据相关法规，对有关单位和个人做出处罚决定。

部分工程材料用量及材料信息价格

材料名称	单位	工程材料用量	基准价格/元	材料信息价格/元
钢材	t	1000	4600	4200
商品混凝土	m³	5000	500	580
木材	m³	1200	1590	1630

问题：

1. 写出图 1 中构造 A、B、C 的名称。 　　　　　　　　　　　　　　　　　　（4 分）

2. 事件一中，项目部可采用哪些应急措施？ 　　　　　　　　　　　　　　　　（4 分）

3. 事件一中，第三方监测单位应提交哪些成果？ 　　　　　　　　　　　　　　（3 分）

4. 事件二中，列式计算表中工程材料价格调整总额。 　　　　　　　　　　　　（6 分）

5. 依据有关法规，写出安全事故划分等级及事件三中安全事故等级。 　　　　　（3 分）

【参考答案】

1. 写出图 1 中构造 A、B、C 的名称。

构造 A 为冠梁。 　　　　　　　　　　　　　　　　　　　　　　　　　　　　（2 分）

构造 B 为截水沟。 　　　　　　　　　　　　　　　　　　　　　　　　　　　（1 分）

构造 C 为锚杆。 　　　　　　　　　　　　　　　　　　　　　　　　　　　　（1 分）

2. 事件一中，项目部可采用哪些应急措施？

（1）加深围护结构入土深度。 　　　　　　　　　　　　　　　　　　　　　　（1 分）

（2）坑底土体加固。 　　　　　　　　　　　　　　　　　　　　　　　　　　（1 分）

（3）坑内井点降水。 　　　　　　　　　　　　　　　　　　　　　　　　　　（1 分）

（4）适时施做底板结构。 　　　　　　　　　　　　　　　　　　　　　　　　（1 分）

3. 事件一中，第三方监测单位应提交哪些成果？

应提交基准点、监测点布设及验收记录；阶段性监测报告；监测总结报告。 　（每个 1 分）

4. 事件二中，列式计算表中工程材料价格调整总额。

（1）钢材：

1）单价浮动为（4200 - 4600)/4600 = -8.7% >5%。 　　　　　　　　　　　（1 分）

2）调整总额为 1000 × [4200 - 4600 × (1 - 5%)] 元 = -170000 元。 　　　　　（1 分）

（2）混凝土：

1）单价浮动为 (580 – 500)/500 = 16% > 5%。 （1分）

2）调整总额为 5000 × [580 – 500 × (1 + 5%)] 元 = 275000 元。 （1分）

（3）木材：

单价浮动为 (1630 – 1590)/1590 = 2.52% < 5%，价格不调整。 （1分）

（4）调整总额为 – 170000 元 + 275000 元 = 105000 元。 （1分）

5. 依据有关法规，写出安全事故划分等级及事件三中安全事故等级。

（1）安全事故等级：一般事故、较大事故、重大事故、特别重大事故。 （2分）

（2）事件三属于一般事故。 （1分）

案例十二【2020 年二建真题】

某公司承建一座再生水厂扩建工程。项目部进场后，结合地质情况，按照设计图纸编制了施工组织设计。

基坑开挖尺寸为 70.8m（长）×65m（宽）×5.2m（深），基坑断面如图 1 所示。从图中可见，地下水位较高，为 – 1.5m，方案中考虑在基坑周边设置真空井点降水。项目部按照以下流程完成了井点布置：高压水套管冲击成孔→冲洗钻孔→A→填滤料→B→连接水泵→漏水漏气检查→试运行。调试完成后开始抽水。

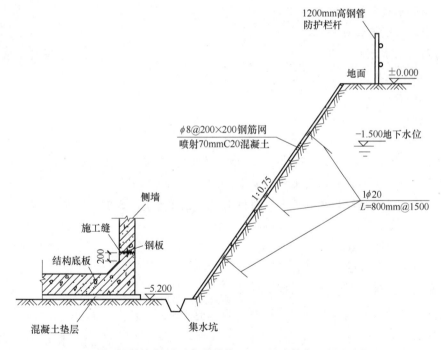

图 1 基坑断面（高程单位：m；尺寸单位：mm）

因结构施工恰逢雨期，项目部采用 1∶0.75 放坡开挖，挂钢筋网喷射 C20 混凝土护面，施工工艺流程如下：修坡→C→挂钢筋网→D→养护。

基坑支护开挖完成后，项目部组织了坑底验收，确认合格后开始进行结构施工。监理工

市政公用工程管理与实务 历年真题解析及预测 2022版

程师现场巡视发现：钢筋加工区部分钢筋锈蚀、不同规格钢筋混放、加工完成的钢筋未经检验即投入使用，要求项目部整改。

结构底板混凝土分6仓施工，每仓在底板腋角上200mm高处设施工缝，并设置了一道钢板。

问题：

1. 补充井点降水工艺流程中 A、B 工作内容，并说明降水期间应注意的事项。 （6分）
2. 请指出基坑挂网护坡工艺流程中 C、D 的内容。 （4分）
3. 坑底验收应由哪些单位参加？ （4分）
4. 项目部现场钢筋存放应满足哪些要求？ （4分）
5. 请说明施工缝处设置钢板的作用和安装技术要求。 （4分）

【参考答案】

1. 补充井点降水工艺流程中 A、B 工作内容，并说明降水期间应注意的事项。

（1）A、B 工作内容：

1）A 为安放井点管。 （1分）

2）B 为井口填黏土压实。 （1分）

（2）降水期间应注意的事项：

1）地下水监测，不间断降水。

2）保障降水设备、配电设施安全。

3）采用集水明排辅助降水。

4）雨期注意水池抗浮措施。 （写对4条得4分）

2. 请指出基坑挂网护坡工艺流程中 C、D 的内容。

C：打入锚杆。 （2分）

D：喷射混凝土。 （2分）

3. 坑底验收应由哪些单位参加？

坑底验收应该由勘察单位、设计单位、施工单位、监理单位和建设单位参加。 （4分）

4. 项目部现场钢筋存放应满足哪些要求？

（1）钢筋不得直接堆放在地面上，须垫高（下设垫木）、覆盖、防腐蚀、防雨防结露。 （1分）

（2）时间不宜超过6个月。 （1分）

（3）不同规格钢筋需分类码放。 （1分）

（4）加工好的钢筋应有检验合格标识牌。 （1分）

5. 请说明施工缝处设置钢板的作用和安装技术要求。

（1）作用：止水。 （2分）

（2）安装技术要求：

1）钢板除锈。

2）搭接不少于20mm。

3）双面连续满焊。

4）安装居中、对称、垂直、稳定、牢固。 （全部写对得2分）

案例十三【2019 年二建真题】

某公司承接给水厂升级改造工程。其中新建容积为 10000m³ 清水池一座，钢筋混凝土结构，混凝土设计强度等级为 C35、P8，底板厚 650mm；垫层厚 100mm，混凝土设计强度等级为 C15；底板下设抗拔混凝土灌注桩，直径 φ800mm，满堂布置。桩基施工前，项目部按照施工方案进行施工范围内地下管线迁移和保护工作，对作业班组进行了全员技术安全交底。

施工过程中发生如下事件。

事件一： 在吊运废弃的雨水管节时，操作人员不慎将管节下的燃气钢管兜住，起吊时钢管被拉裂，造成燃气泄漏，险些酿成重大安全事故。总监理工程师下达工程暂停指令，要求施工单位限期整改。

事件二： 桩基首个验收批验收时，发现个别桩有如下施工质量缺陷：桩基顶面设计高程以下约 1.0m 范围混凝土不够密实，达不到设计强度。监理工程师要求项目部提出返修处理方案和预防措施。项目部获准的返修处理方案所附的桩头与杯口细部做法如图 1 所示。

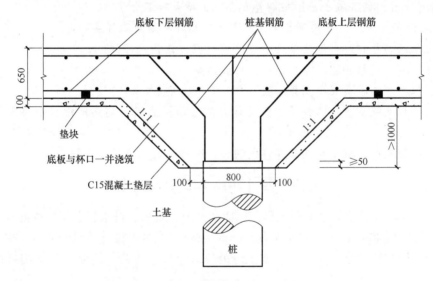

图 1 桩头与杯口细部做法（尺寸单位：mm）

问题：

1. 指出事件一中项目部安全管理的主要缺失，并给出正确做法。 （6 分）

2. 列出事件一整改与复工的程序。 （4 分）

3. 分析事件二中桩基质量缺陷的主要成因，并给出预防措施。 （6 分）

4. 依据桩头与杯口细部做法示意图给出返修处理步骤。（请用文字叙述）。 （4 分）

【参考答案】

1. 指出事件一中项目部安全管理的主要缺失，并给出正确做法。

（1）主要缺失：

1）施工影响区管线未迁移或保护措施不利。 （1 分）

2）吊装方案不合理、未进行试吊，未设置专人监护。 （1 分）

3）吊运之前未联系燃气公司停气。 （1分）

（2）正确做法：

1）对易发生生产安全事故的部位（燃气管道）进行标识、迁移或保护。 （1分）

2）根据吊装方案作业并进行试吊。吊装人员持证上岗，作业时设置专职安全员（或指挥人员）进行旁站检查。 （1分）

3）吊装之前联系燃气公司停气。 （1分）

2. 列出事件一整改与复工的程序。

项目部停工并通知燃气管理单位抢修→管线修复后验收合格→项目部提出整改措施（方案）→总监理工程师批准→项目部按整改措施进行整改→项目部提出复工申请→监理工程师验收合格→总监理工程师下达复工令。 （4分）

3. 分析事件二中桩基质量缺陷的主要成因，并给出预防措施。

（1）主要原因：超灌高度不够、混凝土浮浆太多、孔内混凝土面测定不准。 （每个1分）

（2）预防措施：

1）根据现场情况灌注混凝土，超灌0.5~1m。 （1分）

2）桩顶10m内的混凝土应适当调整配合比，增大碎石含量。 （1分）

3）在灌注最后阶段，孔内混凝土面测定应采用硬杆筒式取样法测定。 （1分）

4. 依据桩头与杯口细部做法给出返修处理步骤（请用文字叙述）。

（1）按照方案高程和坡度挖出桩头，形成杯口。 （1分）

（2）凿除桩顶不密实混凝土并清理，浇筑混凝土垫层。 （1分）

（3）清除桩头钢筋污、锈，并按照设计要求弯曲；底板与垫层间设置垫块并绑扎底板钢筋。 （1分）

（4）桩头钢筋与底板上层钢筋焊接或绑扎，进行混凝土浇筑并养护。 （1分）

案例十四【2018年二建真题】

某公司承建一项城市污水处理工程，包括调蓄池、泵房、排水管道等。调蓄池为钢筋混凝土结构，尺寸为40m（长）×20m（宽）×5m（高），混凝土设计等级为C35，抗渗等级为P6。调蓄池底板与池壁分两次浇筑，施工缝处安装金属止水带，混凝土均采用泵送商品混凝土。

事件一： 施工单位对施工现场进行封闭管理，砌筑了围墙，在出入口处设置了大门等临时设施，施工现场进口处悬挂了整齐明显的"五牌一图"及警示标牌。

事件二： 调蓄池基坑开挖渣土外运过程中，因运输车辆装载过满，造成抛撒滴漏，被城管执法部门下发整改通知单。

事件三： 池壁混凝土浇筑过程中，有一辆商品混凝土运输车因交通堵塞，混凝土运至现场时间过长，坍落度损失较大，泵车泵送困难，施工员安排工人向混凝土运输车罐体内直接加水后完成了浇筑工作。

事件四： 金属止水带安装中，接头采用单面焊搭接法施工，搭接长度为15mm，并用铁钉固定就位，监理工程师检查后要求施工单位进行整改。

为确保调蓄池混凝土的质量，施工单位加强了混凝土浇筑和养护等各环节的控制，以确保实现设计的使用功能。

问题：

1. 写出"五牌一图"的内容。 (3分)

2. 事件二中，为确保项目的环境保护和文明施工，施工单位对出场的运输车辆应做好哪些防止抛撒滴漏的措施？ (4分)

3. 事件三中，施工员安排向罐内加水的做法是否正确？应如何处理？ (4分)

4. 说明事件四中监理工程师要求施工单位整改的原因。 (4分)

5. 施工单位除了混凝土的浇筑和养护控制，还应从哪些环节加以控制以确保混凝土质量？ (5分)

【参考答案】

1. 写出"五牌一图"的内容。

五牌：工程概况牌、管理人员名单及监督电话牌、消防安全牌、安全生产（无重大事故）牌、文明施工牌。

一图：施工现场总平面图。 （每写对2个得1分）

2. 事件二中，为确保项目的环境保护和文明施工，施工单位对出场的运输车辆应做好哪些防止抛撒滴漏的措施？

（1）车辆不得装载过满并采取密闭或覆盖措施。 (1分)

（2）现场出入口设置洗车池，对出场渣土车辆进行冲洗。 (1分)

（3）运输渣土车行走不宜过快，转弯应降速。 (1分)

（4）渣土运输路线上设专人清扫遗撒土方。 (1分)

3. 事件三中，施工员安排向罐内加水的做法是否正确？应如何处理？

（1）不正确。 (1分)

（2）正确做法：应加入原水灰比的水泥浆或掺加减水剂进行搅拌，严禁直接加水。 (3分)

4. 说明事件四中监理工程师要求施工单位整改的原因。

（1）原因之一："接头采用单面焊搭接法施工，搭接长度为15mm"，这会造成焊缝位置漏水；应采用折叠咬接或搭接，搭接长度不小于20mm，必须采用双面焊接。 (2分)

（2）原因之二：止水带"采用铁钉固定就位"，会从钉眼之处漏水；可用钢筋焊接定位。 (2分)

5. 施工单位除了混凝土的浇筑和养护控制，还应从哪些环节加以控制以确保混凝土质量？

还应从原材料质量（粗、细集料，水泥，外加剂）、配合比、混凝土的搅拌、混凝土运输、混凝土振捣、变形缝设置、季节性施工等环节加以控制，以确保混凝土质量。 （写对5个以上得5分）

案例十五【2017年二建真题】

某公司中标承建污水截流工程，内容有：新建提升泵站一座，位于城市绿地内，地下部分为内径5m的圆形混凝土结构，底板高程−9.0m；新敷设D1200mm和D1400mm柔性接口钢筋混凝土管道546m，管顶覆土深度4.8～5.5m，检查井间距50～80m；A段管道从高速铁路桥跨中穿过，B段管道垂直穿越城市道路，工程纵向剖面图如图1所示。场地地下水为层间水，赋存于粉质黏土、重粉质黏土层，水量较大。设计采用明挖法施工，辅以井点降水和局部注浆加固施工技术措施。

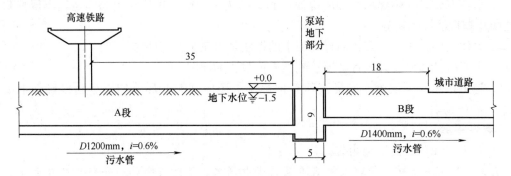

图1 污水截流工程纵向剖面图（单位：m）

施工前，项目部进场调研发现：高铁桥墩柱基础为摩擦桩；城市道路车流量较大；地下水位较高，水量大，土层渗透系数较小。项目部依据施工图设计拟定了施工方案，并组织对施工方案进行专家论证。依据专家论证意见，项目部提出工程变更，并调整了施工方案如下：①取消井点降水技术措施；②泵站地下部分采用沉井法施工；③管道采用密闭式顶管机顶管施工。该工程变更获得建设单位的批准。项目部按照设计变更情况，向建设单位提出调整费用的申请。

问题：

1. 简述工程变更采用①和③措施具有哪些优越性。　　　　　　　　　　　　（6分）

2. 给出工程变更后泵站地下部分和新建管道的完工顺序，并分别给出两者的验收试验项目。　　　　　　　　　　　　　　　　　　　　　　　　　　　　　　（6分）

3. 指出沉井下沉和沉井封底的方法。　　　　　　　　　　　　　　　　　（2分）

4. 列出设计变更后的工程费用调整项目。　　　　　　　　　　　　　　　（6分）

【参考答案】

1. 简述工程变更采用①和③措施具有哪些优越性。

（1）工程变更①的主要优越性：

1）取消井点降水技术措施，可避免因降水引起的沉降对交通设施的不良影响和对路面的破坏，保证线路运行安全。　　　　　　　　　　　　　　　　　　　　　（1分）

2）取消降水可以提前开工。　　　　　　　　　　　　　　　　　　　　（1分）

（2）工程变更③的主要优越性：

1）减少深基坑施工。　　　　　　　　　　　　　　　　　　　　　　　（1分）

2）可以减少对桥梁基础的影响。　　　　　　　　　　　　　　　　　　（1分）

3）密闭式顶管施工精度高。　　　　　　　　　　　　　　　　　　　　（1分）

4）减少占用和破坏城市道路和城市绿地，对地面交通影响小。　　　　　（1分）

2. 给出工程变更后泵站地下部分和新建管道的完工顺序，并分别给出两者的验收试验项目。

（1）完工顺序：泵站地下部分沉井、封底→A段管道顶进接驳→B段管道顶进接驳。

（2分）

（2）验收的试验项目：

1）泵站地下部分的验收试验项目为满水试验。 （2分）

2）A、B管道的验收试验项目为分别进行严密性试验（或闭水试验）。 （2分）

3. 指出沉井下沉和沉井封底的方法。

（1）沉井下沉采用不排水下沉。 （1分）

（2）沉井封底应采用水下封底。 （1分）

4. 列出设计变更后的工程费用调整项目。

（1）减少的费用：

1）井点施工和运行费用。 （1分）

2）土方开挖回填施工费用。 （1分）

3）道路、绿地占用和恢复费用。 （1分）

（2）增加的费用：

1）沉井制作、下沉施工费用。 （1分）

2）顶管机械使用费用。 （1分）

3）调整顶管施工专用管材与普通承插柔性接口管材价差。 （1分）

二、单项选择题及答案

1.（2013年真题）下列构筑物中，属于污水处理构筑物的是（　　）。

A. 混凝土沉淀池　　　　　　　B. 清水池

C. 吸滤池　　　　　　　　　　D. 曝气池

【答案】 D

【解析】 A、B、C选项属于给水处理构筑物。

2.（2014年真题）属于给水处理构筑物的是（　　）。

A. 消化池　　　　　　　　　　B. 曝气池

C. 氧化沟　　　　　　　　　　D. 混凝沉淀池

【答案】 D

【解析】 A、B、C选项属于污水处理构筑物。

3. 为提高对污染物的去除效果，改善和提高饮用水水质，除了常规处理工艺，还有预处理和深度处理工艺。下列属于深度处理工艺的是（　　）。

A. 黏土吸附　　　　　　　　　B. 吹脱法

C. 生物膜法　　　　　　　　　D. 高锰酸钾氧化

【答案】 B

【解析】 预处理工艺可分为氧化法和吸附法，其中氧化法又可分为化学氧化法和生物氧化法。深度处理工艺主要有活性炭吸附法、臭氧氧化法、臭氧活性炭法、生物活性炭法、光催化氧化法、吹脱法等。

4. 下列哪个不是根据水质类型划分的污水的处理方法（　　）。

A. 物理处理法　　　　　　　　B. 生物处理法

C. 自然沉淀法　　　　　　　　D. 化学处理法

【答案】 C

【解析】　污水的处理方法根据水质类型可分为物理处理法、生物处理法、污水处理产生的污泥处理及化学处理法。

5.（2010年真题）现浇混凝土水池的外观和内在质量的设计要求中，没有（　　）要求。

A. 抗冻　　　　　　　　　　　B. 抗碳化

C. 抗裂　　　　　　　　　　　D. 抗渗

【答案】　B

【解析】　现浇混凝土水池的外观和内在质量的设计要求：

1）现浇混凝土的配合比、强度和抗渗、抗冻能力必须符合设计要求，构筑物不得有露筋、蜂窝、麻面等质量缺陷。

2）整个构筑物混凝土应做到颜色一致、棱角分明、规则，体现外光内实的结构特点。

6.（2011年真题）曲面异形的构筑物是（　　）。

A. 矩形水池　　　　　　　　　B. 圆柱形消化池

C. 卵形消化池　　　　　　　　D. 圆形蓄水池

【答案】　C

【解析】　污水处理构筑物中的卵形消化池，通常采用无粘结预应力筋、曲面异形大模板施工，属全现浇混凝土施工。

7.（2015年真题）钢筋混凝土结构外表面需设置保温层和饰面层的水处理建筑物是（　　）。

A. 沉砂池　　　　　　　　　　B. 沉淀池

C. 消化池　　　　　　　　　　D. 浓缩池

【答案】　C

【解析】　污水处理构筑物中的卵形消化池，通常采用无粘结预应力筋、曲面异形大模板施工。消化池钢筋混凝土主体外表面，需要做保温和外饰面保护；保温层、饰面层施工应符合设计要求。

8.（2012年真题）关于预制安装水池现浇壁板接缝混凝土施工措施的说法，错误的是（　　）。

A. 强度较预制壁板应提高一级　　B. 宜采用微膨胀混凝土

C. 应在壁板间缝宽较小时段灌注　　D. 应采取必要的养护措施

【答案】　C

【解析】　预制安装水池现浇壁板接缝混凝土浇筑时间应根据气温和混凝土温度，选在壁板间缝宽较大时进行，故C选项错误。

9.（2010年真题）一般地表水处理厂采用的常规处理流程为（　　）。

A. 原水→沉淀→混凝→过滤→消毒

B. 原水→混凝→沉淀→过滤→消毒

C. 原水→过滤→混凝→沉淀→消毒

D. 原水→混凝→消毒→过滤→沉淀

【答案】　B

【解析】　地表水处理工艺流程及适用条件见下表。

地表水处理工艺流程及适用条件

工 艺 流 程	适 用 条 件
原水→简单处理（如筛网隔滤或消毒）	水质较好
原水→接触过滤→消毒	浊度和色度较低的湖泊、水库水，进水悬浮物＜100mg/L，水质稳定，无藻类繁殖
原水→混凝→沉淀或澄清→过滤→消毒	地表水处理厂广泛采用，适用于浊度＜3mg/L的河流水。河流、小溪水浊度较低，洪水时含沙量大，可采用此流程对低浊度无污染的水不加凝聚剂或跨越沉淀直接过滤
原水→调蓄预沉→混凝→沉淀或澄清→过滤→消毒	高浊度水二级沉淀，适用于含沙量大，沙峰持续时间长，预沉后原水含沙量应降低到1000mg/L以下，黄河中上游的中小型水厂和长江上游高浊度水处理多采用二级沉淀（澄清）工艺，适用于中小型水厂，有时在滤池后建造清水调蓄池

10. （2011年真题）水质较好处理过程是（　　）。

A. 原水→筛网过滤或消毒　　　　　B. 原水→沉淀→过滤

C. 原水→接触过滤→消毒　　　　　D. 原水→调蓄预沉→澄清

【答案】　A

【解析】　水质较好，原水应简单处理，如筛网过滤或消毒。

11. （2012年真题）在渗水量不大、稳定的黏土层中，深5m、直径2m的圆形沉井宜采用（　　）。

A. 水力机械排水下沉　　　　　　　B. 人工挖土排水下沉

C. 水力机械不排水下沉　　　　　　D. 人工挖土不排水下沉

【答案】　B

【解析】　预制沉井法施工通常采取排水下沉干式沉井方法和不排水下沉湿式沉井方法。前者适用于渗水量不大、稳定的黏性土；后者适用于比较深的沉井或有严重流沙的情况。本题工程量较小，采用人工开挖比较合适。

12. （2017年真题）下列给水排水构筑物中，属于调蓄构筑物的是（　　）。

A. 澄清池　　　　　　　　　　　　B. 清水池

C. 生物塘　　　　　　　　　　　　D. 反应池

【答案】　B

【解析】　除清水池是调节水量的构造物之外，其他都是反应池。

13. （2017年真题）给水与污水处理厂试运行内容不包括（　　）。

A. 性能标定　　　　　　　　　　　B. 单机试车

C. 联机运行　　　　　　　　　　　D. 空载运行

【答案】　A

【解析】　给水与污水处理厂试运行内容：单机试车、设备机组充水试验、设备机组空载试运行、设备机组负荷试运行、设备机组自动开停机试运行。

14. （2018年真题）下列场站构筑物组成中，属于污水构筑物的是（　　）。

A. 吸水井　　　　　　　　　　　　B. 污泥脱水机房

C. 管廊桥架　　　　　　　　　　　　D. 进水泵房

【答案】　D

【解析】　A 选项和 C 选项属于工艺辅助构筑物；B 选项属于辅助建筑物中的生产辅助性建筑物。

15.（2018 年真题）当水质条件为水库水，悬浮物含量小于 100mg/L 时，应采用的水处理工艺是（　　　）。

A. 原水→筛网隔滤或消毒

B. 原水→接触过滤→消毒

C. 原水→混凝、沉淀或澄清→过滤→消毒

D. 原水→调蓄预沉→混凝、沉淀或澄清→过滤→消毒

【答案】　B

16.（2019 年真题）城市污水处理方法与工艺中，属于化学处理法的是（　　　）。

A. 混凝法　　　　　　　　　　　　B. 生物膜法

C. 活性污泥法　　　　　　　　　　D. 筛滤截流法

【答案】　A

【解析】　污水处理方法可根据水质类型分为物理处理法、生物处理法、污水处理产生的污泥处置及化学处理法，还可根据处理程度分为一级处理、二级处理及三级处理等工艺流程。A 选项是化学处理法，B、C 选项是生物处理法，D 选项是物理处理法。

17.（2020 年真题）关于水处理构筑物特点的说法中，错误的是（　　　）。

A. 薄板结构　　　　　　　　　　　B. 抗渗性好

C. 抗地层变位性好　　　　　　　　D. 配筋率高

【答案】　C

【解析】　构筑物结构形式与特点：水处理（调蓄）构筑物和泵房多数采用地下或半地下钢筋混凝土结构，特点是构件断面较薄，属于薄板或薄壳型结构，配筋率较高，具有较高抗渗性和良好的整体性要求。少数构筑物采用土膜结构如稳定塘等，面积大且有一定深度，抗渗性要求较高。

18.（2021 年真题）城市新型分流制排水系统中，雨水源头控制利用技术有（　　　）、净化和收集回用。

A. 雨水下渗　　　　　　　　　　　B. 雨水湿地

C. 雨水入塘　　　　　　　　　　　D. 雨水调蓄

【答案】　A

【解析】　对于新型分流制排水系统，强调雨水的源头分散控制与末端集中控制相结合……雨水源头控制利用技术有雨水下渗、净化和收集回用技术，末端集中控制技术包括雨水湿地、塘及多功能调蓄等。

19.（2021 年真题）污水处理厂试运行程序有：①单机试车；②设备机组空载试运行；③设备机组充水试验；④设备机组自动开停机试运行；⑤设备机组负荷试运行。正确的试运行流程是（　　　）。

A. ①→②→③→④→⑤　　　　　　　B. ①→②→③→⑤→④

C. ①→③→②→④→⑤　　　　　　　D. ①→③→②→⑤→④

【答案】　D

【解析】　污水处理厂试运行基本程序：①单机试车；②设备机组充水试验；③设备机组空载试运行；④设备机组负荷试运行；⑤设备机组自动开停机试运行。

20. 张拉段无粘结预应力筋长度小于（　　）m 时宜采用一端张拉。

A. 15　　　　　　　　　　　　B. 20

C. 25　　　　　　　　　　　　D. 30

【答案】　C

【解析】　张拉段无粘结预应力筋长度小于 25m 时宜采用一端张拉。

21. （2021 年真题）关于预应力混凝土水池无粘结预应力筋布置安装的说法，正确的是（　　）。

A. 应在浇筑混凝土过程中，逐步安装、放置无粘结预应力筋

B. 相邻两环无粘结预应力筋锚固位置应对齐

C. 设计无要求时，张拉段长度不超过 50m，且锚固肋数量为双数

D. 无粘结预应力筋中的接头采用对焊焊接

【答案】　C

【解析】　无粘结预应筋安装时，上下相邻两无粘结预应力筋锚固位置应错开一个锚固肋；应在浇筑混凝土前安装、放置；无粘结预应力筋中严禁有接头。

22. 现浇钢筋混凝土水池的防水层、水池外部防腐层施工以及池外回填土施工之前，应先做的是（　　）。

A. 严密性试验　　　　　　　　B. 水池闭水试验

C. 渗水试验　　　　　　　　　D. 水池满水试验

【答案】　D

【解析】　水池满水试验的前提条件：池体结构混凝土的抗压强度、抗渗强度或砖砌体水泥砂浆强度达到设计要求；现浇钢筋混凝土水池的防水层、水池外部防腐层施工以及池外回填土施工之前，装配式预应力混凝土水池施加预应力或水泥砂浆保护层喷涂之前；砖砌水池的内外防水水泥砂浆完成之后。

23. 无盖水池满水试验流程为（　　）。

A. 试验准备→水池内水位观测→水池注水→蒸发量测定→整理试验结论

B. 试验准备→水池注水→蒸发量测定→水池内水位观测→整理试验结论

C. 试验准备→水池注水→水池内水位观测→蒸发量测定→整理试验结论

D. 试验准备→蒸发量测定→水池注水→整理试验结论→水池内水位观测

【答案】　C

【解析】　构筑物水池满水试验流程为试验准备→水池注水→水池内水位观测→蒸发量测定→整理试验结论。

24. 满水试验时水位上升速度不宜超过（　　）m/d。

A. 0.5　　　　　　　　　　　　B. 1

C. 1.5　　　　　　　　　　　　D. 2

【答案】　D

【解析】　满水试验注水时，水位上升速度不宜超过 2m/d，两次注水间隔不应小于 24h。

25. 水位测针的读数精确度应达到（　　）mm。

A. 0.1

B. 0.01

C. 1

D. 0.001

【答案】　A

【解析】　水位测针的读数精确度应达到0.1mm。

26. （2010年真题）下列现浇钢筋混凝土水池伸缩缝橡胶止水带固定方法中，正确的是（　　）。

A. 设架立钢筋

B. 穿孔后用铁丝绑扎

C. 螺栓对拉

D. 用AB胶粘结。

【答案】　A

【解析】　橡胶止水带是在混凝土浇筑过程中部分或全部浇埋进混凝土中。由于混凝土中有尖角的石子和锐刃的钢筋，所以在止水带定位和混凝土浇捣过程中应注意安装定位方位和浇捣压力，以避免止水带被刺破。

B、C选项：穿孔后会破坏橡胶的止水性能，D选项：定位不牢固。

27. （2010年真题）某贮水池设计水深6m，满水试验时，池内注满水所需最短时间为（　　）天。

A. 3.5

B. 4.0

C. 4.5

D. 5.0

【答案】　D

【解析】　向池内注水应分3次进行，每次注水为设计水深的1/3，注水时水位上升速度不宜大于12m/d。相邻两次注水的间隔时间不应小于24h。

28. （2014年真题）关于沉井下沉监控测量的说法，错误的是（　　）。

A. 下沉时标高、轴线位移每班至少测量一次

B. 封底前自沉速率应大于10mm/8h

C. 如发生异常情况应加密量测

D. 大型沉井应进行结构变形和裂缝观测

【答案】　B

【解析】　终沉时，每小时测一次，严格控制超沉，沉井封底前自沉速率应小于10mm/8h，故B说法错误。

29. （2016年真题）沉井下沉过程中，不可用于减少摩阻力的措施是（　　）。

A. 排水下沉

B. 空气幕助沉

C. 在井外壁与土体间灌入黄沙

D. 触变泥浆套

【答案】　A

【解析】　本题B选项和D选项属于沉井辅助法下沉措施，关键在于A选项和C选项作何选择。

A选项的直接目的是沉井内水被排除后，人或机械可以进入挖土；C选项的根本目的是沉井采用阶梯形井壁助沉后，填塞空隙防倾斜的措施。对比而言，灌入的黄沙在防倾斜的同时，还具有一定的润滑减阻作用。

30. （2013年真题）采用排水下沉施工的沉井封底措施中，错误的是（　　）。

A. 封底前设置泄水井　　　　　　　　B. 封底前停止降水

C. 封底前井内应无渗漏水　　　　　　D. 封底前用石块将刃脚垫实

【答案】 B

【解析】 封底前应设置泄水井，底板混凝土强度达到设计强度等级且满足抗浮要求时，方可封填泄水井、停止降水。

31. （2018 年真题）关于装配式预应力混凝土水池预制构件安装的说法，正确的是（　　）。

A. 曲梁应在跨中临时支撑，待上部混凝土达到设计强度的 50%，方可拆除支撑

B. 吊绳与预制构件平面的交角不小于 35°

C. 预制曲梁宜采用三点吊装

D. 安装的构件在轴线位置校正后焊接

【答案】 C

【解析】 A 选项应为：曲梁应在梁的跨中临时支撑，待上部二期混凝土达到设计强度的 75% 及以上时，方可拆除支撑。

B 选项应为：吊绳与预制构件平面的交角不应小于 45°。

D 选项应为：安装的构件，必须在轴线位置及高程进行校正后焊接或浇筑接头混凝土。

32. （2018 年真题）关于沉井不排水下沉水下封底技术要求的说法，正确的是（　　）。

A. 保持地下水位距坑底不小于 1m

B. 导管埋入混凝土的深度不宜小于 0.5m

C. 封底前应设置泄水井

D. 混凝土浇筑顺序应从低处开始，逐渐向周围扩大

【答案】 D

【解析】 A、C 选项为干封底的技术要求；B 选项应为：导管埋入混凝土的深度不宜小于 1.0m。

33. （2018 年海南省真题）在预制构件吊装方案编制中，吊装程序和方法应写入（　　）中。

A. 工程概况　　　　　　　　　　　B. 质量保证措施

C. 安全保证措施　　　　　　　　　D. 主要技术措施

【答案】 D

【解析】 预制构件吊装方案应包括以下内容：

（1）工程概况，包括施工环境、工程特点、规模、构件种类数量、最大构件自重、吊具，以及设计要求、质量标准。

（2）主要技术措施，包括吊装前环境、材料机具与人员组织等准备工作，吊装程序和方法、构件稳固措施、不同气候施工措施等。

（3）吊装进度计划。

（4）质量安全保证措施，包括管理人员职责，检测监控手段，发现不合格的处理措施，以及吊装作业记录表格等安全措施。

（5）环保、文明施工等保证措施。

34. （2018 年真题）在沉井的构造中，沉井的主要组成部分是（　　）。

A. 刃脚　　　　　　　　　　　B. 井筒

C. 横梁　　　　　　　　　　　D. 底板

【答案】　B

【解析】　A、C、D选项均是沉井的组成部分，但不是主要组成部分；沉井的主要组成部分是井筒。

35. （2019年真题）关于沉井施工分节制作工艺的说法，正确的是（　　　）。

A. 第一节制作高度必须与刃脚部分齐平

B. 设计无要求时，混凝土强度应达到设计强度等级60%，方可拆除模板

C. 混凝土施工缝应采用凹凸缝并应凿毛清理干净

D. 设计要求分多节制作的沉井，必须全部接高后方可下沉

【答案】　C

【解析】　分节制作沉井：

1）每节制作高度应符合施工方案要求且第一节制作高度必须高于刃脚部分；井内设有底梁或支撑梁时应与刃脚部分整体浇捣。

2）设计无要求时，混凝土强度应达到设计强度75%后，方可拆除模板或浇筑后节混凝土。

3）混凝土施工缝处理应采用凹凸缝或设置钢板止水带，施工缝应凿毛并清理干净；内外模板采用对拉螺栓固定时，其对拉螺栓的中间应设置防渗止水片；钢筋密集部位和预留孔底部应辅以人工振捣，保证结构密实。

4）沉井每次接高时各部位的轴线位置应一致、重合，及时做好沉降和位移监测；必要时应对刃脚地基承载力进行验算，并采取相应措施确保地基及结构的稳定。

5）分节制作、分次下沉的沉井，前次下沉后进行后续接高施工。

36. （2020年真题）关于沉井施工技术的说法，正确的是（　　　）。

A. 在粉细砂土层采用不排水下沉时，井内水位应高出井外水位0.5m

B. 沉井下沉时，要对沉井的标高、轴线位移进行测量

C. 大型沉井应进行结构内力监测及裂缝观测

D. 水下封底混凝土强度达到设计强度等级的75%时，可将井内水抽除

【答案】　B

【解析】　A选项的正确说法：流动性土层开挖时，应保持井内水位高出井外水位不少于1m。C选项的正确说法：大型沉井应进行结构变形和裂缝观测。D选项的正确说法：水下封底混凝土强度达到设计强度等级，沉井能满足抗浮要求时，方可将井内水抽除，并凿除表面松散混凝土进行钢筋混凝土底板施工。

三、多项选择题及答案

1. 污水处理工艺中，关于一、二级处理正确的说法有（　　　）。

A. 一级处理主要采用物理处理法

B. 一级处理后的污水BOD_5一般可去除40%左右

C. 二级处理主要去除污水中呈胶体和溶解性状态的有机污染物

D. 二级处理通常采用生物处理法

E. 二次沉淀池是一级处理的主要构筑物之一

【答案】　ACD

【解析】　一级处理主要是采用物理处理法截流较大的漂浮物，以便减轻后续处理构筑物的负荷，使之能够正常运转。经过一级处理后的污水 BOD_5 一般可去除 30% 左右，达不到排放标准，只能作为二级处理的预处理。二级处理主要去除污水中呈胶体和溶解性状态的有机污染物质，通常采用生物处理法。二级沉淀池的主要功能是去除生物处理过程中所产生的、以污泥形式存在的生物脱落物或已经死亡的生物体。

2.（2012 年真题）现浇施工水处理构筑物的构造特点有（　　）。

A. 断面较薄　　　　　　　　　　B. 配筋率较低

C. 抗渗要求高　　　　　　　　　D. 整体性要求高

E. 满水试验为主要功能性试验

【答案】　ACD

【解析】　现浇施工水处理构筑物的结构特点是构件断面较薄，属于薄板或薄壳结构，配筋率较高，具有较高抗渗性和良好的整体性要求。

3.（2014 年真题）常用的给水处理工艺有（　　）。

A. 过滤　　　　　　　　　　　　B. 浓缩

C. 消毒　　　　　　　　　　　　D. 软化

E. 厌氧消化

【答案】　ACD

【解析】　常用的给水处理工艺有自然沉淀、混凝沉淀、过滤、消毒、软化和除铁除锰等。

4.（2018 年真题）下列饮用水处理方法中，属于深度处理的是（　　）。

A. 活性炭吸附法　　　　　　　　B. 臭氧活性炭法

C. 氯气预氧化法　　　　　　　　D. 光催化氧化法

E. 高锰酸钾氧化法

【答案】　ABD

【解析】　应用较广泛的深度处理技术主要有活性炭吸附法、臭氧氧化法、臭氧活性炭法、生物活性炭法、光催化氧化法、吹脱法等。

5.（2019 年真题）下列场站水处理构筑物中，属于给水处理构筑物的有（　　）。

A. 消化池　　　　　　　　　　　B. 集水池

C. 澄清池　　　　　　　　　　　D. 曝气池

E. 清水池

【答案】　BCE

【解析】　A、D 选项属于污水处理构筑物。

6.（2021 年真题）关于污水处理氧化沟的说法，正确的有（　　）。

A. 属于活性污泥处理系统

B. 处理过程需持续补充微生物

C. 利用污泥中的微生物降解污水中的有机污染物

D. 经常采用延时曝气

E. 污水一次性流过即可达到处理效果

【答案】　ACD

【解析】　氧化沟是活性污泥法的一种变型，污水与污泥在曝气池中混合，污泥中的微生物将污水中复杂的有机物降解，并用释放出的能量来实现微生物本身的繁殖和运动等。氧化沟工艺构造形式多样，一般呈环状沟渠形，传统的氧化沟具有延时曝气活性污泥法的特点，通过调节曝气的强度和水流方式，可以使氧化沟内交替出现厌氧、缺氧和好氧状态或出现厌氧区、缺氧区和好氧区，从而脱氮除磷。

7. （2015 年真题）下列施工工序中，属于无粘结预应力施工工序的有（　　）。

A. 预留管道　　　　　　　　　　　B. 安装锚具

C. 张拉　　　　　　　　　　　　　D. 压浆

E. 封锚

【答案】　BCE

【解析】　预应力张拉分为先张法和后张法，后张法又分为有粘结预应力和无粘结预应力。无粘结预应力中，由于钢筋都是被油脂和塑料保护层裹紧后浇筑到构件中的，所以相对于有粘结预应力来说，它没有预留孔道和压浆的工序。

8. （2015 年真题）关于预制拼装给水排水构筑物现浇板缝施工说法，正确的有（　　）。

A. 板缝部位混凝土表面不用凿毛

B. 外模应分段随浇随支

C. 内模一次安装到位

D. 宜采用微膨胀水泥

E. 板缝混凝土应与壁板混凝土强度相同

【答案】　BCD

【解析】　本题考核的是装配式预应力混凝土水池施工技术。预制安装水池满水试验能否合格，除底板混凝土施工质量和预制混凝土壁板质量满足抗渗标准外，现浇壁板缝混凝土也是防渗漏的关键，必须控制其施工质量。其具体操作要点如下：壁板接缝的内模宜一次安装到顶；外模应分段随浇随支。浇筑前，接缝的壁板表面应洒水保持湿润，模内应洁净；接缝的混凝土强度应符合设计规定，设计无要求时，应比壁板混凝土强度提高一级；用于接头或拼缝的混凝土或砂浆，宜采取微膨胀和快速水泥，在浇筑过程中应振捣密实，并采取必要的养护措施。

9. （2013 年真题）构筑物满水试验前必须具备的条件有（　　）。

A. 池内清理洁净　　　　　　　　　B. 防水层施工完成

C. 预留洞口已临时封堵　　　　　　D. 防腐层施工完成

E. 构筑物强度满足设计要求

【答案】　ACE

【解析】　满水试验前必备条件：

1）池体的混凝土或砖、石砌体的砂浆已达到设计强度要求；池内清理洁净，池内外缺陷修补完毕。

2）现浇钢筋混凝土池体的防水层、防腐层施工之前；装配式预应力混凝土池体施加预应力且锚固端封锚以后，保护层喷涂之前；砖砌池体防水层施工以后，石砌池体勾缝以后。

3）设计预留孔洞、预留管口及进出水口等已做临时封堵，且经验算能安全承受试验压力。

4）池体抗浮措施满足设计要求。

5）试验用的充水、充气和排水系统已准备就绪，经检验，充水、充气及排水闸门不得渗漏。

6）各项保证试验安全的措施已满足要求；满足设计的其他特殊要求。

10. （2020年真题）关于直径50m的无粘结预应力混凝土沉淀池施工技术的说法，正确的有（　　）。

A. 无粘结预应力筋不允许有接头

B. 封锚外露预应力筋保护层厚度不小于50mm

C. 封锚混凝土等级不得低于C40

D. 安装时，每段预应力筋计算长度为两端张拉工作长度和锚具长度

E. 封锚前无粘结预应力筋应切断，外露长度不大于50mm

【答案】　ABC

【解析】　D选项的正确说法：每段无粘结预应力筋的计算长度应加入一个锚固肋宽度及两端张拉工作长度和锚具长度；E选项：教材中没有相关要求。

11. （2021年真题）现浇混凝土水池满水试验应具备的条件有（　　）。

A. 混凝土强度达到设计强度的75%

B. 池体防水层施工完成后

C. 池体抗浮稳定性满足要求

D. 试验仪器已检验合格

E. 预留孔洞进出水口等已封堵

【答案】　CDE

【解析】　A选项应为：池体的混凝土或砖、石砌体的砂浆已达到设计强度要求；B选项应为：现浇钢筋混凝土池体的防水层、防腐层施工之前。

四、2022考点预测

1. 水池施工方法。

2. 水池漏水的预防、处理。

3. 计算：施工缝、混凝土方量。

第五章 城市管道工程

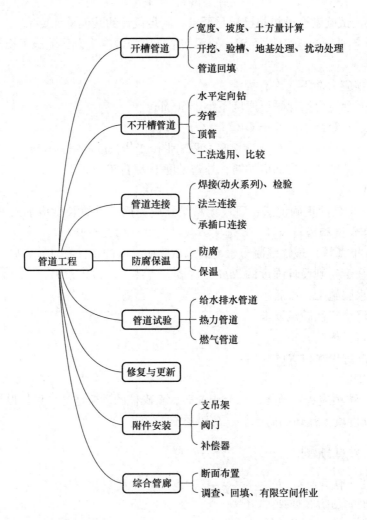

```
                          ┌─ 宽度、坡度、土方量计算
              ┌─ 开槽管道 ─┼─ 开挖、验槽、地基处理、扰动处理
              │           └─ 管道回填
              │
              │           ┌─ 水平定向钻
              │           ├─ 夯管
              ├─ 不开槽管道┤
              │           ├─ 顶管
              │           └─ 工法选用、比较
              │
              │           ┌─ 焊接(动火系列)、检验
              ├─ 管道连接 ─┼─ 法兰连接
              │           └─ 承插口连接
              │
管道工程 ──────┼─ 防腐保温 ─┬─ 防腐
              │           └─ 保温
              │
              │           ┌─ 给水排水管道
              ├─ 管道试验 ─┼─ 热力管道
              │           └─ 燃气管道
              │
              ├─ 修复与更新
              │
              │           ┌─ 支吊架
              ├─ 附件安装 ─┼─ 阀门
              │           └─ 补偿器
              │
              │           ┌─ 断面布置
              └─ 综合管廊 ─┴─ 调查、回填、有限空间作业
```

一、案例及参考答案

案例一 【2021年一建真题】

某区养护管理单位在雨季到来之前，例行城市道路与管道巡视检查，在 K1＋120 和 K1＋160 步行街路段沥青路面发现多处裂纹及路面严重变形。经 CT 影像显示，两井之间的钢筋混凝土平接口抹带脱落，形成管口漏水。

养护单位经研究决定，对两井之间的雨水管采取开挖换管施工，如图 1 所示。管材仍采用钢筋混凝土平口管。开工前，养护单位用砖砌封堵上下游管口，做好临时导水措施。养护单位接到巡视检查结果处置通知后，将该路段采取 1.5m 低围挡封闭施工，方便行人通行，设置安全护栏将施工区域隔离，设置不同的安全警示标志、道路安全、警告牌、夜间挂闪烁灯示警，并派养护工人维护现场行人交通。

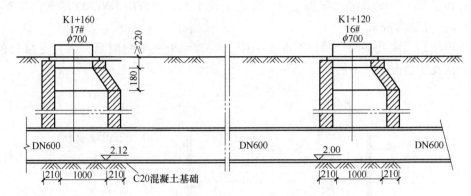

图1　更换钢筋混凝土平口管纵断面

问题：

1. 地下管线管口漏水会对路面产生哪些危害？ (6分)
2. 两井之间实铺管长为多少？铺管应从哪号井开始？ (5分)
3. 用砖砌封堵管口是否正确？最早什么时候拆除封堵？ (5分)
4. 项目部在对施工现场安全管理采取的措施中，有几处描述不正确，请改正。 (4分)

【参考答案】

1. 地下管线管口漏水会对路面产生哪些危害？

路面沉陷、裂缝、承载力不足。 (每个2分)

2. 两井之间实铺管长为多少？铺管应从哪号井开始？

(1) 两管之间实铺管长为160m－120m－1m＝39m。 (3分)

(2) 铺管从16号井开始。 (2分)

3. 用砖砌封堵管口是否正确？最早什么时候拆除封堵？

(1) 不正确。 (1分)

(2) 待管道试验合格且回填压实后拆除封堵。 (4分)

4. 项目部在对施工现场安全管理采取的措施中，有几处描述不正确，请改正。

(1) 不正确之处一：1.5m低围挡封闭施工。

正确做法：围挡高度不得低于2.5m。 (1分)

(2) 不正确之处二：方便行人通行，设置安全护栏将施工区域隔离。

正确做法：施工区域应在围挡内，围挡采用砌体、金属板材等硬质材料；专人值守，非作业人员不得入内。 (1分)

(3) 不正确之处三：设置不同的安全警示标志、道路安全、警告牌、夜间挂闪烁灯示警。

正确做法：设置统一的安全警示标志、道路安全、警告牌、夜间挂闪烁灯示警。 (1分)

(4) 不正确之处四：派养护工人维护现场行人交通。

正确做法：应安排专业交通疏导员维护现场行人交通。 (1分)

案例二【2020 年一建真题】

某公司承建一项城市污水管道工程，管道全长 1.5km，采用 DN1200 的钢筋混凝土管，管道平均覆土深度约 6m。

考虑现场地质水文条件，项目部准备采用"拉森钢板桩 + 钢围檩 + 钢管支撑"的支护方式，沟槽支护情况如图 1 所示。

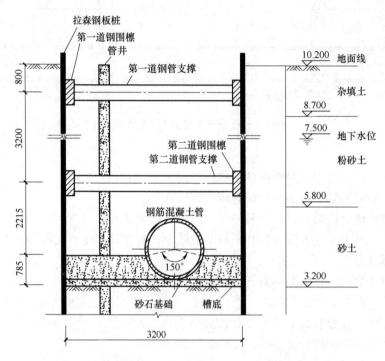

图 1　沟槽支护情况（标高单位：m；尺寸单位：mm）

项目部编制了"沟槽支护、土方开挖"专项施工方案，经专家论证，因缺少降水，专项方案被判定为"修改后通过"。项目部经计算补充了管井降水措施，方案获"通过"，项目进入施工阶段。

在沟槽开挖到槽底后进行了分项工程质量验收，槽底无水浸、扰动，槽底高程、中线、宽度符合设计要求。项目部认为沟槽开挖验收合格，拟开始后续垫层施工。

在完成下游 3 个井段管道安装及检查井砌筑后，抽取其中 1 个井段进行了闭水试验，实测渗水量为 0.0285L/（min·m）［规范规定 DN1200 钢筋混凝土管合格渗水量不大于 43.30m³/（24h·km）］。

为加快施工进度，项目部拟增加现场作业人员。

问题：

1. 写出钢板桩围护方式的优点。　　　　　　　　　　　　　　　　　　　　（4 分）

2. 管井成孔时是否需要泥浆护壁？写出滤管与孔壁间填充滤料的名称，写出确定滤管内径的因素是什么。　　　　　　　　　　　　　　　　　　　　　　　　（5 分）

3. 写出项目部"沟槽开挖"分项工程质量验收中缺失的项目。　　　　　　　（3 分）

4. 列式计算该井段闭水试验渗水量结果是否合格。　　　　　　　　　　　（4分）

5. 写出新进场工人上岗前应具备的条件。　　　　　　　　　　　　　　　（4分）

【参考答案】

1. 写出钢板桩围护方式的优点。

强度高、桩间连接紧密、隔水效果好、施工方便、可重复使用等。　（写对4条以上得4分）

2. 管井成孔时是否需要泥浆护壁？写出滤管与孔壁间填充滤料的名称，写出确定滤管内径的因素是什么。

（1）需要采用泥浆护壁。　　　　　　　　　　　　　　　　　　　　　（1分）

（2）名称：磨圆度好的硬质岩石成分的圆砾。　　　　　　　　　　　　　（2分）

（3）因素：滤管内径应按满足单井设计流量要求而配置的水泵规格确定。　（2分）

3. 写出项目部"沟槽开挖"分项工程质量验收中缺失的项目。

缺失的项目：地基承载力、槽底土质及平整度符合要求。　　　　　　　　（3分）

4. 列式计算该井段闭水试验渗水量结果是否合格。

实际渗水量换算：

$$0.0285 \text{L}/(\min \cdot \text{m}) = 24 \times 60 \times 0.0285 \text{m}^3/(24\text{h} \cdot \text{km}) = 41.04 \text{m}^3/(24\text{h} \cdot \text{km})$$

$$41.04 \text{m}^3/(24\text{h} \cdot \text{km}) < 43.30 \text{m}^3/(24\text{h} \cdot \text{km}) \qquad （3分）$$

实际渗水量小于规范规定的渗水量，所以该井段闭水试验渗水量合格。　　（1分）

或者合格渗水量为 $43.30 \text{m}^3/(24\text{h} \cdot \text{km}) = 43.30/(24 \times 60)\text{L}/(\min \cdot \text{m}) = 0.030 \text{L}/(\min \cdot \text{m})$

$0.0285 \text{L}/(\min \cdot \text{m}) < 0.030 \text{L}/(\min \cdot \text{m})$

5. 写出新进场工人上岗前应具备的条件

（1）与企业签订劳动合同。　　　　　　　　　　　　　　　　　　　　（1分）

（2）进行了实名制平台登记，一线作业人员不超过50周岁。　　　　　　（1分）

（3）进行了公司、项目、班组的三级岗前教育培训并经考核合格，持证上岗。　（1分）

（4）进行了安全技术交底。特殊工种需持证上岗。　　　　　　　　　　　（1分）

案例三　【2019年一建真题】

某公司承建长1.2km的城镇道路大修工程，道路平面如图1所示。机动车道下方有一DN800污水管线，垂直于该干线有一DN500混凝土污水管支线接入，由于污水支线不能满足排放量要求，拟在原位更新为DN600，更换长度为50m，如图1中2号-2′号井段。

项目部调查发现：2号-2′号井段管埋深约3.5m，该深度土质为砂卵石，下穿既有电信、电力管道（埋深均小于1m），2′号井处具备工作井施工条件，污水干线夜间水量小且稳定，支管接入时不需导水，2号-2′号井段施工期间上游来水可导入其他污水管。结合现场条件和使用需求，项目部拟从开槽法、内衬法、破管外挤法及定向钻法等4种方法中选择一种进行施工。

在对2号井内进行扩孔接管道作业之前，项目部编制了有限空间作业专项施工方案和事故应急预案并经过审批；在作业人员下井前打开上、下游检查井通风，对井内气体进行检测后未发现有毒气体超标；在打开的检查井周围摆放了反光锥桶。完成上述准备工作后，检测人员带着气体检测设备离开了现场，此后2名作业人员穿戴防护设备下井施工。由于施工时扰动了井底沉积物，有毒气体逸出，造成作业人员中毒，虽救助及时未造成人员伤亡，但暴露了项目部安全管理的漏洞，监理因此开出停工整改通知。

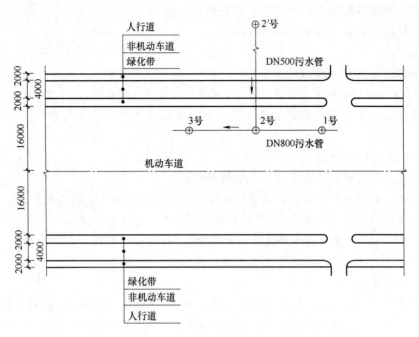

图1 道路平面（单位：mm）

问题：

1. 4 种管道施工方法中哪种方法最适合本工程？分别简述其他 3 种方法不适合的主要原因。 (5 分)

2. 针对管道施工时发生的事故，补充项目部在安全管理方面应采取的措施。 (5 分)

【参考答案】

1. 4 种管道施工方法中哪种方法最适合本工程？分别简述其他 3 种方法不适合的主要原因。

（1）破管外挤法最适合本工程。 (2 分)

（2）其他 3 种不适合的主要原因：

1）内衬法施工不能扩大管径。 (1 分)

2）定向钻法精度低，而且不适合砂卵石地层。 (1 分)

3）开槽法需要支撑，施工时间长且对交通影响大。 (1 分)

2. 针对管道施工时发生的事故，补充项目部在安全管理方面应采取的措施。

（1）对作业人员专项培训考核并进行安全技术交底。 (1 分)

（2）备有送、排风设备且人员下井期间不间断通风。 (1 分)

（3）人员下井操作随时有专人进行毒气监测且现场配备救援器材。 (1 分)

（4）按交通方案设置安全标志、警示灯，并设专人维护交通秩序。 (1 分)

（5）安排具备有限空间作业监护资格的人在现场监护。 (1 分)

案例四【2018 年广东省、海南省一建真题】

某公司承建某城市道路综合市政改造工程，总长 2.17km，道路横断面为三幅路形式，主路机动车道为改性沥青混凝土面层，宽度 18m，同期敷设雨水、污水等管线。污水干线采用 HDPE 双壁波纹管，管道直径 $D = 600 \sim 1000\,\text{mm}$，雨水干线为 $3600\,\text{mm} \times 1800\,\text{mm}$ 钢筋混凝土箱涵，底板、围墙结构厚度均为 $300\,\text{mm}$。

管线设计为明开槽施工，自然放坡，雨、污水管线采用合槽方法施工，如图 1 所示，无地下水。由于开工日期滞后，工程进入雨季实施。

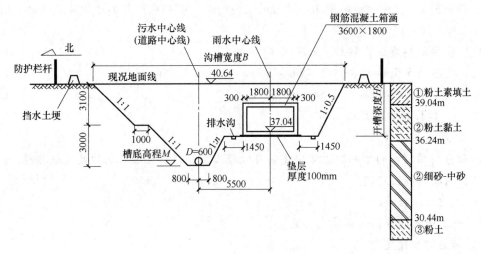

图 1 沟槽开挖断面图
（高程单位：m，其他单位：mm）

沟槽开挖完成后，污水沟槽南侧边坡出现局部坍塌，为保证边坡稳定，减少对箱涵结构施工影响，项目部对南侧边坡采取措施处理。

为控制污水 HDPE 管道在回填过程中发生较大的变形、破损，项目部决定在回填施工中采取管内架设支撑，加强成品保护等措施。

项目部分段组织道路沥青底面层施工，并细化横缝处理等技术措施，主路改性沥青面层采用多台摊铺机呈梯队式全幅摊铺，压路机按试验确定的数量、组合方式和速度进行碾压，以保证路面成型平整度和压实度。

问题：

1. 根据图 1，列式计算雨水管道开槽深度 H、污水管道槽底高程 M 和沟槽宽度 B（单位为 m）。 （6 分）

2. 根据图 1，指出污水沟槽南侧边坡的主要地层，并列式计算其边坡坡度中的 n 值（保留小数点后 2 位）。 （5 分）

3. 试分析该污水沟槽南侧边坡坍塌的可能原因，并列出可采取的边坡处理措施。 （5 分）

4. 为控制 HDPE 管道变形，项目部在回填中还应采取哪些技术措施？ （4 分）

5. 试述沥青底面层横缝处理措施。 （5 分）

6. 沥青路面压实度有哪些测定方法？试述改性沥青面层振动压实还应注意遵循哪些原则。 （5 分）

【参考答案】

1. 根据图 1，列式计算雨水管道开槽深度 H、污水管道槽底高程 M 和沟槽宽度 B（单位为 m）。

$$H = 40.64m - (37.04 - 0.3 - 0.1)m = 4m \qquad (2 分)$$

$$M = 40.64m - 3.1m - 3.0m = 34.54m; \qquad (2 分)$$

$$B = 3.1m + 1m + 3m + 0.8m + 5.5m + 1.8m + 0.3m + 1.45m + 4 \times 0.5m = 18.95m \qquad (2 分)$$

2. 根据图 1，指出污水沟槽南侧边坡的主要地层，并列式计算其边坡坡度中的 n 值（保留小数点后 2 位）。

（1）主要地层为粉质黏土、细沙-中砂。 （1 分）

（2）宽度为 5.5m - 0.8m - 1.45m - 0.3m - 1.8m = 1.15m （1 分）

高度为 （40.64 - 4）m - 34.54m = 2.1m （1 分）

$1 : n = 2.1 : 1.15 = 1 : 0.55$ （1 分）

$n = 0.55$ （1 分）

3. 试分析该污水沟槽南侧边坡坍塌的可能原因，并列出可采取的边坡处理措施。

（1）坍塌的原因可能有：

1）边坡土质较差。

2）施工进入雨季，雨水冲刷边坡。

3）留置坡度过陡。

4）不同土质地层间未设置过渡平台。

5）雨水沟槽中排水沟未设置防渗层。 （写对 4 条以上得 2 分）

（2）可采取的边坡处理措施：

1）在不影响雨水箱涵和污水管线工作面的情况下进行削坡或设置过渡平台、坡脚堆放沙包土袋。 （1 分）

2）坡面进行硬化或将其改为土钉墙。 （1 分）

3）雨水沟槽北侧及其排水沟进行防渗处理。 （1 分）

4. 为控制 HDPE 管道变形，项目部在回填中还应采取哪些技术措施？

（1）回填前做试验段，确定施工参数。 （1 分）

（2）腋角采用中粗砂保证压实度；材料要对称均匀运入槽内，不能直接压在管道上。 （1 分）

（3）在温度最低时两侧同时对称回填。 （1 分）

（4）管顶 500mm 以下人工回填；管顶以上机械压实需要保证有一定厚度的土方。 （1 分）

5. 试述沥青底面层横缝处理措施。

将端头层厚不足部分用机械切割或人工刨除成直槎；清除泥水，用方木垫平接槎部位；摊铺新混合料前使接槎保持干燥并涂刷粘层油；用新料或喷灯将接槎软化；碾压时先横向骑缝碾压，再沿着道路方向碾压，连接平顺。 （5 分）

6. 沥青路面压实度有哪些测定方法？试述改性沥青面层振动压实还应注意遵循哪些原则。

（1）测定方法有钻芯法、核子密度仪法。 （2 分）

（2）振动压实还应注意遵循紧跟、慢压、高频、低幅的原则；防止过度碾压；不得采用轮胎压路机碾压。 （3 分）

案例五【2018 年一建真题】

某公司承建一段新建城镇道路工程，其雨水管道位于非机动车道下，设计采用 D800mm 钢筋混凝土管，相邻井段间距 40m，8 号和 9 号雨水井段平面布置如图 1 所示。8 号井和 9 号井类型一致。

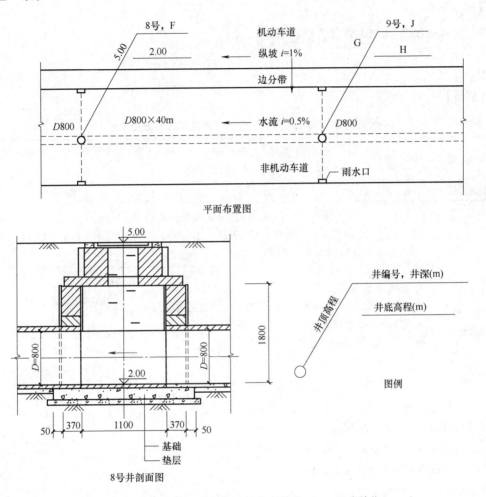

图 1 8 号、9 号雨水井段平面布置（高程单位：m；尺寸单位：mm）

施工前，项目部对部分相关技术人员的职责、管道施工工艺流程、管道施工进度计划、分部分项工程验收等内容规定如下。

（1）由 A（技术人员）具体负责：确定管道中线、检查井位置与沟槽开挖边线。

（2）由质检员具体负责：沟槽回填土压实度试验；管道与检查井施工完成后，进行管道 B 试验（功能性试验）。

（3）管道施工工艺流程如下：沟槽开挖与支护→C→下管、排管、接口→检查井砌筑→管道功能性试验→分层回填土与夯实。

（4）管道验收合格后转入道路路基分部工程施工，该分部工程包括挖填土、整平、压实等工序，其质量检验的主控项目有压实度和 D。

问题：

1. 根据背景资料写出最适合题意的 A、B、C、D 的内容。 (4分)

2. 列式计算图 1 中 F、G、H、J 的数值。 (4分)

【参考答案】

1. 根据背景资料写出最适合题意的 A、B、C、D 的内容。

A：测量员。 (1分)

B：闭水试验或闭气试验（严密性试验）。 (1分)

C：管道基础。 (1分)

D：弯沉值。 (1分)

【解析】 （见下表）

给水排水管道工程分项、分部、单位工程划分参考表

单位工程（子单位工程）	开（挖）槽施工的管道工程、大型顶管工程、盾构管道工程、浅埋暗挖管道工程、大型沉管工程、大型桥管工程		
分部工程（子分部工程）		分项工程	验收批
土方工程		沟槽土方（沟槽开挖、沟槽支撑、沟槽回填）、基坑土方（基坑开挖、基坑支护、基坑回填）	与下列验收批对应
预制管开槽施工主体结构	金属类管、混凝土类管、预应力钢筒混凝土管、化学建材管	管道基础、管道接口连接、管道铺设、管道防腐层（管道内防腐层、钢管外防腐层）、钢管阴极保护	可选择下列方式： ① 按流水施工长度 ② 排水管道按井段 ③ 给水管道按一定长度连续施工段或自然划分段（路段） ④ 其他便于过程质量控制方法

2. 列式计算图 1 中 F、G、H、J 的数值。

$F = 5.00m - 2.00m = 3.00m$。 (1分)

$G = 5.00m + 40 \times 1\% \, m = 5.40m$。 (1分)

$H = 2.00m + 40 \times 0.5\% \, m = 2.20m$。 (1分)

$J = 5.40m - 2.20m = 3.20m$。 (1分)

案例六【2018 年一建真题】

A 公司承接一城市天然气管道工程，全长 5.0km，设计压力 0.4MPa，钢管直径 300mm，均采用成品防腐管。设计采用直埋和定向钻穿越两种施工方法。其中，穿越现状道路路口段采用定向钻方式敷设，钢管在地面连接完成，经无损探伤等检验合格后回拖就位，施工工艺流程如图 1 所示。穿越段土质主要为填土、砂层和粉质黏土。

直埋段成品防腐钢管到场后，厂家提供了管道的质量证明文件，项目部质检员对防腐层厚度和黏结力做了复试，经检验合格后，开始下沟安装。

定向钻施工前，项目部技术人员进入现场踏勘，利用现状检查井核实地下管线的位置和深度，对现状道路开裂、沉陷情况进行统计。项目部根据调查情况编制定向钻专项施工方案。

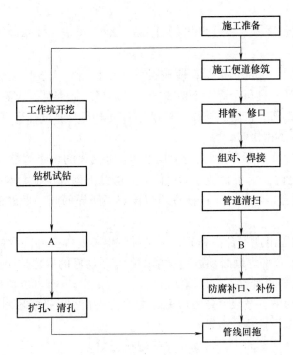

图1　定向钻施工工艺流程

定向钻钻进施工中，直管钻进段遇到砂层，项目部根据现场情况采取控制钻进速度、泥浆流量和压力等措施，防止出现坍孔、钻进困难等问题。

问题：

1. 写出图1中工序A、B的名称。　　　　　　　　　　　　　　　　　　　　（4分）

2. 本工程燃气管道属于哪种压力等级？根据《城镇燃气输配工程施工及验收规范》CJJ 33—2005规定，指出定向钻穿越段钢管焊接应采用的无损探伤方法和抽检数量。　（5分）

3. 直埋段管道下沟前，质检员还应补充检测哪些项目？并说明检测方法。　（4分）

4. 为保证施工和周边环境安全，编制定向钻专项方案前还需做好哪些调查工作？

（3分）

5. 指出坍孔对周边环境可能造成哪些影响？项目部还应采取哪些防止坍孔技术措施？

（4分）

【参考答案】

1. 写出图1中工序A、B的名称。

A：导向孔钻进。　　　　　　　　　　　　　　　　　　　　　　　　　　（2分）

B：无损探伤检验和强度试验。　　　　　　　　　　　　　　　　　　　　（2分）

2. 本工程燃气管道属于哪种压力等级？根据《城镇燃气输配工程施工及验收规范》CJJ 33—2005规定，指出定向钻穿越段钢管焊接应采用的无损探伤方法和抽检数量。

（1）属于中压A。　　　　　　　　　　　　　　　　　　　　　　　　　（1分）

（2）无损探伤方法：射线照相检验。　　　　　　　　　　　　　　　　　（2分）

抽检数量：100%。　　　　　　　　　　　　　　　　　　　　　　　　　（2分）

【解析】

《城镇燃气输配工程施工及验收规范》CJJ 33—2005 规定，焊缝内部质量的抽样检验应符合下列要求：

1. 管道内部质量的无损探伤数量，应按设计规定执行。当设计无规定时，抽查数量不应少于焊缝总数的 15%，且每个焊工不应少于一个焊缝。抽查时，应侧重抽查固定焊口。

2. 对穿越或跨越铁路、公路、河流、桥梁、有轨电车及敷设在套管内的管道环向焊缝，必须进行 100% 的射线照相检验。

3. 当抽样检验的焊缝全部合格时，则此次抽样所代表的该批焊缝应为全部合格；当抽样检验出现不合格焊缝时，对不合格焊缝返修后，应按下列规定扩大检验：

1）每出现一道不合格焊缝，应再抽查两道该焊工所焊的同一批焊缝，按原探伤方法进行检验。

2）如第二次抽检仍出现不合格焊缝，则应对该焊工所焊全部同批的焊缝按原探伤方法进行检验。对出现的不合格焊缝必须进行反修，并应对返修的焊缝按原探伤方法进行检验。

3）同一焊缝的返修的次数不应超过 2 次。

3. 直埋段管道下沟前，质检员还应补充检测哪些项目？并说明检测方法。

（1）防腐层的外观、搭接；采用目测法检测。 （1分）

（2）防腐层的电火花检漏；采用电火花检测仪检测。 （2分）

（3）管道直径、壁厚；采用盒尺、卡尺量测。 （1分）

4. 为保证施工和周边环境安全，编制定向钻专项方案前还需做好哪些调查工作？

（1）施工现场地层土质类别和厚度。

（2）道路基层材料、厚度和交通状况。

（3）地下水分布情况。

（4）管线的类别、使用年限、管材等情况。

（5）现场周边的建（构）筑物的位置、基础及使用年限等。 （写对4条以上得3分）

5. 指出坍孔对周边环境可能造成哪些影响？项目部还应采取哪些防止坍孔技术措施？

（1）坍孔会造成以下影响：

1）冒浆；坍孔位置道路下沉，路面塌陷，影响交通。 （1分）

2）穿越位置既有管线下沉、变形、断裂。 （1分）

（2）项目部还应采取以下防止坍孔的技术措施：

1）地层加固。

2）严格控制泥浆的材料性能，配合比满足施工要求，向孔内及时注入泥浆。

3）严格按照设计钻进轨迹钻进，严格控制扩孔回拉力、转速。

4）纠偏不能过急，扩孔依据现场情况分次进行。 （写对4条得2分）

案例七【2017 年一建真题】

某公司承接一项供热管线工程，全长 1800m，直径 DN400，采用高密度聚乙烯外护管、聚氨酯泡沫塑料预制保温管，其结构如图 1 所示。其中，340m 管段依次下穿城市主干路、机械加工厂，穿越段地层主要为粉土和粉质黏土，有地下水，设计采用浅埋暗挖法施工隧道（套管）内敷设，其余管道采用开槽法直埋敷设。

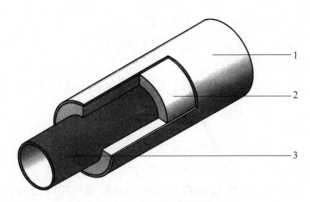

图 1　预制保温管结构
1—高密度聚乙烯外护管　2—聚氨酯泡沫塑料保温层　3—钢管

项目部进场调研后，建议将浅埋暗挖隧道法变更为水平定向钻（拉管）法施工，获得建设单位的批准，并办理了相关手续。

施工前，施工单位编制了水平定向钻专项施工方案，并针对施工中可能出现的地面开裂、冒浆、卡钻、管线回拖受阻等风险，制定了应急预案。

工程实施过程中发生了如下事件：

事件一：当地市场监督管理部门例行检查时，发现该工程既未在规定时限内开工，也未办理延期手续，违反了相关法规的规定，要求建设单位改正。

事件二：预制保温管出厂前，在施工单位质检人员的见证下，厂家从待出厂的管上取样，并送至厂试验室进行保温层性能指标检测，以此作为见证取样试验。监理工程师发现后，认定其见证取样和送检程序错误，且检测项目不全，与相关标准的要求不符，及时予以制止。

事件三：钻进期间，机械加工厂车间地面出现隆起、开裂，并冒出黄色泥浆，导致工厂停产。项目部立即组织人员按应急预案对冒浆事故进行处理，包括停止注浆、在冒浆点周围围挡、控制泥浆外溢面积等，直至最终回填夯实地面开裂区。

事件四：由于和机械加工厂就赔偿一事未能达成一致，穿越工程停工两天，施工单位在规定的时限内通过监理单位向建设单位申请工期顺延。

问题：

1. 与水平定向钻法施工相比，原浅埋暗挖隧道法施工有哪些劣势？　　　　　　（4 分）

2. 根据相关规定，施工单位应当自建设单位领取施工许可证之日起多长时间内开工（以月数表示）？延期以几次为限？　　　　　　　　　　　　　　　　　　（4 分）

3. 给出事件二中见证取样和送检的正确做法，并根据《城镇供热管网工程施工及验收规范》CJJ 28—2014 规定，补充预制保温管检测项目。　　　　　　　　　　　（4 分）

4. 事件三中，冒浆事故的应急处理还应采取哪些必要措施？　　　　　　　　（4 分）

5. 事件四中，施工单位申请工期顺延是否符合规定？说明理由。　　　　　　（4 分）

【参考答案】

1. 与水平定向钻法施工相比，原浅埋暗挖隧道法施工有哪些劣势？

（1）施工成本高。　　　　　　　　　　　　　　　　　　　　　　　　　　（1 分）

（2）施工速度慢。　　　　　　　　　　　　　　　　　　　　　　　　　　（1 分）

（3）施工受地下水影响。　　　　　　　　　　　　　　　　　　　　　　　（1 分）

（4）对地面建（构）筑物影响大，不安全因素多。　　　　　　　　　　（1分）

2. 根据相关规定，施工单位应当自建设单位领取施工许可证之日起多长时间内开工（以月数表示）？延期以几次为限？

（1）根据相关规定，施工单位应当自建设单位领取施工许可证之日起三个月内开工。

（2分）

（2）延期以两次为限。　　　　　　　　　　　　　　　　　　　　　　（2分）

3. 给出事件二中见证取样和送检的正确做法，并根据《城镇供热管网工程施工及验收规范》CJJ 28—2014 规定，补充预制保温管检测项目。

（1）正确做法：在监理工程师见证下，由施工单位试验员在进场的管道上现场进行取样，将样品送到有相应资质的第三方试验室检测。　　　　　　　　　　　（2分）

（2）需补充的检测项目：

1）保温材料的品种、规格强度、容重、导热系数、耐热性、含水率等。　（1分）

2）钢管和高密度聚乙烯外护管的力学性能等。　　　　　　　　　　　（1分）

4. 事件三中，冒浆事故的应急处理还应采取哪些必要措施？

（1）撤离工厂人员及冒浆位置设备；将冒浆口封堵。　　　　　　　　　（1分）

（2）缓慢减压，防止压力骤降。　　　　　　　　　　　　　　　　　　（1分）

（3）开挖导流槽收集泥浆，对不能重复利用的泥浆进行外运。　　　　　（1分）

（4）开挖冒浆范围地面，查明原因后进行处理。　　　　　　　　　　　（1分）

5. 事件四中，施工单位申请工期顺延是否符合规定？说明理由。

（1）不符合规定。　　　　　　　　　　　　　　　　　　　　　　　　（1分）

（2）理由：水平定向钻钻进过程中出现冒浆现象，造成工期延误，是由于注浆压力过大或地质调查不详细造成的，属于施工单位自己应承担的责任。　　　　　　　　（3分）

案例八【2015 年一建真题】

A 公司中标长 3km 的天然气钢质管道工程，DN300，设计压力 0.4MPa，采用明挖开槽法施工。项目部拟定的燃气管道施工工序如下：沟槽开挖→管道安装、焊接→a→管道吹扫→b试验→回填土至管顶上方 0.5m→c 试验→焊口防腐→敷设 d→回填土至设计标高。

项目部在施工过程中，发生了如下事件。

事件一： A 公司提取中标价的 5% 作为管理费后把工程包给 B 公司，B 公司组建项目部后以 A 公司的名义组织施工。

事件二： 沟槽清底时，质量检查人员发现局部有超挖，最深达 15cm，且槽底土体含水量较高。

工程施工完成并达到下列基本条件后，建设单位组织了竣工验收：①施工单位已完成设计和合同约定的各项内容；②监理单位出具工程质量评估报告；③设计单位出具工程质量检查报告；④工程质量检验合格，检验记录完整；⑤已按合同约定支付工程款……

问题：

1. 施工程序中 a、b、c、d 分别是什么？　　　　　　　　　　　　　　（5分）

2. 事件一中，A、B 公司的做法违反了法律法规中的哪些规定？　　　　（5分）

3. 依据《城镇燃气输配工程施工及验收规范》CJJ 33—2005，对事件二中的情况应如何

补救处理？ (5分)

4. 依据《房屋建筑和市政基础设施工程竣工验收规定》（建质〔2013〕171号），补充工程竣工验收基本条件中所缺内容。 (5分)

【参考答案】

1. 施工程序中a、b、c、d分别是什么？

a为焊缝检查（包括外观检查和内部质量检验）。 (1分)

b为强度（试验）。 (2分)

c为严密性（试验）。 (1分)

d为警示带。 (1分)

【解析】

警示带的敷设教材没有介绍，未来很可能出现在考试中。

《城镇燃气输配工程施工及验收规范》CJJ 33—2005对警示带敷设的规定如下：

1）埋设燃气管道的沿线应连续敷设警示带。警示带敷设前应对敷设面压实，并平整地敷设在管道的正上方，距管顶的距离宜为0.3-0.5m，但不得敷设于路基和路面里。

2）警示带平面布置可按表2.5.2规定执行。

表2.5.2　警示带平面布置

管道公称管径（DN）/mm	≤400	>400
警示带数量/条	1	2
警示带间距/mm	—	150

3）警示带宜采用黄色聚乙烯等不易分解的材料，并印有明显、牢固的警示语，字体不宜小于100mm×100mm。

2. 事件一中，A、B公司的做法违反了法律法规中的哪些规定？

（1）A公司违反了"禁止承包单位将其承包的全部建筑工程转包给他人"的规定和"禁止施工企业允许其他单位以本企业的名义承揽工程"的规定。 (3分)

（2）B公司违反了禁止"以其他建筑施工企业的名义承揽工程"的规定。 (2分)

3. 依据《城镇燃气输配工程施工及验收规范》CJJ 33—2005，对事件二中的情况应如何补救处理？

依据CJJ 33—2005中2.3.9的规定，当沟底有地下水或含水量较大时，应采用级配砂石或天然砂回填至设计标高。超挖部分回填后应压实，其密实度应接近原地基天然土的密实度。 (5分)

4. 依据《房屋建筑和市政基础设施工程竣工验收规定》（建质〔2013〕171号），补充工程竣工验收基本条件中所缺内容。

（1）勘察单位出具工程质量检查报告。

（2）施工单位提交工程竣工报告。

（3）有完整的技术档案和施工管理资料。

（4）有工程使用的主要建筑材料、建筑构配件和设备的进场试验报告，以及工程质量检测和功能性试验资料。

（5）有施工单位签署的工程质量保修书。

（6）建设主管部门及工程质量监督机构责令整改的问题全部整改完毕。

（7）法律、法规规定的其他条件。　　　　　　　　　　　　（写对5条以上得5分）

案例九【2014年一建真题】

A公司承接一项DN1000天然气管线工程，管线全长4.5km，设计压力4.0MPa，材质L485，除穿越一条宽度为50m的不通航河道采用泥水平衡法顶管法施工外，其余均采用开槽明挖施工，B公司负责该工程的监理工作。

工程开工前，A公司查看了施工现场，调查了地下设施、管线和周边环境，了解地质水文情况后，建议将顶管法施工改为水平定向钻施工，经建设单位同意后办理了变更手续，A公司编制了水平定向钻施工专项方案。建设单位组织了包含B公司总工程师在内的5名专家对专项方案进行了论证，项目部结合论证意见进行了修改，并办理了审批手续。

为顺利完成穿越施工，参建单位除研究设定钻进轨迹外，还采用专业浆液现场配制泥浆液，以便在定向钻穿越过程中起到如下作用：软化硬质土层、调整钻进方向、润滑钻具，为泥浆马达提供保护。

项目部按所编制的穿越施工专项方案组织施工，施工完成后在投入使用前进行了管道功能性试验。

问题：

1. 简述A公司将顶管法施工变更为水平定向钻施工的理由。　　　　　　　（3分）

2. 指出本工程专项方案论证的不合规之处并给出正确做法。　　　　　　　（6分）

3. 试补充水平定向钻泥浆液在钻进中的作用。　　　　　　　　　　　　（4分）

4. 列出水平定向钻有别于顶管施工的主要工序。　　　　　　　　　　　（3分）

5. 本工程管道功能性试验如何进行？　　　　　　　　　　　　　　　　（4分）

【参考答案】

1. 简述A公司将顶管法施工变更为水平定向钻施工的理由。

（1）燃气管道管材（钢管）、管径（1000mm）符合定向钻的施工要求。　　（1分）

（2）水文、地质、管线与地下设施满足定向钻施工，现场河道宽度与管顶覆土要求更适合定向钻施工。　　　　　　　　　　　　　　　　　　　　　　　　　　　（1分）

（3）水平定向钻施工方便、速度快、安全可靠、造价相对较低。　　　　　（1分）

2. 指出本工程专项方案论证的不合规之处并给出正确做法。

（1）不合规之处：

1）建设单位组织专家论证。　　　　　　　　　　　　　　　　　　　　（1分）

2）B公司总工程师以专家身份参加论证。　　　　　　　　　　　　　　（1分）

3）项目部结合论证意见进行了修改。　　　　　　　　　　　　　　　　（1分）

（2）正确做法：

1）由A公司组织专家论证。　　　　　　　　　　　　　　　　　　　　（1分）

2）参加论证的专家为5人以上，与本工程有利害关系的人员不得以专家身份参加专家论证会。　　　　　　　　　　　　　　　　　　　　　　　　　　　　　　　（1分）

3）A公司根据专家论证报告修改完善专项方案。　　　　　　　　　　　（1分）

3. 试补充水平定向钻泥浆液在钻进中的作用。

稳定孔壁（护壁）、携带和悬浮钻屑、润滑管道以减小钻进阻力、冷却钻头。（每个1分）

4. 列出水平定向钻有别于顶管施工的主要工序。

设定钻进轨迹、钻导向孔、扩孔、清孔、管线回拖。　　　　　　　　　　（3分）

5. 本工程管道功能性试验如何进行？

（1）采用清管球或空气吹扫分段吹扫试验管道。　　　　　　　　　　　（1分）

（2）除管道焊口外，回填土至管顶上方0.5m以后进行强度试验，试验压力不低于6MPa，介质为清洁水。　　　　　　　　　　　　　　　　　　　　　　　　　　（1分）

（3）强度试验合格、管线全线回填后，进行严密性试验，试验压力为4.6MPa，介质为空气。　　　　　　　　　　　　　　　　　　　　　　　　　　　　　　　　（1分）

（4）穿越段试验按相关要求单独进行。　　　　　　　　　　　　　　　（1分）

案例十 【2012年一建真题】

某办公楼工程，建筑面积98000m²，劲性钢混凝土框筒建筑结构。地下三层、地上四十六层，建筑高度203m。

施工过程中，监理工程师对钢柱进行施工质量检查时，发现对接焊缝存在夹渣、形状缺陷等质量问题，向施工总承包单位提出了整改要求。

问题：

1. 焊缝产生夹渣的原因可能有哪些？　　　　　　　　　　　　　　　　（4分）

2. 其处理方法是什么？　　　　　　　　　　　　　　　　　　　　　　（4分）

【参考答案】

1. 焊缝产生夹渣的原因可能有哪些？

（1）焊接材料质量不好或化学成分不当。　　　　　　　　　　　　　　（1分）

（2）焊件边缘、焊层和焊道之间的熔渣未清除干净。　　　　　　　　　（1分）

（3）焊接电流太小，熔化金属和熔渣所得到的热量不足，使其流动性降低，而且熔化金属凝固速度快，熔渣来不及浮出。　　　　　　　　　　　　　　　　　　　　（1分）

（4）焊接时，焊条角度和运条方法不恰当，熔渣和熔化金属分辨不清，把熔渣和熔化金属混杂在一起，阻碍了熔渣的上浮。　　　　　　　　　　　　　　　　　　（1分）

2. 其处理方法是什么？

（1）用车削、打磨、铲或碳弧气刨等方法清除多余的焊缝金属或部分母材。　（2分）

（2）清除后验收合格，将待焊区域清理干净，选择合适的焊条、合适的焊接设备、合适的焊接方法重新焊接。　　　　　　　　　　　　　　　　　　　　　　　　（2分）

案例十一 【2011年一建真题】

某热力管线工程采用管沟敷设，管线全长3.3km。钢管直径400mm，壁厚8mm；固定支架立柱及挡板采用对扣焊接槽钢，槽钢厚8mm，角板厚10mm；设计要求角板焊缝厚度不应低于角板与其连接部件厚度的最小值。总承包单位负责管沟结构、固定支架及导向支架立柱的施工，热机安装分包给专业公司。

总承包单位在固定支架立柱施工时，对妨碍其生根的顶板、底板钢筋截断后浇筑混凝土。热机安装共有6名焊工同时施焊，其中焊工甲和乙为一个组，二人均持有省质量监督局核发的《特种设备作业人员证》，并进行了焊前培训和安全技术交底。焊工甲负责管道的点固焊、打底焊及固定支架角板的焊接，焊工乙负责管道的填充焊及盖面焊。

热机安装单位的质检员根据焊工水平和焊接部位按比例要求选取焊口，进行射线探伤抽查；检查发现甲、乙合作焊接的焊缝有两处不合格，经一次返修后复检合格；对焊工甲负责施焊的固定支架角板处进行检查，固定支架角板与挡板焊缝处焊缝厚度最大为6mm，角板与管道焊缝处厚度最大为7mm。

问题：

1. 总包单位对顶板、底板钢筋断筋处理做法不妥，请给出正确做法。 （4分）
2. 进入施工现场施焊的焊工甲、乙应具备哪些条件？ （4分）
3. 质检员选取抽检焊口做法有不符合要求之处，请给出正确做法。 （4分）
4. 对于甲、乙合作焊接的其余焊缝应该如何处理？说明理由。 （4分）
5 指出背景资料中角板安装焊接质量不符合要求之处，并说明理由。 （4分）

【参考答案】

1. 总包单位对顶板、底板钢筋断筋处理做法不妥，请给出正确做法。

（1）设计有要求的按照设计要求处理。 （1分）

（2）设计没有要求的，按标准规范的规定处理：

1）支架立柱尺寸小于30cm的，周围钢筋应该绕过立柱，不得截断。 （1分）

2）支架立柱尺寸大于30cm的，可以截断钢筋，但应在立柱四周附加四根同型号钢筋，钢筋长度应满足锚固长度的要求。 （2分）

【解析】

教材之外的数字不可能全部记住，通用的答题技巧是巧妙的绕过数字，如可以这样写：立柱尺寸较小的，钢筋不得截断；如立柱尺寸较大必须截断，则应在立柱四周配筋补强，这样也能拿到大部分分值。

2. 进入施工现场施焊的焊工甲、乙应具备哪些条件？

（1）具有压力管道特种设备操作资格证书，并在证书的有效期内，压力等级与证书所规定的压力等级范围相符，施焊前做好安全技术交底。 （2分）

（2）做好个人防护，戴防护面罩、护目镜、电焊手套，穿电焊服装。 （2分）

3. 质检员选取抽检焊口做法有不符合要求之处，请给出正确做法。

（1）不符合要求之处一：质检员根据焊工水平和焊接部位按比例要求选取焊口。

正确做法：应根据设计要求的比例要求选取焊口；设计无规定时，应按标准、规范的要求选取焊口进行抽检。 （2分）

（2）不符合要求之处二：质检员进行射线探伤抽查。

正确做法：质检员应先全数进行焊缝的对口检查和外观检查，如焊瘤、裂纹、电弧擦伤、表面气孔等，之后射线探伤检验应委托有相应资质的检测单位进行检测。 （2分）

4. 对于甲、乙合作焊接的其余焊缝应该如何处理？说明理由。

（1）其余焊缝应该按照规范规定抽样比例双倍取样进行检验。 （2分）

（2）如果仍有不合格焊缝，则对甲乙合作的焊缝进行100%无损探伤检验。 （2分）

5 指出背景资料中角板安装焊接质量不符合要求之处，并说明理由。

（1）不符合要求之处一：固定支架角板与挡板焊缝处焊缝厚度最大为6mm。 （1分）

理由：固定支架角板不能与支架结构焊接，只能与管道焊接。　　　　（1分）

（2）不符合要求之处二：角板与管道焊缝处厚度最大为7mm。　　　　（1分）

理由：角板厚度为10mm，钢管厚度为8mm；设计要求角板焊缝厚度不应低于角板与其连接部件厚度的最小值，即焊缝厚度不得小于8mm。　　　　（1分）

案例十二【2009年一建真题】

某城市引水工程，输水管道为长980m、DN3500钢管，采用顶管法施工。

顶管正常顶进过程中，随顶程增加，总顶力持续增加，在顶程达三分之一时，总顶力接近后背设计允许最大荷载。

问题： 顶力随顶程持续增加的原因是什么？应采取哪些措施处理？　　　　（4分）

【参考答案】

（1）原因：

1）顶进过程中的管壁与土层的摩擦阻力不断增大。　　　　（1分）

2）管节过长和土层变硬都会导致顶力持续增加。　　　　（1分）

（2）措施：

1）向管外注入泥浆减小摩擦阻力。　　　　（1分）

2）增加中继间后可以分段顶进。　　　　（1分）

案例十三【2021年二建真题】

某公司承建一项道路扩建工程，在原有道路一侧扩建，并在路口处与现况道路交接，现况道路下方有多条市政管线，新建雨水管线接入现况路下既有雨水管线。项目部进场后，编制了施工组织设计、管线施工方案、道路施工方案、交通导行方案及季节性施工方案。道路中央分隔带下布设一条$D1200mm$雨水管线，管线长度800m，采用平接口钢筋混凝土管，道路及雨水管线布置平面如图1所示。沟槽开挖深度$3m < H \leqslant 4m$，采用放坡法施工，沟槽开

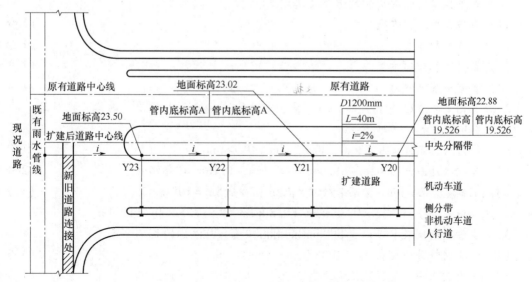

图1　道路及雨水管线布置平面

挖断面如图2所示；$H > 4m$ 时，采用钢板桩加内支撑进行支护。

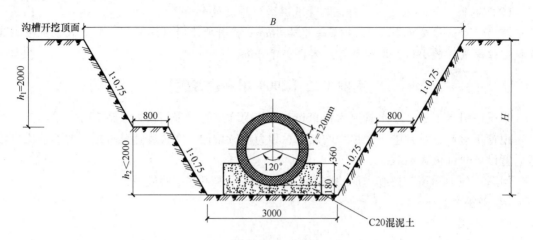

图2　$3m < H \leqslant 4m$ 沟槽开挖断面（单位：mm）

为保证管道回填的质量要求，项目部选取了适宜的回填材料，并按规范要求施工。扩建道路与现状道路均为沥青混凝土路面，在新旧路接头处，为防止产生裂缝，采用阶梯形接缝，新旧路接缝处逐层骑缝设置了土工格栅。

问题：

1. 补充该项目还需要编制的专项施工方案。 （4分）

2. 计算图1中Y21管内底标高 A，图2中该处的开挖深度 H 以及沟槽开挖断面上口宽度 B（保留1位小数）。（单位：m） （6分）

3. 写出管道两侧及管顶以上500mm范围内回填土应注意的施工要点。 （5分）

4. 写出新旧路接缝处，除了骑缝设置土工格栅，还有哪几道工序。 （5分）

【参考答案】

1. 补充该项目还需要编制的专项施工方案。

（1）沟槽开挖工程专项方案。 （1分）

（2）沟槽支护方案。 （1分）

（3）管线保护专项方案。 （1分）

（4）管道吊装方案。 （1分）

2. 计算图1中Y21管内底标高 A，图2中该处的开挖深度 H 以及沟槽开挖断面上口宽度 B（保留1位小数）。（单位：m）

（1）管内底标高 $A = 19.526m - 40 \times 2‰m = 19.446m$。 （1分）

（2）开挖深度 $H = 23.02m - 19.446m + 0.12m + 0.18m = 3.874m$。 （2分）

（3）上口宽度 $B = 3m + 3.874 \times 0.75 \times 2m + 2 \times 0.8m = 10.4m$。 （3分）

或 $B = 3m + (3.874 - 2) \times 0.75 \times 2m + 0.8 \times 2m + 2 \times 0.75 \times 2m = 10.4m$。

3. 写出管道两侧及管顶以上500mm范围内回填土应注意的施工要点。

（1）回填材料符合要求。 （1分）

（2）回填宜在一天气温最低时进行。 （1分）

（3）由管道两侧对称回填，每层回填高度不大于200mm。 （1分）

（4）采用轻型压实机具分层压实，管道两侧压实面高度差不大于300mm。　（1分）

（5）分段回填压实时，相邻段的接槎呈台阶形且不得漏夯。　（1分）

4. 写出新旧路接缝处，除了骑缝设置土工格栅，还有哪几道工序。

还有切割阶梯形接缝并清理；刷粘层油；摊铺新沥青混凝土；先横向骑缝碾压，再纵向压实。　（每个1分）

案例十四【2020年二建真题】

项目部承建郊外新区一项钢筋混凝土排水箱涵工程，全长800m，结构尺寸为3.6m（宽）×3.8m（高），顶板厚400mm，侧墙厚300mm，底板为厚400mm的外拓反压抗浮底板，箱涵内底高程为−5.0m，C15混凝土垫层厚100mm，详见图1。地层由上而下为杂填土厚1.5m，粉砂土2.0m，粉质黏土2.8m，粉细砂0.8m，细砂2m，地下水位于标高−2.5m处。

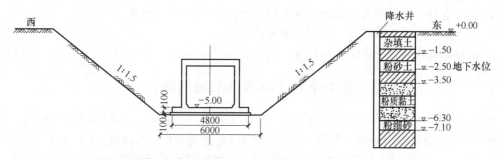

图1　沟槽开挖断面示意图（高程单位：m；尺寸单位：mm）

事件一：箱涵的沟槽施工采用放坡明挖法，边坡率依据工程地质情况设计为1:1.5，基底宽度6m。项目部考虑在沟槽西侧用于钢筋和混凝土运输，拟将降水井设置在东侧坡顶2m外，管井间距为8m。沟槽开挖和降水专项施工方案已组织专家论证，专家指出降水方案存在降水井布局不合理、缺少沟槽降排水防护措施等问题，项目部按专家建议对专项施工方案做了修改。

事件二：项目部制定的每段20m箱涵施工流程为：沟槽开挖→坑底整平→垫层施工→钢筋绑扎→架设模板→浇筑箱涵混凝土→回填。

事件三：项目部对①土方、渣土运输的车辆；②现场出入口处和社会交通路线；③施工现场主要道路、料场、生活办公区；④裸露的场地和集中堆放的土方制定了具体的扬尘污染防治措施。

问题：

1. 依据工程背景资料计算沟槽底设计高程。　（5分）

2. 事件一中，项目部应如何修改专家指出的问题？　（5分）

3. 事件二中，沟槽回填的质量验收主控项目有哪些?　（5分）

4. 写出事件三中对裸露的场地和集中堆放土方的具体防止措施。　（5分）

【参考答案】

1. 依据工程背景资料计算沟槽底设计高程。

−5.00m − 0.4m − 0.1m = −5.50m。　（5分）

2. 事件一中，项目部应如何修改专家指出的问题？

(1) 在沟槽东西两侧采用双排井点。　　　　　　　　　　　　　　　　　(1分)

(2) 降水井间距宜为 0.8～1.6m。　　　　　　　　　　　　　　　　　　(1分)

(3) 沟槽顶部设置防淹墙、截水沟。　　　　　　　　　　　　　　　　　(1分)

(4) 沟槽底设置排水沟、集水井和抽水设置。　　　　　　　　　　　　　(1分)

(5) 沟槽坡面进行硬化或覆盖。　　　　　　　　　　　　　　　　　　　(1分)

3. 事件二中，沟槽回填的质量验收主控项目有哪些？

(1) 回填土的土质、含水率符合设计要求。　　　　　　　　　　　　　　(1分)

(2) 分层回填，压实后的厚度不应大于 0.3m。　　　　　　　　　　　　(1分)

(3) 结构两侧应水平、对称同时填压。　　　　　　　　　　　　　　　　(1分)

(4) 回填接槎处，开挖宽度不小于 1.0m、高度不大于 0.5m 的台阶。　　(1分)

(5) 当沟槽位于道路下方时，回填碾压密实度应符合道路现行行业标准的规定。(1分)

4. 写出事件三中对裸露的场地和集中堆放土方的具体防止措施。

(1) 裸露的场地采取覆盖、硬化和洒水降尘措施。　　　　　　　　　　　(2分)

(2) 对集中堆放的土方，采取覆盖、固化、绿化等措施。　　　　　　　　(3分)

案例十五【2020 年二建真题】

某公司中标一条城市支路改扩建工程。施工工期为 4 个月，工程内容包括：红线内原道路破除，新建道路长度 900m。扩建后道路横断面宽度为 4m（人行道）+16m（车行道）+4m（人行道），新敷设一条长度为 900m 的 DN800 钢筋混凝土雨水管线。改扩建道路平面如图 1 所示。

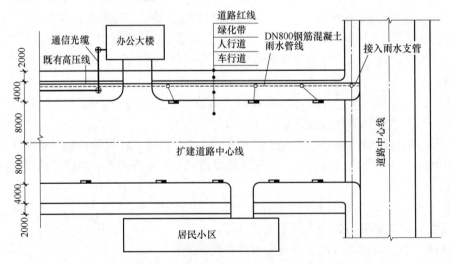

图 1　改扩建道路平面（单位：mm）

项目部进场后，对标段内现况管线进行调查，既有一组通信光缆横穿雨水管线上方。雨水沟槽内既有高压线需要改移，由业主协调完成。

项目部在组织施工过程中发生了以下事件。

事件一：监理下达开工令后，项目部组织人员、机械进场，既有高压线改移导致雨水管线实际开工比计划工期晚 2 个月。

事件二：雨水沟槽施工方案审批后，由 A 劳务队负责施工，沟槽开挖深度为 3.8m，采用挖掘机放坡开挖，过程中通信光缆被挖断，修复后继续开挖至槽底。

问题：

1. 事件一中，项目部能否因既有高压线改移滞后申请索赔。若可以索赔，索赔内容是什么？　　　　　　　　　　　　　　　　　　　　　　　　　　　　　　　（6 分）

2. 事件二中，雨水沟槽开挖深度是否属于危大工程？请说明理由，项目部开挖时需采取何种措施保证地下管线安全？　　　　　　　　　　　　　　　　　　　　　（8 分）

3. 机械开挖至槽底是否妥当，应该如何做？　　　　　　　　　　　　　　（6 分）

【参考答案】

1. 事件一中，项目部能否因既有高压线改移滞后申请索赔。若可以索赔，索赔内容是什么？

（1）可以申请索赔。　　　　　　　　　　　　　　　　　　　　　　　　（1 分）

（2）索赔内容：工期和费用。　　　　　　　　　　　　　　　　　　　　（2 分）

1）2 个月的工期。　　　　　　　　　　　　　　　　　　　　　　　　　（1 分）

2）机械停滞费用。　　　　　　　　　　　　　　　　　　　　　　　　　（1 分）

3）人员窝工费。　　　　　　　　　　　　　　　　　　　　　　　　　　（1 分）

2. 事件二中，雨水沟槽开挖深度是否属于危大工程？请说明理由，项目部开挖时需采取何种措施保证地下管线安全？

（1）属于危大工程。　　　　　　　　　　　　　　　　　　　　　　　　（1 分）

理由：本工程沟槽开挖 3.8m > 3m，依据住房和城乡建设部令第 37 号及建办质〔2018〕31 号文件规定，开挖深度超过 3m 的基坑（槽）的土方开挖、支护、降水工程属于危大工程，需要编制安全专项施工方案。　　　　　　　　　　　　　　　　　　　　　　　（3 分）

（2）安全措施：

1）光缆 2m 范围采用人工开挖。　　　　　　　　　　　　　　　　　　　（1 分）

2）既有光缆采用支架、吊架、托架加固，并设专人检查。　　　　　　　　（1 分）

3）对线缆进行沉降、变形观测并记录。　　　　　　　　　　　　　　　　（1 分）

4）制定应急预案并进行演练。　　　　　　　　　　　　　　　　　　　　（1 分）

3. 机械开挖至槽底是否妥当，应该如何做？

（1）不妥当。　　　　　　　　　　　　　　　　　　　　　　　　　　　（1 分）

（2）正确做法：槽底原状土地基不得扰动，机械开挖时槽底预留 200～300mm 土层，由人工开挖至设计高程，整平。　　　　　　　　　　　　　　　　　　　　　　　（5 分）

案例十六【2019 年二建真题】

某施工单位承建一项城市污水主干管道工程，全长 1000m。设计管材采用Ⅱ级承插式钢筋混凝土管，管道内径 1000mm，壁厚 100mm；沟槽平均开挖深度为 3m，底部开挖宽度设计无要求。场地地层以硬塑粉质黏土为主，土质均匀，地下水位于槽底设计标高以下，施工期为旱季。

项目部编制的施工方案明确了下列事项。

（1）将管道的施工工序分解为：①沟槽放坡开挖；②砌筑检查井；③下（布）管；④管道安装；⑤管道基础与垫层；⑥沟槽回填；⑦闭水试验。

施工工艺流程：①→A→③→④→②→B→C。

（2）依据现场施工条件、管材类型及接口方式等因素确定了管道沟槽底部一侧的工作面宽度为500mm，沟槽边坡坡度为1∶0.5。

（3）质量管理体系中，管道施工过程质量控制实行企业的"三检制"流程。

（4）根据沟槽平均开挖深度及沟槽开挖断面估算沟槽开挖土方量（不考虑检查井等构筑物对土方量估算值的影响）。

（5）由于施工场地受限及环境保护要求，沟槽开挖土方必须外运，土方外运量依据表1估算。外运用土方车辆容量为10m³/（车·次），外运单价为100元/（车·次）。

表1　土方体积换算系数表

虚　方	松　填	天然密实	夯　填
1.00	0.83	0.77	0.67
1.20	1.00	0.92	0.80
1.30	1.09	1.00	0.87
1.50	1.25	1.15	1.00

问题：

1. 写出施工方案（1）中管道施工工艺流程中A、B、C的名称。（用背景资料中提供的序号①~⑦或工序名称作答）　　　　　　　　　　　　　　　　　　　　　　　　（3分）

2. 写出确定管道沟槽边坡坡度的主要依据。　　　　　　　　　　　　　　　（5分）

3. 写出施工方案（3）中"三检制"的具体内容。　　　　　　　　　　　　　（3分）

4. 依据施工方案（4）、（5），列式计算管道沟槽开挖土方量（天然密实体积）及土方外运的直接成本。　　　　　　　　　　　　　　　　　　　　　　　　　　　　（5分）

5. 指出本工程闭水试验管段的抽取原则。　　　　　　　　　　　　　　　　（4分）

【参考答案】

1. 写出施工方案（1）中管道施工工艺流程中A、B、C的名称。（用背景资料中提供的序号①~⑦或工序名称作答）

A：⑤（管道基础与垫层）。　　　　　　　　　　　　　　　　　　　　　（1分）

B：⑦（闭水试验）。　　　　　　　　　　　　　　　　　　　　　　　　（1分）

C：⑥（沟槽回填）。　　　　　　　　　　　　　　　　　　　　　　　　（1分）

2. 写出确定管道沟槽边坡坡度的主要依据。

地质条件、土质情况、地下水位、开挖深度和坡顶荷载。　　　　　　　（每个1分）

3. 写出施工方案（3）中"三检制"的具体内容。

班组自检、工序或工种间互检、专业检查。　　　　　　　　　　　　　（每个1分）

4. 依据施工方案（4）、（5），列式计算管道沟槽开挖土方量（天然密实体积）及土方外运的直接成本。

（1）管道沟槽开挖土方量。

1）沟槽底宽：$1000 \div 1000\text{m} + 100 \div 1000 \times 2\text{m} + 500 \div 1000 \times 2\text{m} = 2.2\text{m}$。　　　　　　（1分）

2）沟槽顶宽：$2.2\text{m} + 3 \times 0.5 \times 2\text{m} = 5.2\text{m}$。　　　　　　（1分）

3）沟槽开挖土方量：$(5.2 + 2.2) \times 3\text{m}^3 + 2 \times 1000\text{m}^3 = 11100\text{m}^3$。　　　　　　（1分）

（2）土方外运的直接成本。

1）外运土方量（虚方）：$11100 \times 1.3\text{m}^3 = 14430\text{m}^3$。　　　　　　（1分）

2）土方外运直接成本：$14430 \div 10 \times 100$ 元 $= 144300$ 元。　　　　　　（1分）

【解析】

沟槽开挖断面如图1所示。

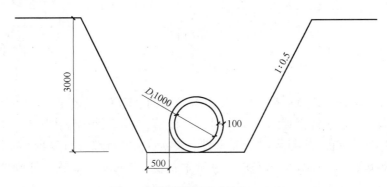

图1　沟槽开挖断面（单位：mm）

补充四个名词解释。

（1）天然密实体积：指挖掘前未扰动的土方体积。在土石方工程量计算一般规则中，土方体积均以挖掘前的天然密实体积为准计算。

（2）虚方体积：经挖掘后松散土方体积。使用松散土方回填时，要折算天然密实体积，折算系数为1:0.77。

（3）松填体积：土方回填过程中，未进行压实作业，此时回填土方的体积为松填体积。

（4）夯填（夯实）体积：回填土过程中进行压实（夯实）后土方体积为夯填（夯实）体积。

5. 指出本工程闭水试验管段的抽取原则

（1）试验管段应按井距分隔，抽样选取，带井试验，一次试验不超过5个连续井段。　　　　　　（2分）

（2）按管道井段数量抽样选取1/3进行试验；试验不合格时，抽样数量应在原抽样基础上加倍进行试验。　　　　　　（2分）

案例十七【2019年二建真题】

A公司中标承建一项热力站安装工程，该热力站位于某公共建筑物的地下一层，一次给回水设计温度为125℃/65℃，二次给回水设计温度为80℃/60℃，设计压力为1.6MPa，热力站主要设备包括板式换热器、过滤器、循环水泵、补水泵、水处理器、控制器、温控阀等，采取整体隔声降噪综合处理。热力站系统工作原理如图1所示。

工程实施过程中发生如下事件。

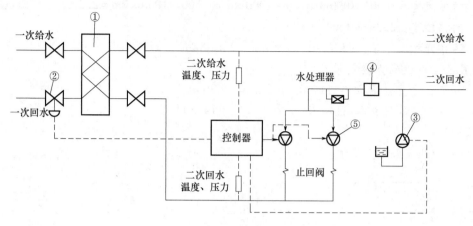

图 1　热力站系统工作原理

事件一： 安装工程开始前，A 公司与公共建筑物的土建施工单位在监理单位的主持下对预埋吊点、设备基础、预留套管（孔洞）进行了复验，划定了纵向、横向安装基准线和标高基准点，并办理了书面交接手续。设备基础复验项目包括纵轴线和横轴线的坐标位置、基础面上的预埋钢板和基础平面的水平度、基础垂直度、外形尺寸、预留地脚螺栓孔中心线位置。

事件二： 为方便施工，B 公司进场后拟利用建筑结构作为起吊、搬运设备的临时承力构件，并征得了建设、监理单位的同意。

问题：

1. 按照系统形式分类，该热力站所处供热管网属于开式系统还是闭式系统？说明理由。
　　　　　　　　　　　　　　　　　　　　　　　　　　　　　　　　　　　　　　（5 分）

2. 写出图中编号为①、②、③、④、⑤的设备名称。　　　　　　　　　　　　　　（5 分）

3. 事件一中，设备基础的复验项目还应包括哪些内容？　　　　　　　　　　　　　（5 分）

4. 事件二中，B 公司的做法还应征得哪方的同意？说明理由。　　　　　　　　　　（5 分）

【参考答案】

1. 按照系统形式分类，该热力站所处供热管网属于开式系统还是闭式系统？说明理由。

（1）该热力站所处管网属于闭式系统。　　　　　　　　　　　　　　　　　　　　（2 分）

（2）理由：图中热力站的一次热网与二次热网采用的是换热器连接，而且中间设备多。
　　　　　　　　　　　　　　　　　　　　　　　　　　　　　　　　　　　　　　（3 分）

2. 写出图中编号为①、②、③、④、⑤的设备名称。

①为板式换热器。　　　　　　　　　　　　　　　　　　　　　　　　　　　　　（1 分）

②为温控阀。　　　　　　　　　　　　　　　　　　　　　　　　　　　　　　　（1 分）

③为补水泵。　　　　　　　　　　　　　　　　　　　　　　　　　　　　　　　（1 分）

④为过滤器。　　　　　　　　　　　　　　　　　　　　　　　　　　　　　　　（1 分）

⑤为循环水泵。　　　　　　　　　　　　　　　　　　　　　　　　　　　　　　（1 分）

3. 事件一中，设备基础的复验项目还应包括哪些内容？

还应包括不同平面的高程、预留地脚螺栓孔的深度和尺寸、混凝土质量。　　　　（5 分）

4. 事件二中 B 公司的做法还应征得哪方的同意？说明理由。

（1）还应征得原设计单位的同意。　　　　　　　　　　　　　　　　　　（2分）

（2）理由：利用建筑结构作为临时承力构件，会使建筑物承受附加额外荷载，可能引起建筑物主体结构破坏或影响其功能使用与结构安全。所以，需要原设计单位对结构受力进行验算，符合要求后方可使用。　　　　　　　　　　　　　　　　　　（3分）

案例十八【2017 年二建真题】

某公司承建一项天然气管道工程，全长 1380m，公称外径为 110mm，采用聚乙烯燃气管道（SDR11 PE100），直埋敷设，热熔连接。

工程实施过程中发生了如下事件。

事件一：开工前，项目部对现场焊工的执业资格进行检查。

事件二：管材进场后，监理工程师检查发现聚乙烯直管现场露天堆放，堆放高度达 1.8m，项目部既未采取安全措施，也未采用棚护。监理工程师签发通知单要求项目部进行整改，并按表 1 所列项目及方法对管材进行检查。

事件三：管道焊接前，项目部组织焊工进行现场试焊，试焊后，项目部相关人员对管道连接接头的质量进行了检查，并依据检查情况完善了焊接作业指导书。

表 1　聚乙烯管材进场检查项目及检查方法

检查项目	检查方法
A	查看资料
检测报告	查看资料
使用聚乙烯原材料级别和牌号	查看资料
B	目测
颜色	目测
长度	量测
圆度	量测
外径及壁厚	量测
生产日期	查看资料
产品标志	目测

问题：

1. 事件一中，本工程管道焊接的焊工应具备哪些资格条件？　　　　　　　（3分）

2. 事件二中，指出直管堆放的最大高度应为多少米，并应采取哪些安全措施？管道采用棚护的主要目的是什么？　　　　　　　　　　　　　　　　　　　　　　（5分）

3. 写出表 1 中检查项目 A 和 B 的名称。　　　　　　　　　　　　　　　（4分）

4. 事件三中，指出热熔对焊工艺评定检验与试验项目有哪些。　　　　　　（4分）

5. 事件三中，聚乙烯管道连接接头质量检查包括哪些项目？　　　　　　　（4分）

【参考答案】

1. 事件一中，本工程管道焊接的焊工应具备哪些资格条件？

（1）具有特种作业操作证书，证书焊接范围与本工程施焊范围一致；间断安装作业时

间超过6个月，再次上岗前应重新考试和技术评定。 (2分)

（2）经过安全技术交底。 (1分)

2. 事件二中，指出直管堆放的最大高度应为多少米，并应采取哪些安全措施？管道采用棚护的主要目的是什么？

（1）堆放的最大高度应为不超过1.5m。 (1分)

（2）应采取防止直管滚动的安全保护措施：管材码放应分层纵横交叉码放；同方向堆放多层管材时，两侧加支撑保护，且支撑牢固，或者直接制作管架进行堆放。 (2分)

（3）采用棚护的主要目的：防止阳光暴晒，减缓管材老化的发生。 (2分)

3. 写出表1中检查项目A和B的名称。

（1）A的名称为检验合格证。 (2分)

（2）B的名称为外观。 (2分)

4. 事件三中，指出热熔对焊工艺评定检验与试验项目有哪些。

（1）热熔对焊工艺评定检验项目：焊口外观质量、焊接接头翻边检验、拉伸强度检验。 (2分)

（2）热熔对焊试验项目：拉伸试验、弯曲试验、冲击试验、耐压试验。 (2分)

5. 事件三中，聚乙烯管道连接接头质量检查包括哪些项目？

（1）翻边的对称性、直顺度、高度。 (1分)

（2）翻边缺陷检查（杂质、小孔、扭曲）。 (1分)

（3）翻边切除后，管道接缝处熔合线检查。 (1分)

（4）接头的错边量。 (1分)

案例十九【2016年二建真题】

A公司承建中水管道工程，全长870m，管径为600mm，管道出厂由南向北垂直下穿快速路后，沿道路北侧绿地向西排入内湖，管道覆土3.0~3.2m；管材为碳素钢管，防腐层在工厂内施作，施工图设计建议：长38m下穿快速路的管段采用机械顶管法施工混凝土套管，其余管段全部采用开槽法施工。施工区域土质较好，开挖土方可用于沟槽回填，施工时可不考虑地下水影响。依据合同约定，A公司将顶管施工分包给B专业公司，开槽段施工从西向东采用流水作业。

施工过程发生了如下事件。

事件一：质量员发现个别管段沟槽胸腔回填存在采用推土机从沟槽一侧推土入槽不当施工现象，立即责令施工队停工整改。

事件二：由于发现顶管施工范围内有不明管线，B公司项目部征得A公司项目负责人同意，拟改用人工顶管法施工混凝土套管。

事件三：质量安全监督部门例行检查时，发现顶管坑内电缆破损较多，存在严重安全隐患，对A公司和建设单位进行通报批评；A公司对B公司处以罚款。

事件四：受局部拆迁影响，开槽施工段出现进度滞后局面，项目部拟采用调整工作关系的方法控制施工进度。

问题：

1. 分析事件一中施工队不当施工可能产生的后果，并写出正确做法。 (5分)

2. 事件二中，机械顶管改为人工顶管时，A 公司项目部应履行哪些程序？　　　（5 分）

3. 事件三中，A 公司对 B 公司的安全管理存在哪些缺失？A 公司在总分包管理体系中应对建设单位承担什么责任？　　　（5 分）

4. 简述调整工作关系方法在本工程中的具体应用。　　　（5 分）

【参考答案】

1. 分析事件一中施工队不当施工可能产生的后果，并写出正确做法。

（1）可能产生的后果：造成回填时管道位移，管道腋角回填不密实，回填土层厚度控制不准，管道变形等。　　　（2 分）

（2）正确做法：管道两侧和管顶以上 500mm 范围内的回填材料，应由沟槽两侧对称运入槽内，不得直接扔在管道上。每层回填土厚度不应大于 200mm，管道两侧回填土高度差不超过 300mm。　　　（3 分）

2. 事件二中，机械顶管改为人工顶管时，A 公司项目部应履行哪些程序？

（1）向建设单位提出变更申请（或建议）。　　　（1 分）

（2）编制人工顶管安全专项施工方案，经 B 公司技术负责人审批、A 公司技术负责人审批后报总监理工程师审批，且重新进行报价。　　　（3 分）

（3）遵照有关规定，应向道路权属部门重新办理下穿道路手续。　　　（1 分）

3. 事件三中，A 公司对 B 公司的安全管理存在哪些缺失？A 公司在总分包管理体系中应对建设单位承担什么责任？

（1）存在以下缺失：未对 B 公司进行施工安全交底；未对 B 公司进场材料和设备进行监督检查；未要求 B 公司编写临时用电专项方案并对专项方案进行核查；未对 B 公司的施工现场进行监督检查。　　　（每个 1 分）

（2）A 公司在总分包管理体系中应就分包工程对建设单位承担连带责任。　　　（1 分）

4. 简述调整工作关系方法在本工程中的具体应用。

（1）可以先安排不受拆迁影响的施工段的流水作业，尽可能缩短每一流水作业的施工长度，受拆迁影响的施工段安排在最后作业。　　　（3 分）

（2）可以将受拆迁影响地段的管道在沟槽开挖前先进行焊接作业，待沟槽开挖完成后将管道整体吊放入沟槽内，再进行下道工序施工。　　　（2 分）

案例二十【2015 年二建真题】

某公司中标北方城市道路工程，道路全长 1000m，道路结构与地下管线布置如图 1 所示。

施工场地位于农田，临近城市绿地，土层以砂性粉土为主，不考虑施工降水。

雨水方沟内断面 2.2m×1.5m，采用钢筋混凝土结构，壁厚度 200mm；底板下混凝土垫层厚 100mm。雨水方沟位于南侧辅路下，排水方向为由东向西，东端沟内底高程为 5.0m（地表高程 ±0.0m），流水坡度 1.5‰。给水管道位于北侧人行道下，覆土深度 1m。

项目部对①辅路、②主路、③给水管道、④雨水方沟、⑤两侧人行道及隔离带（绿化）做了施工部署，依据各种管道高程以及平面位置对工程的施工顺序做了总体安排。

施工过程发生了如下事件。

事件一：部分主路路基施工突遇大雨，未能及时碾压，造成路床积水、土料过湿，影响

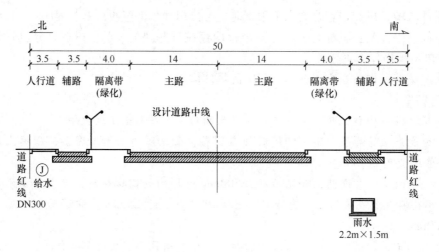

图1　道路结构与地下管线布置（单位：m）

施工进度。

事件二： 为加快施工进度，项目部将沟槽开挖出的土方在现场占用城市绿地存放，以备回填，方案审查时被纠正。

问题：

1. 列式计算雨水方沟东、西两端沟槽的开挖深度。　　　　　　　　　　　　　　　（5分）

2. 用背景资料中提供的序号表示本工程的总体施工顺序。　　　　　　　　　　　（5分）

3. 针对事件一写出部分路基雨后土基压实的处理措施。　　　　　　　　　　　　（4分）

4. 事件二中现场占用城市绿地存土方案为何被纠正？给出正确做法。　　　　　　（6分）

【参考答案】

1. 列式计算雨水方沟东、西两端沟槽的开挖深度。

（1）东侧沟槽开挖深度：$5.0m + 0.2m + 0.1m = 5.3m$。　　　　　　　　　　（2分）

（2）西侧沟槽开挖深度：$5.3m + 1000 \times 1.5\text{‰}m = 6.8m$。　　　　　　　　　（3分）

2. 用背景资料中提供的序号表示本工程的总体施工顺序。

总体施工顺序为④—③—②—①—⑤。　　　　　　　　　　　　　　　　　　（5分）

3. 针对事件一写出部分路基雨后土基压实的处理措施。

（1）将路床中的积水排除。　　　　　　　　　　　　　　　　　　　　　　　（1分）

（2）对于已经翻浆的路段，进行换料重做。　　　　　　　　　　　　　　　　（1分）

（3）对于含水率大而未翻浆的部分进行晾晒、拌和石灰土降低含水率。　　　　（1分）

（4）碾压前检测土基含水率，达到最佳含水率再进行碾压。　　　　　　　　　（1分）

4. 事件二中现场占用城市绿地存土方案为何被纠正？给出正确做法。

（1）理由：根据《城市绿化条例》规定，任何单位和个人都不得擅自占用城市绿地。本工程中施工单位未办理相关手续就擅自占用城市绿地，违反《城市绿化条例》，必须纠正。　　　　　　　　　　　　　　　　　　　　　　　　　　　　　　　（3分）

（2）正确做法：如本工程确需占用城市绿化用地存土，施工方应征得城市人民政府城市绿化行政主管部门同意后占用，并限期归还，恢复原貌。　　　　　　　　　　（3分）

案例二十一【2015 年二建真题】

某公司中标承建中压 A 天然气直埋管线工程，管道直径为 300mm，长度 1.5km，由节点①至节点⑩，其中节点⑦、⑧分别为 30°的变坡点，如图 1 所示。项目部编制了施工组织设计，内容包括工程概况、编制依据、施工安排、施工准备等。在沟槽开挖过程中，遇到地质勘察时未探明的墓穴。项目部自行组织人员、机具清除了墓穴，并进行换填级配砂石处理，导致增加了合同外的工作量。管道安装焊接完毕，依据专项方案进行清扫与试验。管道清扫由①点向⑩点方向分段进行。清扫过程中出现了卡球的迹象。

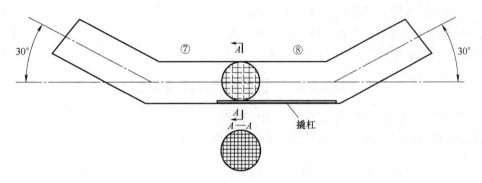

图 1　天然气直埋管线工程

根据现场专题会议要求切开⑧点处后，除发现清扫球外，还有一根撬杠。调查确认是焊工为预防撬杠丢失临时放置在管腔内，但忘记取出。会议确定此次事故为质量事故。

问题：

1. 补充完善燃气管道施工组织设计内容。　　　　　　　　　　　　　　　　　　（4 分）
2. 项目部处理墓穴所增加的费用可否要求计量支付？说明理由。　　　　　　　　（4 分）
3. 简述燃气管道清扫的目的和清扫应注意的主要事项。　　　　　　　　　　　　（6 分）
4. 针对此次质量事故，简述项目部应采取的处理程序和加强哪些方面的管理。　　（6 分）

【参考答案】

1. 补充完善燃气管道施工组织设计内容。

施工总体部署、施工现场平面布置、施工技术方案、主要施工保证措施等基本内容。

（每个 1 分）

2. 项目部处理墓穴所增加的费用可否要求计量支付？说明理由。

（1）不能要求计量支付。　　　　　　　　　　　　　　　　　　　　　　　　（1 分）

（2）理由：项目部未在规定的时间内履行索赔程序，视为施工单位放弃索赔要求，因此不能要求计量支付。　　　　　　　　　　　　　　　　　　　　　　　　　　　（3 分）

3. 简述燃气管道清扫的目的和清扫应注意的主要事项

（1）燃气管道清扫的目的：清除管道内残存的水、尘土、铁锈、焊渣等杂物。　（2 分）

（2）清扫注意事项：

1）吹扫要在管道及附件组装完成并在试压前进行。　　　　　　　　　　　　　（1 分）

2）吹扫压力不得大于管道的设计压力，且不应大于 0.3MPa。　　　　　　　　（1 分）

3）本工程管线超过 500m，应进行分段清扫，气体吹扫每次吹扫长度不大于 500m，气

体流速宜大于 20m/s。 (1 分)

4）使用清管球时，清管球应按介质流动方向进行。清扫前认真检查，对影响清管球通过的管件、设施采取必要的措施；清管球清扫完成后，再用气体吹扫进行检验。 (1 分)

4. 针对此次质量事故，简述项目部应采取的处理程序和加强哪些方面的管理。

（1）应采取的处理程序：①事故调查；②事故原因分析；③制定事故处理方案；④事故处理；⑤事故处理的鉴定验收；⑥提交事故处理报告。 (2 分)

（2）项目部应该加强：

1）开工前和完工后现场检查的管理措施。 (1 分)

2）应该加强自检、互检、交接检的落实。 (1 分)

3）加强项目部材料、工具的领取、归还制度。 (1 分)

4）加强对施工操作人员的培训和交底。 (1 分)

案例二十二【2014 年二建真题】

某公司承建一埋地燃气管道工程，采用开槽埋管施工。

管道沟槽回填土的部位划分为Ⅰ区、Ⅱ区、Ⅲ区，如下图 1 所示。

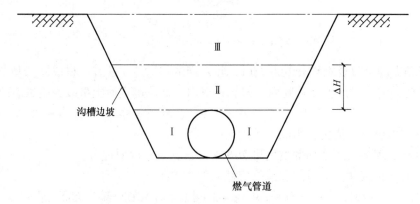

图 1　回填土的部位划分

回填土中有粗砂、碎石土、灰土可供选择。

问题：

1. 图 1 中 ΔH 的最小尺寸应为多少？（单位以 mm 表示） (4 分)

2. 在供选择的土中，分别指出哪些不能用于Ⅰ区、Ⅱ区的回填？警示带应敷设在哪个区？ (6 分)

3. Ⅰ区、Ⅱ区、Ⅲ区应分别采用哪类压实方式？ (6 分)

4. 图 1 中的Ⅰ区、Ⅱ区回填土密实度最小应为多少？ (4 分)

【参考答案】

1. 图 1 中 ΔH 的最小尺寸应为多少？（单位以 mm 表示）

ΔH 应为 500mm。 (4 分)

2. 在供选择的土中，分别指出哪些不能用于Ⅰ区、Ⅱ区的回填？警示带应敷设在哪个区？

（1）碎石土和灰土不能用于Ⅰ区、Ⅱ区的回填。 （4分）

（2）警示带应敷设在Ⅱ区。 （2分）

【解析】

警示带的敷设教材没有介绍，未来很可能出现在一建考试中。

《城镇燃气输配工程施工及验收规范》CJJ 33—2005 对警示带敷设的规定如下：埋设燃气管道的沿线应连续敷设警示带。警示带敷设前应对敷设面压实，并平整地敷设在管道的正上方，距管顶的距离宜为 0.3 ~ 0.5m，但不得敷设于路基和路面里。

3. Ⅰ区、Ⅱ区、Ⅲ区应分别采用哪类压实方式？

Ⅰ区、Ⅱ区采用人工压实。 （3分）

Ⅲ区可采用小型机具压实。 （3分）

4. 图1中的Ⅰ区、Ⅱ区回填土密实度最小应为多少？

最小应为90%。 （4分）

【解析】 （见图2）

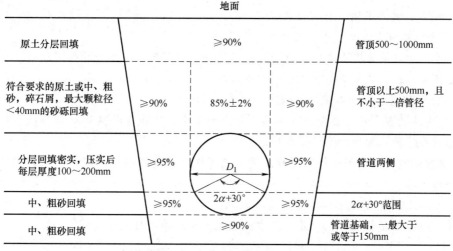

图2　柔性管道沟槽回填部位与压实度

案例二十三【2014 年二建真题】

A 公司承建一项 DN400 应急热力管线工程，采用钢筋混凝土高支架方式架设，利用波纹管补偿器进行热位移补偿。

在进行图纸会审时，A 公司技术负责人提出：以前施工过钢筋混凝土中支架架设 DN400管道的类似工程，其支架配筋与本工程基本相同，故本工程支架的配筋可能偏少，请设计予以考虑。设计人员现场答复：将对支架进行复核，在未回复之前，要求施工单位按图施工。

A 公司编制了施工组织设计，履行了报批手续后组织钢筋混凝土支架施工班组和管道安装班组进场施工。

设计对支架图纸复核后，发现配筋确有问题，此时部分支架已施工完成，经与建设单位协商，决定对支架进行加固处理。设计人员口头告知 A 公司加固处理方法，要求 A 公司按此方法加固即可。

钢筋混凝土支架施工完成后，支架施工班组通知安装班组进行安装。安装班组在进行对口焊接时，发现部分管道与补偿器不同轴，且对口错边量较大。经对支架进行复测，发现存在质量缺陷（与支架加固无关），经处理合格。

问题：

1. 列举图纸会审的组织单位和参加单位，指出会审后形成文件的名称。　　（5分）
2. 针对支架加固处理，给出正确的变更程序。　　（5分）
3. 指出补偿器与管道不同轴及错边的危害。　　（5分）
4. 安装班组应对支架的哪些项目进行复测？　　（5分）

【参考答案】

1. 列举图纸会审的组织单位和参加单位，指出会审后形成文件的名称。

（1）由建设单位组织，参加单位包括建设单位、设计单位、监理单位、施工单位等。

　　（3分）

（2）形成的文件是图纸会审记录。　　（2分）

2. 针对支架加固处理，给出正确的变更程序。

施工单位向建设方提出建议，设计方出具设计变更图纸，经建设单位签认后，交由监理单位转发施工单位，施工单位按照变更图纸施工。　　（5分）

3. 指出补偿器与管道不同轴及错边的危害。

1）不同轴的危害：主要会造成焊接位置应力集中，可能会导致焊口部位破坏；其次是会严重影响补偿器正常的伸缩补偿作用。　　（2分）

2）错边的危害：会影响焊口焊接质量，使得焊接质量不能满足规范要求，同时会影响管道内介质流通。　　（3分）

4. 安装班组应对支架的哪些项目进行复测？

安装班组应对支架的位置、几何尺寸、高程、坡度等项目进行复测。　　（5分）

案例二十四【2013 年二建真题】

某市政供热管道工程，供回水温度为 95℃/70℃，主体采用直埋敷设，管线经过公共绿地和 A 公司场院，A 公司院内建筑密集，空间狭窄。

供热管线局部需穿越道路，道路下面敷设有多种管道。项目部拟在道路两侧各设置 1 个工作坑。采用人工挖土顶管施工，先顶入 DN1000 混凝土管作为过路穿越套管，并在套管内并排敷设 2 根 DN200 保温供热管道（保温后的管道外径为 320mm），穿越道路工程所在区域的环境条件及地下管线平面布置如图 1 所示。地下水位高于套管管底 0.2m。

问题：

1. 按照输送热媒和温度划分，本管道属于什么类型的供热管道？　　（4分）
2. 顶管穿越时需要保护哪些建（构）筑物？　　（5分）
3. 顶管穿越地下管线时应与什么单位联系？　　（5分）
4. 根据现场条件，顶管应从哪一个工作坑始发？说明理由。　　（5分）
5. 顶管施工时是否需要降水？写出顶管作业时对地下水位的要求。　　（5分）

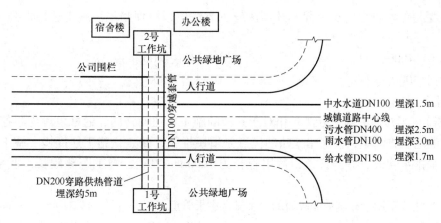

图 1　热力管道过路段平面布置

【参考答案】

1. 按照输送热媒和温度划分，本管道属于什么类型的供热管道？

本管道属于低温热水管道。 （4 分）

2. 顶管穿越时需要保护哪些建（构）筑物？

需要保护中水、污水、雨水、给水等管线，道路、A 公司围栏、办公楼和宿舍楼。

（5 分）

3. 顶管穿越地下管线时应与什么单位联系？

应与给水管线管理单位、中水管线管理单位、雨水管线管理单位、污水管线管理单位，以及市政工程行政主管部门、公安交通管理部门、城市人民政府城市绿化行政主管部门、A 公司等单位进行联系。 （5 分）

4. 根据现场条件，顶管应从哪一个工作坑始发？说明理由。

（1）从 1 号工作坑始发。 （1 分）

（2）理由：

①1 号工作坑附近为绿地，场地开阔，便于堆放和清运挖掘出来的泥土，有堆放管材、工具设备的场所。 （2 分）

②2 号工作坑临近办公楼、宿舍楼，施工出土、下管会影响到 A 公司员工办公和休息，并且出土运输和材料、管材、施工机械的运输都要经过 A 公司的大门，对 A 公司的正常工作秩序影响较大。 （2 分）

5. 顶管施工时是否需要降水？写出顶管作业时对地下水位的要求。

（1）需要降水。 （2 分）

（2）顶管作业时，地下水要低于管外底 0.5m 以下。 （3 分）

二、单项选择题及答案

1. 人工开挖沟槽的槽深超过（　　）m 时应该分层开挖。

A. 4　　　　　　B. 3　　　　　　C. 2　　　　　　D. 1

【答案】 B

【解析】 人工开挖沟槽的槽深超过 3m 时应分层开挖，每层深度不超过 2m。

2. 在城市给水排水管道工程不开槽法施工方法中，浅埋暗挖法施工适用性强，其适用管径为（　　）mm。

A. 300 ~ 4000

B. 200 ~ 1800

C. 大于3000

D. 大于1000

【答案】 D

【解析】 不开槽的施工方法是相对于开槽的施工方法而言的，通常也称为暗挖施工法。在不开槽的施工方法中，浅埋暗挖法的优点是适用性强，缺点是施工速度慢、施工成本高，适用于给水排水管道、综合管道，适用管径为1000mm以上，施工距离较长，适用于各种土层。

3. 盾构法施工用于穿越地面障碍的给水排水主干管道工程，直径一般在（　　）mm以上。

A. 6000　　　　B. 5000　　　　C. 4000　　　　D. 3000

【答案】 D

【解析】 盾构法施工用于穿越地面障碍的给水排水主干管道工程，直径一般在3000mm以上。

4. （2011年真题）管道施工中速度快、成本低、不开槽的施工方法是（　　）。

A. 浅埋暗挖法

B. 夯管法

C. 定向钻施工

D. 盾构

【答案】 B

【解析】 不开槽的施工方法与使用条件见下表，这历年高频考点。

不开槽的施工方法与使用条件

施工方法	密闭式顶管	盾构	潜埋暗挖	水平定向钻	夯管
优点	施工精度高	施工速度快	适用性强	施工速度快	施工速度快、成本较低
缺点	施工成本高	施工成本高	速度慢、成本高	控制精度低	控制精度低
适用范围	给水排水管道、综合管道	给水排水管道、综合管道	给水排水管道、综合管道	柔性管道	钢管
适用管径/mm	300 ~ 4000	3000以上	1000以上	300 ~ 1000	200 ~ 1800
施工精度	小于±50mm	不可控	小于或等于30mm	不超过0.5倍管道内径	不可控
施工距离	较长	长	较长	较短	短
适用地质条件	各种土层	除硬岩外的相对均质地层	各种土层	不适用含水地层和砂卵石地层	不适用含水地层，砂卵石地层困难
适用环境	改扩建给水排水管道多数用①敞口：降水至管底0.5m②密闭：要求控制地层变形或无降水条件时	给水排水主干管道工程，直径3000以上	城区地下障碍物较复杂的地段，潜埋暗挖是较好选择	以较大埋深穿越道路桥涵的长距离地下管道的施工，表现出优越之处	适用于城镇区域下穿较窄道路的地下管道施工

5. 除设计有要求外，压力管道水压试验的管段长度不宜大于（　　）km。

A. 0.5 　　　　　　　　　　　　 B. 1

C. 1.5 　　　　　　　　　　　　 D. 2

【答案】　B

【解析】　除设计有要求外，压力管道水压试验的管段长度不宜大于1km。

6. （2021年真题）水平定向钻第一根钻杆入土钻进时，应采取（　　）方式。

A. 轻压慢转 　　　　　　　　　 B. 中压慢转

C. 轻压快转 　　　　　　　　　 D. 中压快转

【答案】　A

【解析】　第一根钻杆入土钻进时，应采取轻压慢转的方式，稳定钻进导入位置和保证入土角，且入土段和出土段应为直线钻进，其直线长度宜控制在20m左右。

7. （2014年真题）施工精度高，适用各种土层的不开槽管道施工方法是（　　）。

A. 夯管 　　　　　　　　　　　 B. 定向钻

C. 浅埋暗挖 　　　　　　　　　 D. 密闭式顶管

【答案】　D

8. 内径大于1000mm的现浇钢筋混凝土管渠，预（自）应力混凝土管、预应力钢筒混凝土管试验管段注满水后浸泡时间应不少于（　　）h。

A. 24 　　　　　　　　　　　　 B. 48

C. 72 　　　　　　　　　　　　 D. 12

【答案】　C

【解析】　内径大于1000mm的不少于72h，内径小于1000mm的不少于24h。

9. 破管外挤也称爆管法，下列不属于爆管法的是（　　）。

A. 气动爆管 　　　　　　　　　 B. 液动爆管

C. 切割爆管 　　　　　　　　　 D. 爆破爆管

【答案】　D

【解析】　按照爆管工具的不同，可将爆管分为气动爆管、液动爆管、切割爆管三种。

10. （2016年真题）关于无压管道功能性试验的说法，正确的是（　　）。

A. 当管道内径大于700mm时，可抽取1/3井段数量进行试验

B. 污水管段长度300mm时，可不做试验

C. 可采用水压试验

D. 试验期间渗水量的观测时间不得小于20min

【答案】　A

【解析】　A选项为教材原文。C选项：无压管道为排水管道，其功能性试验为严密性试验，包括闭水试验或闭气试验；而水压试验为压力管道，即给水管道的功能性试验。D选项：无压管道的闭水试验，渗水量观测时间不得小于30min。

11. （2010年真题）关于排水管道闭水试验的条件中，错误的是（　　）。

A. 管道及检查井外观质量已验收合格

B. 管道与检查井接口处已回填

C. 全部预留口已封堵，不渗漏

D. 管道两端堵板密封且承载力满足要求

【答案】　B

【解析】　无压管道闭水试验准备工作：

（1）管道及检查井外观质量已验收合格。

（2）管道未回填土且沟槽内无积水。

（3）全部预留孔应封堵，不得渗水。

（4）管道两端堵板承载力经核算应大于水压力的合力；除预留进出水管外，应封堵坚固，不得渗水。

（5）顶管施工，其注浆孔封堵且管口按设计要求处理完毕，地下水位于管底以下；

（6）应做好水源引接、排水疏导等方案。

B 选项错在管道与检查井接口处已经回填。

12. （2013 年真题）不属于排水管道圈形检查井的砌筑做法是（　　）。

A. 砌块应垂直砌筑

B. 砌筑砌块时应同时安装踏步

C. 检查井内的流槽宜与井壁同时进行砌筑

D. 采用退茬法砌筑时每块砌块退半块留茬

【答案】　D

【解析】　D 选项属于砖砌拱圈的施工要点。

13. （2014 年真题）用于城市地下管道全断面修复的方法是（　　）。

A. 内衬法

B. 补丁法

C. 密封法

D. 灌浆法

【答案】　A

【解析】　全断面修复的方法有内衬法、缠绕法、喷涂法。

14. （2018 年真题）关于沟槽开挖与支护相关规定的说法，正确的是（　　）。

A. 机械开挖可一次挖至设计高程

B. 每次人工开挖槽沟的深度可达 3m

C. 槽底土层为腐蚀性土时，应按设计要求进行换填

D. 槽底被水浸泡后，不宜采用石灰土回填

【答案】　C

【解析】　A 选项应为：机械挖槽时，槽底预留 200～300mm 土层，由人工开挖至设计高程，整平。B 选项应为：人工开挖沟槽的槽深超过 3m 时应分层开挖，每层的深度不超过 2m。D 选项应为：槽底不得受水浸泡或受冻，槽底局部扰动或受水浸泡时，宜采用天然级配砂砾石或石灰土回填。

15. （2018 年海南省真题）给水管道水压试验时，向管道内注水浸泡的时间，正确的是（　　）。

A. 有水泥砂浆衬里的球墨铸铁管不少于 12h

B. 有水泥砂浆衬里的钢管不少于 24h

C. 内径不大于 1000mm 的自应力混凝土管不少于 36h

D. 内径大于 1000mm 的自应力混凝土管不少于 48h

【答案】　B

【解析】　A 选项应为：有水泥砂浆衬里的球墨铸铁管浸泡时间不少于 24h。C 选项应为：内径不大于 1000mm 的自应力混凝土管浸泡时间不少于 48h。D 选项应为：内径大于 1000mm 的自应力混凝土管浸泡时间不少于 72h。

16. （2019 年真题）关于沟槽开挖的说法，正确的是（　　）。

A. 机械开挖时，可以直接挖至槽底高程

B. 槽底土层为杂填土时，应全部挖除

C. 沟槽开挖的坡率与沟槽的深度无关

D. 无论土质如何，槽壁必须垂直平顺

【答案】　B

【解析】　沟槽开挖与支护：

（1）分层开挖及深度。

1）人工开挖沟槽的槽深超过 3m 时应分层开挖，每层的深度不超过 2m。

2）人工开挖多层沟槽的层间留台宽度：放坡开槽时不应小于 0.8m；直槽时不应小于 0.5m；安装井点设备时不应小于 1.5m。

3）采用机械挖槽时，沟槽分层的深度按机械性能确定。

（2）沟槽开挖规定。

1）槽底原状地基土不得扰动，机械开挖时槽底预留 200～300mm 土层，由人工开挖至设计高程，整平。

2）槽底不得受水浸泡或受冻，槽底局部扰动或受水浸泡时，宜采用天然级配砂砾石或石灰土回填；槽底扰动土层为湿陷性黄土时，应按设计要求进行地基处理。

3）槽底土层为杂填土、腐蚀性土时，应全部挖除并按设计要求进行地基处理。

4）槽壁平顺，边坡坡度符合施工方案的规定。

5）在沟槽边坡稳固后设置供施工人员上下沟槽的安全梯。

17. （2020 年真题）下列关于给水排水构筑物施工的说法，正确的是（　　）。

A. 砌体的沉降缝应与基础沉降缝贯通，变形缝应错开

B. 砖砌拱圈应自两侧向拱中心进行，反拱砌筑顺序反之

C. 检查井砌筑完成后再安装踏步

D. 预制拼装构筑物施工速度快，造价低，应推广使用

【答案】　B

【解析】　A 选项应为：砌体的沉降缝、变形缝、止水缝应位置准确、砌体平整、砌体垂直贯通，缝板、止水带安装正确，沉降缝、变形缝应与基础的沉降缝、变形缝贯通。C 选项应为：砌筑时应同时安装踏步，踏步安装后在砌筑砂浆未达到规定抗压强度等级前不得踩踏。D 选项教材未提及。

18. （2015 年真题）地上敷设的供热管道与电气化铁路交叉时，管道的金属部分应（　　）。

A. 绝缘 　　　　　　　　　　　　B. 接地

C. 消磁 　　　　　　　　　　　　D. 热处理

【答案】　B

【解析】　本题考核的是供热管道施工基本要求。地上敷设的供热管道与架空输电线路或电气化铁路交叉时，管道的金属部分，包括交叉点 5m 范围内钢筋混凝土结构的钢筋应接地，接地电阻不大于 10Ω。

19. (2016 年真题) 供热管道施工前的准备工作中，履行相关的审批手续属于 (　　) 准备。

A. 技术　　　　　　　　　　　B. 设计
C. 物质　　　　　　　　　　　D. 现场

【答案】　A

【解析】　供热管道施工前的准备工作分为技术准备和物资准备两大类。履行审批手续显然属于其中的技术准备。

20. (2010 年真题) 下列供热管道的补偿器中，属于自然补偿方式的是 (　　)。

A. 波形补偿器　　　　　　　　B. Z 型补偿器
C. 方形补偿器　　　　　　　　D. 填料式补偿器

【答案】　B

【解析】　补偿器分为自然补偿器和人工补偿器两种，自然补偿器是利用管路几何形状所具有的弹性来吸收热变形。自然补偿器分为 L 型和 Z 型两种。人工补偿器是利用管道补偿器来吸收热变形的补偿方法，常用的有方形补偿器、波形补偿器、球形补偿器和填料式补偿器等。

21. (2013 年真题) 补偿器芯管的外露长度或其端部与套管内挡圈的距离应大于设计要求的变形量，属于 (　　) 补偿器的安装要求之一。

A. 波形　　　　　　　　　　　B. 球形
C. Z 形　　　　　　　　　　　D. 填料式

【答案】　D

【解析】　填料式补偿器的安装长度，应满足设计要求，留有剩余的收缩量。

22. (2021 年真题) 在供热管道系统中，利用管道位移来吸收热伸长的补偿器是 (　　)。

A. 自然补偿器　　　　　　　　B. 套筒式补偿器
C. 波纹管补偿器　　　　　　　D. 方形补偿器

【答案】　B

【解析】　自然补偿器、方形补偿器和波纹管补偿器是利用补偿材料的变形来吸收热伸长的，而套筒式补偿器和球形补偿器则是利用管道的位移来吸收热伸长的。

23. (2015 年真题) 在供热管网补偿器的两侧应设置 (　　) 支架。

A. 滑动　　　　　　　　　　　B. 滚动
C. 导向　　　　　　　　　　　D. 滚珠

【答案】　C

【解析】　本题考核的是管道附件安装要求。C 选项：导向支架的作用是使管道在支架上滑动时不致偏离管轴线，一般设置在补偿器、阀门两侧或其他只允许管道有轴向移动的地方。

24.（2014年真题）供热管道安装补偿器的目的是（　　）。

A. 保护固定支架
B. 消除温度应力
C. 方便管道焊接
D. 利于设备更换

【答案】　B

【解析】　供热管网的介质温度较高，供热管道本身又长，故管网产生的温度变形量就大，其热膨胀的应力也会很大。为了释放温度变形，消除温度应力，以确保管网运行安全，必须根据供热管道的热伸长量及应力计算设置适应管道温度变形的补偿器。

25.（2013年真题）对供热水利系统管网的阻力和压差等加以调节和控制，以满足管网系统按规定要求正常和高效运行的阀门是（　　）。

A. 安全阀
B. 减压阀
C. 平衡阀
D. 疏水阀

【答案】　C

【解析】　通过平衡阀对供热水利系统管网的阻力和压差等参数加以调节和控制，以满足管网系统按预定要求正常和高效运行。

26.（2014年真题）热动力疏水阀应安装在（　　）管道上。

A. 热水
B. 排潮
C. 蒸汽
D. 凝结水

【答案】　C

【解析】　疏水阀安装在蒸汽管道的末端或低处，主要用于自动排放蒸汽管路中的凝结水，阻止蒸汽逸漏和排除空气等非凝性气体，对保证系统正常工作，防止凝结水对设备的腐蚀，以及汽水混合物对系统的水击等均有重要作用。

27.（2017年真题）某供热管网设计压力为0.4MPa，其严密性试验压力为（　　）MPa。

A. 0.42
B. 0.46
C. 0.50
D. 0.60

【答案】　D

【解析】　本题考核的是供热管道的严密性试验：试验压力为设计压力的1.25倍，且不小于0.6MPa。

28.（2018年真题）关于供热管道固定支架安装的说法，正确的是（　　）。

A. 固定支架必须严格按照设计位置，并结合管道温差变形量进行安装
B. 固定支架应与固定角板进行点焊固定
C. 固定支架应与土建结构结合牢固
D. 固定支架的混凝土浇筑完成后，即可与管道进行固定

【答案】　C

【解析】　A选项应为：固定支架必须严格安装在设计位置。B选项应为：固定支架处的固定角板只允许与管道焊接，切忌与固定支架结构焊接，以防形成"死点"，限制了管道的伸缩，这样极易发生事故。D选项应为：固定支架的混凝土强度达到设计要求后方可与管道固定，并应防止其他外力破坏。

29.（2018年真题）关于供热站内管道和设备严密性试验的实施要点的说法，正确的是（　　）。

A. 仪表组件应全部参与试验　　　　　B. 仪表组件可采取加盲板方法进行隔离

C. 安全阀应全部参与试验　　　　　　D. 闸阀应全部采取加盲板方法进行隔离

【答案】　B

【解析】　对于供热站内管道和设备的严密性试验，试验前还需确保安全阀、爆破片及仪表组件等已拆除或加盲板隔离，加盲板处有明显的标记并做记录，安全阀全开，填料密实。

30. （2018 年海南省真题）关于供热管道工程试运行的说法，正确的是（　　　）。

A. 试运行完成后方可进行单位工程验收

B. 试运行连续运行时间为48h

C. 管道自由端应进行临时加固

D. 试运行过程中应重点检查支架的工作状况

【答案】　D

【解析】　A 选项应为：试运行在单位工程验收合格，并且热源已具备供热条件后进行。B 选项应为：连续运行72h。C 选项应为严密性试验的要求。

31. 我国城市燃气管道按输气压力来分，次高压 A 燃气管道压力为（　　　）。

A. $0.4MPa < p < 0.8MPa$　　　　　　B. $0.8MPa < p \leq 1.6MPa$

C. $1.6MPa < p < 2.5MPa$　　　　　　D. $2.5MPa < p \leq 4.0MPa$

【答案】　B

【解析】　我国城市燃气管道按输气压力来分，次高压 A 燃气管道压力为 $0.8MPa < P \leq 1.6MPa$，故选 B。

32. （2016 年真题）大城市输配管网系统外环网的燃气管道压力一般为（　　　）。

A. 高压 A　　　　　　　　　　　　　B. 高压 B

C. 中压 A　　　　　　　　　　　　　D. 中压 B

【答案】　B

【解析】　我国城市燃气管道根据输气压力一般分为低压、中压 B、中压 A、次高压 B、次高压 A、高压 B、高压 A 几类。高压 A 输气管通常是贯穿省、地区或连接城市的长输管线，它有时构成了大型城市输配管网系统的外环网。一般由城市高压 B 燃气管道构成大城市输配管网系统的外环网。它也是给大城市供气的主动脉。中压 B 和中压 A 管道必须通过区域调压站、用户专用调压站才能给城市分配管网中的低压和中压管道供气，或者给工厂企业、大型公共建筑用户及锅炉房供气。

33. 燃气管道的阀门安装前应做（　　　）试验，不渗漏为合格，不合格者不得安装。

A. 强度　　　　　　　　　　　　　　B. 严密性

C. 材质　　　　　　　　　　　　　　D. 耐腐蚀

【答案】　B

【解析】　阀门是用于启闭管道通路或调节管道介质流量的设备。因此，要求阀体的机械强度高、转动部件灵活、密封部件严密耐用，对输送介质的抗腐性强，同时零部件的通用性好，安装前应做严密性试验，不渗漏为合格，不合格者不得安装。

34. （2014 年真题）穿越铁路的燃气管道应在套管上装设（　　　）。

A. 放散管　　　　　　　　　　　　　B. 排气管

C. 检漏管　　　　　　　　　　　　D. 排污管

【答案】 C

【解析】 穿越铁路的燃气管道的套管，应符合以下要求。

1）套管埋设的深度：铁路轨道至套管顶不应小于 1.20m，并应符合铁路管理部门的要求。

2）套管宜采用钢管或钢筋混凝土管。

3）套管内径应比燃气管道外径大 100mm 以上。

4）套管两端与燃气管的间隙应采用柔性的防腐、防水材料密封，其一端应装设检漏管。

5）套管端部距路堤坡脚外距离不应小于 2.0m。

35.（2015 年真题）随桥敷设燃气管道的输送压力不应大于（　　）。

A. 0.4MPa　　　　　　　　　　　　B. 0.6MPa

C. 0.8MPa　　　　　　　　　　　　D. 1.0MPa

【答案】 A

【解析】 本题考核的是燃气管道通过河流。利用道路、桥梁跨越河流的燃气管道，其管道的输送压力不应大于 0.4MPa。

36.（2017 年真题）下列燃气和热水管网附属设备中，属于燃气管网独有的是（　　）。

A. 阀门　　　　　　　　　　　　　B. 补偿装置

C. 凝水缸　　　　　　　　　　　　D. 排气装置

【答案】 C

37.（2021 年真题）关于燃气管网附属设备安装要求的说法，正确的是（　　）。

A. 阀门手轮安装向下，便于启阀

B. 可以用补偿器变形调整管位的安装误差

C. 凝水缸和放散管应设在管道高处

D. 燃气管道的地下阀门宜设置阀门井

【答案】 D

【解析】 阀门手轮不得向下；落地阀门手轮朝上，不得歪斜。不得用补偿器变形调整管位的安装误差。管道敷设时应有一定坡度，以便在低处设凝水缸，将汇集的水或油排出。

38.（2018 年真题）下列施工中，不适用于综合管廊的是（　　）。

A. 夯管法　　　　　　　　　　　　B. 盖挖法

C. 盾构法　　　　　　　　　　　　D. 明挖法

【答案】 A

【解析】 综合管廊的施工方法主要有明挖法、盖挖法、盾构法和锚喷暗挖法等。

三、多项选择题及答案

1.（2013 年真题）适用于砂卵石地层的不开槽施工方法有（　　）。

A. 密闭式顶管　　　　　　　　　　B. 盾构

C. 浅埋暗挖　　　　　　　　　　　D. 定向钻

E. 夯管

【答案】 ABC

【解析】 （见本章二、4. 中的表）

2. （2016 年真题）适用管径 800mm 的不开槽施工方法有（　　）。

A. 盾构法
B. 定向钻法
C. 密闭式顶管法
D. 夯管法
E. 浅埋暗挖法

【答案】 BCD

【解析】 各种不开槽施工方法的适用管径：密闭式顶管，300 ~ 4000mm；盾构，3000mm 以上；浅埋暗挖，1000mm 以上；定向钻，300 ~ 1000mm；夯管，200 ~ 1800mm。

3. （2014 年真题）关于无压管道闭水试验长度的说法，正确的有（　　）。

A. 试验管段应按井距分隔，带井试验
B. 一次试验不宜超过 5 个连续井段
C. 管内径大于 700mm 时，抽取井段数 1/3 试验
D. 管内径小于 700mm 时，抽取井段数 2/3 试验
E. 井段抽样采取随机抽样方式

【答案】 ABC

【解析】 无压管道闭水试验长度要求：

1）试验管段应按井距分隔，带井试验，若条件允许可一次试验不超过 5 个连续井段。

2）当管道内径大于 700mm 时，可按管道井段数量抽样选取 1/3 进行试验；试验不合格时，抽样井段数量应在原抽样基础上加倍进行试验。

4. （2017 年真题）新建市政公用工程不开槽成品管的常用施工方法有（　　）。

A. 顶管法
B. 夯管法
C. 裂管法
D. 沉管法
E. 盾构法

【答案】 ABE

5. （2018 年海南省真题）城市排水体制选择中，对旧城区改造与新区建设必须树立的生态文明理念有（　　）。

A. 尊重自然
B. 认识自然
C. 顺应自然
D. 保护自然
E. 绿化自然

【答案】 ACD

【解析】 旧城改造与新区建设必须树立尊重自然、顺应自然、保护自然的生态文明理念，按照低影响开发的理念，有效控制地表径流，最大限度地减少对城市原有水生态环境的破坏。

6. （2011 年真题）以下需要有资质的检测部门进行强度和严密性试验的阀门是（　　）。

A. 一级管网主干线
B. 二级管网主干线
C. 支干线首端
D. 供热站入口
E. 与二级管网主干线直接连通

【答案】　ACD

【解析】　一级管网主干线所用阀门及与一级管网主干线直接相连通的阀门，支干线首端和供热站入口处起关闭、保护作用的阀门及其他重要阀门，应由工程所在地有资质的检测部门进行强度和严密性试验，检验合格后，定位使用。

7. 常用的管道支架有（　　　）。

A. 固定支架
B. 刚性支架
C. 滑动支架
D. 导向支架
E. 弹簧支架

【答案】　ACDE

【解析】　常用的管道支架有固定支架、滑动支架、导向支架、弹簧支架。

8. （2010年真题）关于供热管道补偿器安装的说法，正确的有（　　　）

A. 管道补偿器的两端，应各设一个固定支架
B. 靠近补偿器的两端，应至少各设有一个导向支架
C. 应对补偿器进行预拉伸
D. 填料式补偿器垂直安装时，有插管的一端应置于上部
E. 管道安装、试压、保温完毕后，应将补偿器临时固定装置的紧固件松开

【答案】　BDE

【解析】　有补偿器装置的管段，在补偿器安装前，管道和固定支架之间不得进行固定，故 A 选项错误。在靠近补偿器的两端，至少应各设一个导向支架，保证运行时自由伸缩，不偏离中心，故 B 选项正确。当安装的环境温度低于补偿零点（设计的最高温度与最低温度差值的1/2）时，应对补偿器进行预拉伸，拉伸的具体数值应符合设计文件的规定，故 C 选项错误。在安装波形补偿器或填料式补偿器时，其内套有焊缝的一端或有插管的一端，垂直安装时应置于上部，故 D 选项正确。补偿器的临时固定装置在管道安装、试压、保温完毕后，应将紧固件松开，保证在使用中可以自由伸缩，故 E 选项正确。

9. （2014年真题）利用管道的位移吸收热伸长的补偿器有（　　　）。

A. 自然补偿器
B. 方形补偿器
C. 波形补偿器
D. 球形补偿器
E. 套筒式补偿器

【答案】　DE

【解析】　自然补偿器、方形补偿器和波形补偿器是利用补偿材料的变形来吸收热伸长的，而填料式补偿器（又称套筒式补偿）和球形补偿器则是利用管道的位移来吸收热伸长的。

10. （2012年真题）下列管道补偿器中，热力管道中属于自然补偿的有（　　　）。

A. 球形补偿器
B. Z 型
C. L 型
D. 套筒补偿器
E. 波纹补偿器

【答案】　BC

【解析】　自然补偿器分为 L 型和 Z 型。

11. （2014、2016年真题）利用管道的位移吸收热伸长的补偿器有（　　　）。

A. 自然补偿器
B. 方形补偿器
C. 波形补偿器
D. 球形补偿器
E. 套筒式补偿器

【答案】 DE

【解析】 自然补偿器、方形补偿器和波形补偿器是利用补偿材料的变形来吸收热伸长的，而填料式补偿器（又称套筒式补偿）和球形补偿器则是利用管道的位移来吸收热伸长的。

12.（2015年真题）疏水阀在蒸汽管中的作用包括（　　　）。

A. 排除空气
B. 阻止蒸汽逸漏
C. 调节流量
D. 排放凝结水
E. 防止水锤

【答案】 ABDE

【解析】 本题考核的是供热管网附件。疏水阀安装在蒸汽管道的末端或低处，主要用于自动排放蒸汽管路中的凝结水，阻止蒸汽逸漏和排除空气等非凝性气体，对保证系统正常工作，防止凝结水对设备的腐蚀，以及汽水混合物对系统的水击等均有重要作用。

13.（2017年真题）关于供热管网工程试运行的说法，错误的有（　　　）。

A. 工程完工后即可进行试运行
B. 试运行应按建设单位、设计单位认可的参数进行
C. 试运行中严禁对紧固件进行热拧紧
D. 试运行中应重点检查支架的工作状况
E. 试运行的时间应为连续运行48h

【答案】 ACD

【解析】 供热管网的试运行要求：

1）工程已经过有关各方预验收合格且热源已具备供热条件后，对热力系统应按建设单位、设计单位认可的参数进行试运行，试运行的时间应为连续运行72h。

2）试运行过程中应缓慢提高工作介质的温度，升温速度应控制在不大于10℃/h。在试运行过程中对紧固件的热拧紧，应在0.3MPa压力以下进行。

3）试运行中应对管道及设备进行全面检查，特别要重点检查支架的工作状况。

14.（2019年真题）关于供热管道安装前准备工作的说法，正确的有（　　　）。

A. 管道安装前，应完成支、吊架的安装及防腐处理
B. 管道的管径、壁厚和材质应符合设计要求，并经验收合格
C. 管件支座和可预组织的部分宜在管道安装前完成
D. 补偿器应在管道安装前先于管道连接
E. 安装前应对中心线和支架高程进行复核

【答案】 ABCE

【解析】 有补偿器装置的管段，补偿器安装前，管道和固定支架之间不得进行固定。说明D选项是错的。ABCE为教材原文，根据多项选择题的答题规则也可以确定D选项是错的。

15.（2021年真题）关于给水排水管道工程施工及验收的说法，正确的有（　　　）。

A. 工程所用材料进场后需进行复验，合格后方可使用

B. 水泥砂浆内防腐层形成终凝后，将管道封堵

C. 无压管道在闭水试验合格 24h 后回填

D. 隐蔽分项工程应进行隐蔽验收

E. 水泥砂浆内防腐层采用人工抹压法时，须一次抹压成型

【答案】　AD

【解析】　水泥砂浆内防腐层成型后，应立即将管道封堵，终凝后进行潮湿养护。无压管道在闭水或闭气试验合格后应及时回填。水泥砂浆防腐层采用人工抹压法施工时，应分层抹压。

16. 地下燃气管道不得从（　　　）穿越。

A. 大型构筑物　　　　　　　　　B. 小型构筑物

C. 河流　　　　　　　　　　　　D. 堆积易燃、易爆材料场地

E. 具有腐蚀性液体的场地

【答案】　ADE

【解析】　关于地下燃气管道不得穿越的规定：

1）地下燃气管道不得从建筑物和大型构筑物的下面穿越。

2）地下燃气管道不得在堆积易燃、易爆材料和具有腐蚀性液体的场地下面穿越。

17.（2011 年真题）燃气管不穿越的设施有（　　　）。

A. 化工厂　　　　　　　　　　　B. 加油站

C. 热电厂　　　　　　　　　　　D. 花坛

E. 高速公路

【答案】　ABC

【解析】　燃气管道不得穿越的规定：

1）地下燃气管道不得从建筑物和大型构筑物的下面穿越。

2）地下燃气管道不得在堆积依然、易爆材料和具有腐蚀性液体的场地下面穿越。

18. 燃气管道的附属设备有（　　　）。

A. 阀门　　　　　　　　　　　　B. 波形管

C. 补偿器　　　　　　　　　　　D. 排水器

E. 排气管

【答案】　ACD

【解析】　燃气管道的附属设备有阀门、补偿器、排水器、放散管等。

19.（2013 年真题）关于燃气管道穿越高速公路和城镇主干道时设置套管的说法，正确的是（　　　）。

A. 宜采用钢筋混凝土管　　　　　B. 套管内径比燃气管外径大 100mm 以上

C. 管道宜垂直高速公路布置　　　D. 套管两端应密封

E. 套管埋设深度不应小于 2m

【答案】　BCD

【解析】　燃气管道穿越高速公路的燃气管道的套管、穿越电车轨道和城镇主要干道的燃气管道的套管或地沟，应符合下列要求：

1) 套管内径应比燃气管道外径大 100mm 以上，套管或地沟两端应密封，在重要地段的套管或地沟端部宜安装检漏管。

2) 套管端部距电车边轨不应小于 2.0m；距道路边缘不应小于 1.0m。

3) 燃气管道宜垂直穿越铁路、高速公路、电车轨道和城镇主要干道。

20. （2012 年真题）关于燃气管道穿越河底施工的说法，错误的有（　　）。

A. 管道的输送压力不应大于 0.4MPa

B. 必须采用钢管

C. 在河流两岸上、下游宜设立标志

D. 管道至规划河底的覆土厚度，应根据水流冲刷条件确定

E. 稳管措施应根据计算确定

【答案】 ABC

【解析】 随桥梁跨越河流的燃气管道压力不应大于 0.4MPa，穿越河底没有要求，故 A 选项错误。燃气管道宜采用钢管，而不是必须采用，故 B 选项错误。在埋设燃气管道位置的河流两岸上、下游应设立标志，故 C 选项错误。燃气管道至规划河底的覆土厚度，应根据水流冲刷条件确定，对不通航河流不应小于 0.5m，对通航的河流不应小于 1.0m，还应考虑疏浚和投锚深度，题干说法不完整，此类型的题目对错尽量都不选。稳管措施应根据计算确定，E 选项正确。

21. （2012 年真题）燃气管道附属设备应包括（　　）。

A. 阀门　　　　　　　　　　B. 放散管

C. 补偿器　　　　　　　　　D. 疏水器

E. 凝水器

【答案】 ABC

【解析】 为了保证管网的安全运行，并考虑检修、接线的需要，在管道的适当地点设置必要的附属设备。这些设备包括阀门、补偿器、排水器、放散器等。

22. （2020 年真题）在采取套管保护措施的前提下，地下燃气管道可穿越（　　）。

A. 加气站　　　　　　　　　B. 商场

C. 高速公路　　　　　　　　D. 铁路

E. 化工厂

【答案】 CD

【解析】

（1）不得穿越的规定：

1) 地下燃气管道不得穿越建筑物和大型构筑物。

2) 地下燃气管道不得穿越易燃、易爆、腐蚀性液体。

（2）地下燃气管道穿过沟槽时：加套管。套管两端的密封材料应采用柔性的防腐、防水材料密封。

（3）穿越铁路、高速公路、电车轨道和城镇主要干道时：

1) 加套管，并提高绝缘、防腐等措施。

2) 穿越铁路的燃气管道的套管，应符合下列要求：

① 套管深度：套管顶部距铁路路肩不得小于 1.7m。

②　套管宜采用钢管或钢筋混凝土管。

③　套管内径应比燃气管道外径大 100mm 以上。

④　间隙用柔性防腐、防水材料密封，一端装检漏管。

⑤　套管端部距路堤坡脚外距离不应小于 2.0m。

3）　燃气管道穿越电车轨道和城镇主要干道时宜敷设在套管或地沟内；穿越高速公路、电车轨道和城镇主要干道的燃气管道的套管或地沟，应符合下列要求：

①　宜垂直穿越。

②　套管内径应比燃气管道外径大 100mm 以上，套管或地沟两端应密封，重要地段套管或地沟端部宜安装检漏管。

③　套管端部距电车边轨≥2.0m；距道路边缘≥1.0m。

4）　穿越高铁、电气化铁路、城市轨道交通时，应采取防止杂散电流腐蚀的措施，并确保有效。

23.（2021 年真题）城市排水管道巡视检查内容有（　　）。

A. 管网介质的质量检查　　　　　　　　B. 地下管线定位监测

C. 管道压力检查　　　　　　　　　　　D. 管道附属设施检查

E. 管道变形检查

【答案】　ABDE

【解析】　管道巡视检查内容包括管道漏点监测、地下管线定位监测、管道变形检查、管道腐蚀与结垢检查、管道附属设施检查、管网介质的质量检查等。

24.（2018 年真题）下列综合管廊施工注意事项错误的是（　　）。

A. 预制构件安装前，应复验合格，当构件上有裂缝且宽度超过 0.2mm 时，应进行鉴定

B. 综合管廊内可实行动火作业

C. 混凝土底板和顶板留置施工缝时，应分仓浇筑

D. 砌体结构应采取防渗措施

E. 管廊顶板上部 1000mm 范围内回填材料应采用轻型碾压机压实，大型碾压机不得在管廊顶板上部施工

【答案】　CE

【解析】　C 选项应为：混凝土底板和顶板，应连续浇筑不得留置施工缝；设计有变形缝时，应按变形缝分仓浇筑，故 C 选项错误。E 选项应为：管廊顶板上部 1000mm 范围内回填材料应采用人工分层夯实，大型碾压机不得直接在管廊顶板上部施工，故 E 选项错误。

25.（2020 年真题）关于工程竣工验收的说法，正确的有（　　）。

A. 重要部位的地基与基础，由总监理工程师组织，施工单位、设计单位项目负责人参加验收

B. 检验批及分项工程，由专业监理工程师组织施工单位专业质量或技术负责人验收

C. 单位工程中的分包工程，由分包单位直接向监理单位提出验收申请

D. 整个建设单位项目验收程序为：施工单位自验合格，总监理工程师预验收认可后，由建设单位组织各方正式验收

E. 验收时，对涉及结构安全、使用功能等重要的分部工程，需提供抽样检测合格报告

【答案】　DE

【解析】　A选项应为：分部工程（子分部）应由总监理工程师组织施工单位项目负责人和项目技术、质量负责人等进行验收；对于涉及重要部位的地基与基础、主体结构、主要设备等分部（子分部）工程的勘察，设计单位工程项目负责人也应参加验收。

B选项应为：所有检验批和分项工程均由监理工程师或建设单位项目技术负责人组织验收。

C选项应为：单位工程中的分包工程完工后，分包单位应对所承包的工程项目进行自检，并应按标准规定的程序进行验收。验收时，总包单位应派人参加。分包单位应将所分包工程的质量控制资料整理完整后，移交总包单位，并应由总包单位统一归入工程竣工档案。

四、2022考点预测

1. 管道连接、下管、试验、回填施工。

2. 燃气管道穿越。

3. 开槽管道宽度、坡度计算。

4. 试验段的划分，管道吹扫。

第六章 垃圾填埋工程

一、案例及参考答案

案例一【2014 年一建真题】

某市新建生活垃圾填埋场，工程规模为日消纳量200t。向社会公开招标，采用资格后审并设最高限价，接受联合体投标。A 公司缺少防渗系统施工业绩，为加大中标机会，与有业绩的 B 公司组成联合体投标；C 公司和 D 公司组成联合体投标，同时 C 公司又单独参加该项目的投标；参加投标的还有 E、F、G 等其他公司，其中 E 公司投标报价高于限价，F 公司报价最低。

A 公司中标后准备单独与业主签订合同，并将防渗系统的施工分包给报价更优的 C 公司，被业主拒绝并要求 A 公司立即改正。

项目部进场后，确定了本工程的施工质量控制要点，重点加强施工过程质量控制，确保施工质量；项目部编制了渗沥液收集导排系统和防渗系统的专项施工方案，其中收集导排系统采用 HDPE 渗滤液收集花管，其焊接施工工艺流程如图1所示。

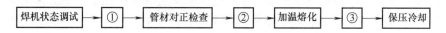

图1 HDPE 管焊接施工工艺流程

问题：

1. 上述投标中无效投标有哪些，为什么？ (4分)
2. A 公司应如何改正才符合业主的要求？ (4分)
3. 施工质量过程控制包括哪些内容？ (4分)
4. 指出工艺流程中①、②、③的工序名称。 (3分)
5. 补充渗滤液收集导排系统的施工内容。 (5分)

【参考答案】

1. 上述投标中无效投标有哪些，为什么？

（1）无效投标一：C 公司单独投标和 C、D 联合体投标。 (1分)

理由：《招标投标法实施条例》第三十七条规定：联合体各方在同一招标项目中以自己名义单独投标或者参加其他联合体投标的，相关投标均无效。 (1分)

（2）无效投标二：E 公司的投标。 (1分)

理由：本工程设有最高限价，而《招标投标法实施条例》第五十一条（五）规定：投标报价低于成本或者高于招标文件设定的最高投标限价的，评标委员会应当否决其投标。 (1分)

2. A 公司应如何改正才符合业主的要求？

（1）A 公司必须以与 B 公司组成的联合体形式和业主签订施工合同。 (2分)

（2）防渗系统作为主体工程不得分包给 C 公司，必须由 A、B 组成的联合体共同完成。

(2 分)

3. 施工质量过程控制包括哪些内容？

（1）分项工程（工序）控制。 (2 分)

（2）特殊过程控制。 (1 分)

（3）不合格品控制。 (1 分)

4. 指出工艺流程图中①、②、③的工序名称。

① 为管材准备就位；② 为预热；③ 为加压对接。 (每个 1 分)

5. 补充渗滤液收集导排系统的施工内容。

导排层卵石粒料的运送和布料、导排层摊铺、收集花管连接、收集渠码砌等。

(每个 1 分)

案例二【2015 年二建真题】

A 公司中标承建小型垃圾填埋场工程，填埋场防渗系统采用 HDPE 膜，膜下保护层为 1000mm 黏土层，上保护层为土工织物。

项目部按规定设置了围挡，并在门口设置了工程概况牌、管理人员名单、监管电话牌和扰民告示牌。为满足进度要求，现场安排 3 支劳务作业队伍，压缩施工流程并减少工序间隔时间。

施工过程中，A 公司例行检查发现：有少数劳务人员所戴胸牌与人员登记不符，且现场无劳务队的管理员在场；部分场地基础层验收记录缺少建设单位签字；黏土保护层压实度报告有不合格项，且无整改报告。A 公司命令项目部停工整改。

问题：

1. 项目部门口还应设置哪些标牌？ (3 分)

2. 针对检查结果，简述对劳务人员管理的具体规定。 (6 分)

3. 简述填埋场施工前场地基础层验收的有关规定，并给出验收记录签字缺失的纠正措施。

(5 分)

4. 指出黏土保护层压实度质量验收必须合格的原因，对不合格项应如何处理？

(6 分)

【参考答案】

1. 项目部门口还应设置哪些标牌？

还应设置消防安全牌（消防保卫牌）、安全生产（无重大事故）牌、文明施工牌。

(每个 1 分)

2. 针对检查结果，简述对劳务人员管理的具体规定。

（1）对劳务人员进行实名制管理。 (1 分)

（2）与劳务人员签订书面劳动合同。 (1 分)

（3）企业要完善劳务人员个人信息。 (1 分)

（4）进行岗前培训、特种工持证上岗。 (1 分)

（5）现场劳务人员佩戴工作卡且信息准确完整。 (1 分)

（6）施工现场要有劳务管理人员巡视和检查。 (1 分)

3. 简述填埋场施工前场地基础层验收的有关规定，并给出验收记录签字缺失的纠正措施。

（1）规定：基础层验收应由总监理工程师组织施工单位项目负责人和项目技术、质量负责人参加验收，勘察、设计单位工程项目负责人也应参加。　　　　　　　　　　（3分）

（2）措施：应由建设单位检验合格后补签，否则不允许进行下一道工序施工。　（2分）

4. 指出黏土保护层压实度质量验收必须合格的原因，对不合格项应如何处理？

（1）原因：如不合格会使基础沉陷，造成 HDPE 膜撕裂，导致渗滤液渗漏，污染地下水源。　　　　　　　　　　　　　　　　　　　　　　　　　　　　　　　　（4分）

（2）处理：分析原因，重新压实后进行验收。　　　　　　　　　　　　　　　（2分）

二、单项选择题及答案

1. （2013 年真题）垃圾填埋场泥质防水层施工技术的核心是掺加（　　　）。

A. 石灰　　　　　　　　　　　　　　B. 膨润土

C. 淤泥质土　　　　　　　　　　　　D. 粉煤灰

【答案】　B

2. （2010 年真题）垃圾填埋场进行泥质防水层施工，质量检验项目包括渗水试验和（　　　）检测。

A. 平整度　　　　　　　　　　　　　B. 厚度

C. 压实度　　　　　　　　　　　　　D. 坡度

【答案】　C

3. （2012 年真题）GCL 主要用于密封和（　　　）。

A. 防渗　　　　　　　　　　　　　　B. 干燥

C. 粘接　　　　　　　　　　　　　　D. 缝合

【答案】　A

4. （2011 年真题）垃圾场设城市所在地区的（　　　）。

A. 夏季主导风向下风向　　　　　　　B. 春季主导风向下风向

C. 夏季主导风向上风向　　　　　　　D. 春季主导风向上风向

【答案】　A

5. （2016 年真题）生活垃圾填埋场一般应选在（　　　）。

A. 直接与航道相通的地区　　　　　　B. 石灰坑及熔岩区

C. 当地夏季主导风向的上风向　　　　D. 远离水源和居民区的荒地

【答案】　D

6. （2018 年真题）关于 GCL 垫质量控制要点，说法错误的是（　　　）。

A. 采用顺坡搭接，即采用上压下的搭接方式

B. 应避免出现品形分布，尽量采用十字搭接

C. 遇有雨雪天气应停止施工

D. 摊铺时应拉平 GCL 垫，确保无褶皱、无悬空现象

【答案】　B

7. （2018 年海南省真题）HDPE 膜焊缝非破坏性检测的传统老方法是（　　　）。

A. 真空检测　　　　　　　　　　　　B. 气压检测

C. 水压检测　　　　　　　　　　　　D. 电火花检测

【答案】　A

8.（2019 年真题）关于泥质防水层质量控制的说法，正确的是（　　）。

A. 含水量最大偏差不宜超过 8%

B. 全部采用砂性土压实做填埋层的防渗层

C. 施工企业必须持有道路工程施工的相关资质

D. 振动压路机碾压控制在 4 ~ 6 遍

【答案】　D

9.（2020 年真题）渗滤液收集导排系统施工控制要点中，导排层所用卵石的（　　）含量必须小于 10%。

A. 碳酸钠（Na_2CO_3）　　　　　　　B. 氧化镁（MgO）

C. 碳酸钙（$CaCO_3$）　　　　　　　D. 氧化硅（SiO_2）

【答案】　C

10.（2021 年真题）由甲方采购的 HDPE 膜材料质量抽样试验，应由（　　）双方在现场抽样检查。

A. 供货单位和建设单位　　　　　　　B. 施工单位和建设单位

C. 供货单位和施工单位　　　　　　　D. 施工单位和设计单位

【答案】　A

【解析】　HDPE 膜材料质量抽样检验应由供货单位和建设单位双方在现场抽样检查。

三、多项选择题及答案

1.（2012 年真题）垃圾卫生填埋场的填埋区工程的结构物主要有（　　）。

A. 渗沥液收集导排系统　　　　　　　B. 防渗系统

C. 排放系统　　　　　　　　　　　　D. 回收系统

E. 基础层

【答案】　ABE

2.（2013 年真题）土木合成材料膨润土垫（GCL）施工流程主要包括（　　）。

A. 土工膜铺设　　　　　　　　　　　B. GCL 垫的铺设

C. 搭接宽度调整与控制　　　　　　　D. GCL 垫熔接

E. 搭接处层间撒膨润土

【答案】　BCE

3.（2011 年真题）GCL 铺设正确的是（　　）。

A. 每一工作面施工前均要对基底进行修正和检修

B. 调整控制搭接范围 250mm ± 50mm

C. 采用上压下的十字搭接

D. 当日铺设当日覆盖，雨雪停工

E. 接口处撒膨润土密封

【答案】　ABDE

4.（2013 年真题）垃圾填埋场聚乙烯（HDPE）膜防渗系统施工的控制要点有（　　）。

A. 施工人员资格 　　　　　　　　B. 施工机具有效性

C. HDPE 膜的质量 　　　　　　　D. 施工队伍资质

E. 压实

【答案】　ABCD

5.（2016 年真题）垃圾填埋场与环境保护密切相关的因素有（　　　）。

A. 选址 　　　　　　　　　　　　B. 设计

C. 施工 　　　　　　　　　　　　D. 移交

E. 运行

【答案】　ABCE

6.（2017 年真题）关于生活垃圾填埋场 HDPE 膜铺设的做法错误的有（　　　）。

A. 总体施工顺序一般为"先边坡后场底"

B. 冬期施工时应有防冻措施

C. 铺设时应反复展开并拖动，以保证铺设平整

D. HDPE 膜施工完成后应立即转入下一工序，以形成对 HDPE 膜的保护

E. 应及时收集整理施工记录表

【答案】　BC

7.（2018 年海南省真题）泥质防水层检测项目包括（　　　）试验。

A. 强度 　　　　　　　　　　　　B. 压实度

C. 渗水 　　　　　　　　　　　　D. 冲击

E. 满水

【答案】　BC

第七章 施工测量与监控量测

一、单项选择题及答案

1. (2015 年真题）施工平面控制网测量时，用于水平角度测量的仪器为（   ）。

A. 水准仪
B. 全站仪
C. 激光准直仪
D. 激光测距仪

【答案】 B

2. (2016 年真题）不能进行角度测量的仪器是（   ）

A. 全站仪
B. 准直仪
C. 水准仪
D. GPS

【答案】 C

3. (2014 年真题）市政公用工程施工中，每一个单位（子单位）工程完成后，应进行（   ）测量。

A. 竣工
B. 复核
C. 校核
D. 放灰线

【答案】 A

4. (2017 年真题）关于施工测量的说法，错误的是（   ）。

A. 规划批复和设计文件是施工测量的依据
B. 施工测量贯穿于工程实施的全过程
C. 施工测量应遵循"由局部到整体，先细部后控制"的原则
D. 综合性工程使用不同的设计文件时，应进行平面控制网联测

【答案】 C

5. (2018 年真题）采用水准仪测量工作井高程时，测定高程为 3.460m，后视读数为 1.360m，已知前视测点高程为 3.580m，前视读数应为（   ）。

A. 0.960m
B. 1.120m
C. 1.240m
D. 2.000m

【答案】 C

6. (2018 年海南省真题）测量工作中，现测记录的原始数据有误，一般采取（   ）方法修正。

A. 擦改
B. 涂改
C. 转抄
D. 划线改正

【答案】 D

7. (2019 年真题）施工测量是一项琐碎而细致的工作，作业人员应遵循（   ）的原则开展测量工作。

A."由局部到整体，先细部后控制"
B."由局部到整体，先控制后细部"

C. "由整体到局部，先控制后细部"　　　　D. "由整体到局部，先细部后控制"

【答案】　C

8. （2020年真题）为市政公用工程设施改扩建提供基础资料的是原设施的（　　）测量资料。

A. 施工中　　　　　　　　　　　　　B. 施工前

C. 勘察　　　　　　　　　　　　　　D. 竣工

【答案】　D

9. （2021年真题）关于隧道施工测量的说法错误的是（　　）。

A. 应先建立地面平面和高程控制网

B. 矿山法施工时，在开挖掌子面上标出拱顶、边墙和起拱线位置

C. 盾构机掘进过程应进行定期姿态测量

D. 有相向施工段时，需有贯通测量设计

【答案】　C

【解析】　盾构机拼装后应进行初始姿态测量，掘进过程中应进行实时姿态测量。

二、多项选择题及答案

1. （2018年真题）下列一级基坑监测项目中，属于应测项目的有（　　）。

A. 坡顶水平位移　　　　　　　　　　B. 立柱竖向位移

C. 土压力　　　　　　　　　　　　　D. 周围建筑物裂缝

E. 坑底隆起

【答案】　ABD

2. （2019年真题）下列基坑工程监控量测项目中，属于一级基坑应测的项目有（　　）。

A. 孔隙水压力　　　　　　　　　　　B. 土压力

C. 坡顶水平位移　　　　　　　　　　D. 周围建筑物水平位移

E. 地下水位

【答案】　CE

3. （2021年真题）关于竣工测量编绘的说法，正确的有（　　）。

A. 道路中心直线段应每隔100米施测一个高程点

B. 过街天桥测量天桥底面高程及净空

C. 桥梁工程对桥墩、桥面及附属设施进行现状测量

D. 地下管线在回填后，测量管线的转折、分支位置坐标及高程

E. 场区矩形建（构）筑物应注明两点以上坐标及室内地坪标高

【答案】　BCE

【解析】　A选项：道路中心直线段应每25m施测一个坐标和高程点；D选项：新建地下管线竣工测量应在覆土前进行。当不能在覆土前施测时，应在覆土前设置管线待测点，并将设置的位置准确地引到地面上，做好栓点。

第二篇 通用管理

第一章 招标投标管理

考点一：招标与投标概论
考点二：招标条件与程序
考点三：投标条件与程序
考点四：《建设工程法规及相关知识》教材

一、案例及参考答案

案例一【2004 年一建真题】

某工程公司中标承包一城市道路施工项目，道路总长 15km，其中包括一段燃气管线的敷设。

问题： 燃气管线的施工要分包给其他施工单位，总包方如何确定分包方？在确定分包方过程中主要考查哪些方面？ (9 分)

【参考答案】

（1）确定：

1）如果总承包合同有约定，按合同约定确定分包单位。 (1 分)

2）如果总承包合同没有约定，应征得建设单位书面同意。 (1 分)

3）依法必须招标范围内的工程，应通过招标确定分包单位。 (1 分)

4）可以不招标的工程，应将工程分包给具备相应资质的分包单位。 (1 分)

（2）考查：

1）资质证书、营业执照。 (1 分)

2）施工经历、建设业绩、人员状况、机械装备、财务状况。 (1 分)

3）财产状况、账户情况。 (1 分)

4）近两年质量、安全情况。 (1 分)

5）法律法规规定应考查的其他方面。 (1 分)

案例二【2010 年一建真题】

某公司以 1300 万元的报价中标一项直埋热力管道工程，并于收到中标通知书 50 天后，接到建设单位签订工程合同的通知。

招标书确定的工期为 150 天，建设单位以采暖期临近为由，要求该公司即刻进场施工，并要求在 90 天内完成该项工程。

问题： 指出建设单位存在的违规事项。　　　　　　　　　　　　　　（6分）

【参考答案】

（1）违规事项一：收到中标通知书 50 天后，接到建设单位签订合同的通知。　（2分）

（2）违规事项二：建设单位以采暖期临近为由，要求该公司即刻进场施工。　（2分）

（3）违规事项三：要求在 90 天内完成该项工程。　　　　　　　　　　（2分）

案例三【2011 年一建真题】

某公司投标一项外埠市政工程。由于该地区工程建设单位要求投标单位必须为本省的大型国有企业，该公司联合当地一家施工企业投标，并成立商务标和技术标两个编写组。

商务标编写组重点对施工成本影响较大的材料和人工市场行情价进行询价。由于时间较紧，直接采用工程量清单给出的数量进行报价：招标文件只列出了措施费项目，未给出工程量，甲公司凭以往的投标经验报价。

招标文件要求本工程工期为 180 天。技术标编写组编制网络计划图如图 1 所示。

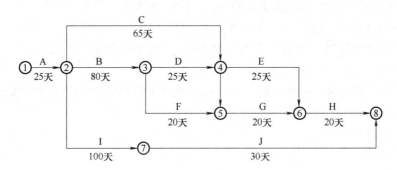

图1　网络计划图

最终形成的技术包括：

① 工程情况及编制说明。

② 项目组成、管理体系、各项保证措施和计划。

③ 施工部署、进度计划和施工方法选择。

④ 各种资源需求计划。

⑤ 关键分项工程和危险性较大工程的施工专项方案。

问题：

1. 建设单位对投标单位的限定是否合法？说明理由。　　　　　　　　　（4分）

2. 商务标编制存在不妥之处，请予以改正。　　　　　　　　　　　　（6分）

3. 技术标编写组给出的网络计划图工期为多少？给出关键线路，并说明网络图工期是否满足招标文件要求。　　　　　　　　　　　　　　　　　　　　（6分）

4. 最终的技术标还应补充哪些内容？　　　　　　　　　　　　　　　（4分）

【参考答案】

1. 建设单位对投标单位的限定是否合法？说明理由。

（1）不合法。 (1分)

（2）理由：依法应当招标的工程，招标人不得以不合理条件限制或排斥潜在投标人。 (3分)

2. 商务标编制存在不妥之处，请予以改正。

（1）不妥之处一：只调查了当地人工费和材料费。 (1分)

改正：还应该调查当地的机械租赁价和分部分项工程的分包价。 (1分)

（2）不妥之处二：按照招标文件给定的工程量清单进行投标报价。 (1分)

改正：应该根据招标文件提供相关说明和图纸，重新校对工程量，根据校队工程量进行组价和确定报价。 (1分)

（3）不妥之处三：措施费只列出了项目，按照以往的投标经验进行报价。 (1分)

改正：对单价措施项目，应向招标人提出质疑；对总价措施项目，根据企业自身的技术水平和管理水平，结合工程实际情况，对招标人所列的措施项目做适当增减后，按企业的措施项目费定额进行报价。 (1分)

3. 技术标编写组给出的网络计划图工期为多少？给出关键线路，并说明网络图工期是否满足招标文件要求。

（1）工期：25天+80天+25天+25天+20天=175天。 (2分)

（2）关键线路：①→②→③→④→⑥→⑧。 (2分)

（3）计划工期175天，招标文件要求180天，不符合招标文件要求。 (2分)

【解析】

投标文件的工期必须与招标文件一致，超出或减少均不符合招标文件要求。

4. 最终的技术标还应补充哪些内容？

（1）施工现场总平面图。 (2分)

（2）主要施工方案。 (2分)

案例四【2012年一建真题】

某小区新建热源工程，安装了3台14MW燃气热水锅炉。建设单位通过依法招标，将该工程发包给A公司。

（1）A公司征得建设单位同意，将锅炉安装工程分包给了具有资质的B公司，并在建设行政主管部门办理了合同备案。

（2）B公司已委托第三方无损检测单位进行探伤检测。委托前已对其资质进行了审核，并通过了监理单位的审批。

问题： 请列出B公司对无损检测单位及其人员资质审核的主要内容。 (6分)

【参考答案】

（1）对单位资质审查的主要内容：

1）检测单位营业执照。 (1分)

2）检测单位资质证书。 (1分)

3）检测业绩证明、检测设备情况。 (1分)

（2）对人员资质审查的主要内容：

1）检测人员资格证书的种类。 (1分)

2）检测人员资格证书的有效期。 （1分）

3）检测人员资格证书的项目范围。 （1分）

案例五【2016年一建真题】

某管道敷设工程项目，建设单位采用公开招标方式发布招标公告，有3家单位报名参加投标。经审核，只有甲、乙两家单位符合合格投标人条件。建设单位为了加快工程建设，决定由甲施工单位中标。

问题： 建设单位决定由甲施工单位中标是否正确？说明理由。 （3分）

【参考答案】

（1）不正确。 （1分）

（2）理由：根据招标投标相关法律法规的规定，合格投标人少于3家的，招标人应宣告招标失败；依法重新招标后，招标人应选择经评标委员会确定的排名第一的中标候选人为中标人。 （2分）

案例六【2016年一建建筑真题】

某工程总承包单位按市场价格计算的工程造价为25200万元，为确保中标最终以23500万元作为投标价，经公开招标，该总承包单位中标，签订了工程施工总承包合同A，并上报建设行政主管部门。

建设单位因资金紧张提出工程款支付比例修改为按每月完成工作量的70%支付，并提出今后在同等条件下该施工总承包单位可以优先中标的条件。施工总承包单位同意了建设单位这一要求，双方据此重新签订了施工总承包合同B，约定照此执行。

问题： 双方签订合同的行为是否违法？双方签订的哪份合同有效？施工单位遇到此类现象时，需要把握哪些关键点？ （4分）

【参考答案】

（1）双方签订合同B的行为违法。 （1分）

（2）双方签订的合同A有效。 （1分）

（3）需要把握的关键点：工期、造价、质量、支付方式、履行期限、施工方案等实质性内容不得改变。 （2分）

二、单项选择题及答案

1. （2012年真题）最常用的投标技巧是（ ）。

A. 报价法 B. 突然降价法

C. 不平衡报价法 D. 先亏后盈法

【答案】 C

【解析】 在保证质量、工期的前提下，在保证预期的利润及考虑一定风险的基础上，确定最低成本价。在此基础上采取适当的投标技巧，可以提高投标文件的竞争性。最常用的投标技巧是不平衡报价法，还有多方案报价法、突然降价法、先亏后盈法、许诺优惠条件、争取评标奖励等。

2. （2018年海南省真题）投标保证金属于投标文件组成中的（ ）内容。

A. 商务部分　　　　　　　　　　　　B. 经济部分

C. 技术部分　　　　　　　　　　　　D. 其他部分

【答案】　A

【解析】　投标文件应包括的主要内容如下。

（1）商务部分：①投标函及投标函附录；②法定代表人身份证明或附有法定代表人身份证明的授权委托书；③联合体协议书；④投标保证金；⑤资格审查资料；⑥投标人须知前附表规定的其他材料。

（2）经济部分：①投标报价；②已标价的工程量；③拟分包项目情况。

（3）技术部分：①主要施工方案；②进度计划及措施；③质量保证体系及措施；④安全管理体系及措施；⑤消防、保卫、健康体系及措施；⑥文明施工、环境保护体系及措施；⑦风险管理体系及措施；⑧机械设备配备及保障；⑨劳动力、材料配置计划及保障；⑩项目管理机构及保证体系；⑪施工现场总平面图等。

3.（2020年真题）下列投标文件内容中，属于经济部分的是（　　　）。

A. 投标保证金　　　　　　　　　　　B. 投标报价

C. 投标函　　　　　　　　　　　　　D. 施工方案

【答案】　B

【解析】

经济部分包括：①投标报价；②已标价的工程量；③拟分包项目情况。

三、多项选择题及答案

（2017年真题）市政工程投标文件经济部分内容有（　　　）。

A. 投标保证金　　　　　　　　　　　B. 已标价的工程量

C. 投标报价　　　　　　　　　　　　D. 资金风险管理体系及措施

E. 拟分包项目情况

【答案】　BCE

四、2022考点预测

1. 选择劳务分包单位和专业分包单位时应考虑的因素。

2. 联合体投标。

3. 电子招投标。

4. 投标保证金的四个要素和定标的五个期限。

第二章 工程造价管理

考点一：材料调价
考点二：措施项目费调价
考点三：综合单价、投标报价计算

一、案例及参考答案

案例一 【2011年一建真题】

A公司中标某桥梁工程，投标时钢筋价格为4500元/t，合同约定市场价在投标价上下变动10%以内不予调整，变动超过10%则对超出部分按月进行调整，市场价以当地定额管理部门公布的信息价为准。

工程结束时，经统计，钢筋用量及信息价见表1。

表1 钢筋用量及信息价

月份	4月	5月	6月
信息价/（元/t）	4000	4700	5300
数量/t	800	1500	2000

问题：根据合同约定，4~6月份钢筋能够调整多少万元（具体给出各月份调整项）？

（8分）

【参考答案】

（1）4月份：

1）价差幅度为$(4500-4000)/4500=11.11\% > 10\%$，超出10%以上部分调整钢材单价。

（1分）

2）单价调整额为4500元/t $-4500\times(1-10\%)$元/t $=-50$元/t，即单价下调50元/t。

（1分）

3）合计调整额为$800\times(-50)$元$=-40000$元$=-4$万元，即合计下调4万元。（1分）

（2）5月份：

价差幅度为$(4700-4500)/4500=4.44\% < 10\%$，不予调整。 （1分）

（3）6月份：

1）价差幅度为$(5300-4500)/4500=17.78\% > 10\%$，超出10%以上部分调整钢材单价。

（1分）

2）单价调整额为5300元/t $-4500\times(1+10\%)$元/t $=350$元/t，即单价上调350元/t。

（1分）

3）合计调整额为2000×350元$=700000$元$=70$万元，即合计上调70万元。 （1分）

（4）4、5、6月合计调整额为70万元 − 4万元 = 66万元。　　　　　　（1分）

案例二【2012年一建真题】

A公司中标承建某污水处理厂扩建工程，新建构筑物包括沉淀池、曝气池及进水泵房，其中沉淀池采用预制装配式预应力混凝土结构，池体直径为40m，池壁高6m。

鉴于运行管理因素，在沉淀池施工前，建设单位将预制装配式预应力混凝土结构变更为现浇无黏结预应力结构，并与施工单位签订了变更协议。

问题：

1. 根据清单计价规范，变更后的沉淀池底板、池壁、预应力的综合单价应如何确定？

　　　　　　（5分）

2. 沉淀池施工的措施费项目应如何调整？　　　　　　（6分）

【参考答案】

1. 根据清单计价规范，变更后的沉淀池底板、池壁、预应力的综合单价应如何确定？

（1）沉淀池底板的综合单价执行原综合单价。　　　　　　（1分）

（2）现浇池壁的综合单价可参照该项目的曝气池或进水泵房的综合单价确定。　（2分）

（3）预应力综合单价由发承包双方按照合理成本加利润的原则协商确定。　（2分）

2. 沉淀池施工的措施费项目应如何调整？

（1）新增现浇池壁的模板、支架、脚手架、操作平台等措施项目费用，可参照本项目的曝气池或进水泵房的类似措施项目费确定。　　　　　　（2分）

（2）新增无黏结预应力的相关措施费项目，由发承包双方按照合理成本加利润的原则，协商确定。　　　　　　（1分）

（3）扣除原装配式水池的吊装、支架等的措施项目费用。　　　　　　（1分）

（4）新增措施费项目必须随施工方案经发包人批准后，承包人方可实施；未经发包人同意而实施的措施费项目，除非发包人同意支付，否则均由承包人承担。　　　　（2分）

案例三【2012年一建建筑真题】

某酒店工程，建筑面积28700m²，地下1层，地上15层，现浇钢筋混凝土框架结构。建设单位依法进行招标，投标报价执行《建设工程工程量清单计价规范》GB 50500—2013。共有甲、乙、丙等8家单位参加了工程投标。经过公开开标、评标，最后确定甲施工单位中标。建设单位与甲施工单位按照《建设工程施工合同（示范文本）》签订了施工总承包合同。

合同部分条款约定如下：

（1）本工程合同工期549天。

（2）本工程采用综合单价计价模式。

（3）包括安全文明施工费的措施费包干使用。

（4）因建设单位责任引起的工程实体设计变更发生的费用应予以调整。

（5）工程预付款的比例为10%。

工程投标及施工过程中，发生了下列事件。

事件一： 在投标过程中，乙施工单位在自行投标总价基础上下浮5%进行报价。评标小组经认真核算，认为乙施工单位报价中的部分费用不符合《建设工程工程量清单计价规范》中不可作为竞争性费用条款的规定，给予废标处理。

事件二： 甲施工单位投标报价书的情况是土石方工程量 650m³，定额单价中人工费为 8.40 元/m³、材料费为 12.00 元/m³、机械费为 1.60 元/m³。分部分项工程量清单合价为 8200 万元，措施项目清单合价为 360 万元，暂列金额为 50 万元，其他项目清单合价为 120 万元，总包服务费为 30 万元，企业管理费费率为 15%，利润率为 5%，规费为 225.68 万元，增值税税率为 11%。

事件三： 建设单位按照合同约定支付了工程预付款；但合同中未约定安全文明施工费预支付比例，双方协商按照国家相关部门规定的最低预支付比例进行支付。

问题：

1. 事件一中，不可作为竞争性费用的项目分别是什么？　　　　　　　　（3分）

2. 事件二中，甲施工单位所报土石方分项工程的综合单价是多少？中标造价是多少万元？工程预付款是多少万元？（均需列式计算，结果保留两位小数）。　　（6分）

【参考答案】

1. 事件一中，不可作为竞争性费用的项目分别是什么？

（1）安全文明施工费。　　　　　　　　　　　　　　　　　　　　　（1分）

（2）规费。　　　　　　　　　　　　　　　　　　　　　　　　　　（1分）

（3）税金。　　　　　　　　　　　　　　　　　　　　　　　　　　（1分）

2. 事件二中，甲施工单位所报土石方分项工程的综合单价是多少？中标造价是多少万元？工程预付款是多少万元？（均需列式计算，结果保留两位小数）。

（1）综合单价为

$(8.40 + 12.00 + 1.60) \times 1.15 \times 1.05$ 元/m³ $= 26.57$ 元/m³　　　（2分）

（2）中标造价为

$(8200 + 360 + 120 + 225.68) \times (1 + 11\%)$ 万元 $= 9885.30$ 万元　（2分）

【解析】

综合单价 =（人工费 + 材料费 + 机械费）×（1 + 管理费费率）×（1 + 利润率）

中标造价 =（分部分项工程量清单合价 + 措施费项目清单合价 + 其他项目清单合价）×（1 + 规费费率）×（1 + 增值税率）

（3）工程预付款为

$(9885.30 - 50) \times 10\%$ 万元 $= 983.53$ 万元　　　　　　　　　　（2分）

【解析】

预付款中的暂列金额要不要扣除规费和税金，多年来一直存在争议。在造价工程师考试中肯定要扣除的。在市政考试，如果背景明确说了要扣除，那就扣除，没说要扣除，那就不扣除，简单化处理。

案例四【2013 年一建真题】

某新建图书馆工程，采用公开招标的方式，确定某施工单位中标，双方按《建设工程施工合同（示范文本）》签订了施工总承包合同。合同约定总造价 14250 万元，竣工结算时，结算款按调值公式进行调整。

合同中约定，根据人工费和四项材料的价格指数对总造价按调值公式法进行调整。各项调值因素的比重、基期和现行价格指数见表1。

表1　各项调值因素的比重、基期和现行价格指数

可调项目	人工费	材料一	材料二	材料三	材料四
因素比重	0.15	0.30	0.12	0.15	0.08
基期价格指数	0.99	1.01	0.99	0.96	0.78
现行价格指数	1.12	1.16	0.85	0.80	1.05

问题：列式计算经调整后的实际结算价款应为多少万元？（精确到小数点后2位）

（5分）

【参考答案】

（1）定值权重为 $1-0.15-0.3-0.12-0.15-0.08=0.2$ （1分）

（2）实际结算价款为 $14250\times(0.2+0.15\times1.12/0.99+0.3\times1.16/1.01+0.12\times0.85/0.99+0.15\times0.8/0.96+0.08\times1.05/0.78)$ 万元 $=14962.13$ 万元 （4分）

【解析】

调值公式在建筑专业中有过考核，未来很可能出现在市政考试中。

调值公式为

$$P=P_0(a_0+a_1A/A_0+a_2B/B_0+a_3C/C_0+a_4D/D_0)$$

式中
　　　　P——调值后合同价款或工程实际结算款；

　　　　P_0——合同价款中工程预算进度款；

　　　　a_0——固定要素，代表合同支付中不能调整的部分；

a_1、a_2、a_3、a_4——代表有关成本要素（如人工费用、钢材费用、水泥费用、运输费等）在合同总价中所占的比重，即 $a_0+a_1+a_2+a_3+a_4=1$；

　　　　A、B、C、D——各成本要素的现行价格指数或价格；

A_0、B_0、C_0、D_0——基准日期与 a_1、a_2、a_3、a_4 对应的各项费用的基期价格指数或价格。

案例五【2014年一建建筑真题】

某大型综合商场工程的建筑面积为 49500m^2，地下一层，地上三层，现浇钢筋混凝土框架结构。建筑安装工程投资额为22000万元，采用清单计价模式，报价执行《建设工程工程量清单计价规范》（GB 50500—2013）。E单位中标后，与建设单位签订了施工合同，合同工期为2012年8月1日至2013年3月31日。

事件一：E单位的投标报价构成如下：分部分项工程费为16100.00万元，措施项目费为1800.00万元，安全文明施工费为322.00万元，其他项目费为1200.00万元，暂列金额为1000.00万元，管理费费率10%，利润率5%，规费费率1%，增值税税率为11%。

事件二：建设单位按照合同约定支付了工程预付款，但合同中未约定安全文明施工费预支付比例，双方协商按《建设工程工程量清单计价规范》规定的最低预支付比例进行支付。

问题：

1. 列式计算事件一中E单位的中标造价是多少万元？（保留两位小数）　　　　（3分）

2. 事件二中，建设单位预支付的安全文明施工费最低是多少万元（保留两位小数）？说

明理由。安全文明施工费包括哪些费用？　　　　　　　　　　　　　　　　　　　（9分）

【参考答案】

1. 列式计算事件一中 E 单位的中标造价是多少万元？（保留两位小数）

中标造价为（16100 + 1800 + 1200）×1.01×1.11 万元 = 21413.01 万元　　　　（3分）

2. 事件二中，建设单位预支付的安全文明施工费最低是多少万元（保留两位小数）？说明理由。安全文明施工费包括哪些费用？

（1）安全文明施工费最低为 322×1.01×1.11×（5/8）×60% 万元 = 135.37 万元（2分）

理由：根据《建设工程工程量清单计价规范》规定，安全文明施工费在开工后的 28 天内预付不低于当年施工进度计划的安全文明施工费总额的 60%，剩余部分随进度款按比例支付。　　　　　　　　　　　　　　　　　　　　　　　　　　　　　　　　　（2分）

（2）安全文明施工费包括：

1）安全施工措施费。　　　　　　　　　　　　　　　　　　　　　　　　　　　（1分）

2）文明施工措施费。　　　　　　　　　　　　　　　　　　　　　　　　　　　（1分）

3）环境保护措施费。　　　　　　　　　　　　　　　　　　　　　　　　　　　（1分）

4）施工单位的临时设施费。　　　　　　　　　　　　　　　　　　　　　　　　（1分）

5）建筑工人实名制管理费。　　　　　　　　　　　　　　　　　　　　　　　　（1分）

案例六【2015 年一建真题】

某公司承建一项道路扩建工程，施工期间，根据建设单位意见，增加 3 个接顺路口，结构与新建道路相同。路口施工质量验收合格后，项目部以增加的工作量作为合同变更调整费用的计算依据。

问题：接顺路口增加的工作量部分应如何计量计价？　　　　　　　　　　　　　（6分）

【参考答案】

（1）程序：增加的三个接顺路口应按程序计量计价，即项目部接到监理工程师变更指令后的 14 天内，向监理工程师提交变更工程价款估价报告；逾期未提交的，视为该变更工程不涉及价款增加。　　　　　　　　　　　　　　　　　　　　　　　　　　（2分）

（2）计量：项目部完成接顺路口后的 7 天内，向监理工程师提交实际完成的工程量报告，经监理工程师确认后作为结算的依据。　　　　　　　　　　　　　　　　　　（2分）

（3）计价：接顺路口的结构形式与原道路结构相同，应执行原综合单价，但如果工程量的增加超过了原计划工程量的 15%，应由发包、承包双方按照合理成本加利润的原则，协商确定综合单价。　　　　　　　　　　　　　　　　　　　　　　　　　　　　（2分）

案例七【2013 年二建真题】

某公司承建一城市道路工程，道路全长 3000m，穿过部分农田和水塘，需要借土回填和抛石挤淤。工程采用工程量清单计价，合同约定分部分项工程量增加（减少）幅度在 15% 以内时执行原有综合单价；工程量增幅大于 15% 时，超出部分按原综合单价的 0.9 倍计算；工程量减幅大于 15% 时，全部按原综合单价的 1.1 倍计算。

工程竣工结算时，借土回填和抛石挤淤工程量变化情况见表 1。

表1　工程量变化情况表

分部分项工程	综合单价/(元/m³)	清单工程量/m³	实际工程量/m³
借土回填	21	25000	30000
抛石挤淤	76	16000	12800

问题： 计算借土回填和抛石挤淤的费用。　　　　　　　　　　　　　　（6分）

【参考答案】

（1）借土回填费用：

1）增（减）幅度为（30000 − 25000）/25000 = 20% > 15%，超出部分执行新综合单价，即 21 × 0.9 元/m³ = 18.9 元/m³　　　　　　　　　　　　　　　　　　　　　　　（1分）

2）原价量为 25000 × （1 + 15%）m³ = 28750m³　　　　　　　　　　　　　　（1分）

3）新价量为 30000m³ − 28750m³ = 1250m³　　　　　　　　　　　　　　　　（1分）

4）借土回填费用为 28750 × 21 元 + 1250 × 18.9 元 = 627375 元　　　　　　（1分）

（2）抛石挤淤费用：

1）增（减）幅度为 （12800 − 16000）/16000 = − 20% > 15%，全部执行新综合单价，即 76 × 1.1 元/m³ = 83.6 元/m³　　　　　　　　　　　　　　　　　　　　　　　（1分）

2）抛石挤淤费用为 12800 × 83.6 = 1070080 元　　　　　　　　　　　　　　（1分）

二、单项选择题及答案

1. （2010年真题）根据《建设工程清单计价规范》，分部分项工程量清单综合单价由（　　）组成。

A. 人工费、材料费、机械费、管理费、利润

B. 直接费、间接费、措施费、管理费、利润

C. 直接费、间接费、规费、管理费、利润

D. 直接费、安全文明施工费、规费、管理费、利润

【答案】 A

【解析】 综合单价法指分部分项工程单价，综合了直接工程费以外的多项费用。依据综合内容不同，还可分为全费用综合单价和部分费用综合单价。我国目前推行的建设工程工程量清单计价其实就是部分费用综合单价，单价中未包括措施费、规费和税金。

2. （2015年真题）根据《建筑工程工程量清单计价规范》（GB 50500—2013），下列措施项目费用中不能作为竞争性费用的是（　　）。

A. 脚手架工程费　　　　　　　　　　B. 夜间施工增加费

C. 安全文明施工费　　　　　　　　　D. 冬、雨期施工增加费

【答案】 C

【解析】 本题考核的是市政公用工程工程量清单计价的应用。措施项目中的安全文明施工费必须按国家或省级、行业建设主管部门的规定计算，不得作为竞争性费用。

3. （2013年真题）由于不可抗力事件导致的费用中，属于承包人承担的是（　　）。

A. 工程本身的损害　　　　　　　　　B. 施工现场用于施工的材料损失

C. 承包人施工机械设备的损坏　　　　D. 工程所需清理、修复费用

【答案】 C

【解析】 不可抗力的原则是谁的损失谁负责，C 选项，即承包人施工机械的损坏应当是承包商自己负责。

三、多项选择题及答案

（2020 年真题）关于因不可抗力导致相关费用调整的说法，正确的有（   ）。

A. 工程本身的损害由发包人承担

B. 承包人人员伤亡所产生的费用，由发包人承担

C. 承包人的停工损失，由承包人承担

D. 运至施工现场待安装设备的损害，由发包人承担

E. 工程所需清理、修复费用，由发包人承担

【答案】 ACDE

【解析】 因不可抗力事件导致的费用，发、承包双方应按以下原则分担并调整工程价款：

1）工程本身的损害、因工程损害导致第三方人员伤亡和财产损失，以及运至施工现场用于施工的材料和待安装的设备的损害，由发包人承担。

2）发包人、承包人人员伤亡由其所在单位负责，并承担相应费用。

3）承包人施工机具设备的损坏及停工损失，由承包人承担。

4）停工期间，承包人应发包人要求留在施工现场的必要的管理人员及保卫人员的费用，由发包人承担。

5）工程所需清理、修复费用，由发包人承担。

四、2022 考点预测

1. 不得竞争的费用包括哪些？

2. 计算招标控制价为多少万元？

3. 工程量变化后的结算款为多少万元？

4. 材料价格波动后的结算款为多少万元？

5. 调值公式调价后的结算款为多少万元？

第三章　施工合同管理

考点一：合同示范文本
1. 合同文件组成。
2. 发包人的义务。
3. 承包人的义务。
4. 质量责任。
5. 工程分包。
6. 工程变更。
7. 工程风险。
8. 不可抗力。

考点二：工程索赔应用
1. 索赔程序。
2. 两类索赔。
3. 同期记录。
4. 最终报告。
5. 索赔管理。

一、案例及参考答案

案例一【2016 年一建真题】

某公司承建的市政道路工程，施工前，项目部踏勘现场时，发现雨水管道上部外侧管壁与现况燃气管道底部间距小于规范要求，并向建设单位提出变更设计的建议。经设计单位核实，同意将道路交叉口处的雨水管道变更方案为双排 DN800 双壁波纹管。项目部接到变更方案后提出了索赔申请，经计算，工程变更需要增加造价 10 万元。

问题：按索赔事件的性质分类，项目部提出的索赔属于哪种类型？项目部应提供哪些索赔资料？　　　　　　　　　　　　　　　　　　　　　　　　　　　　　　　　（6 分）

【参考答案】

（1）项目部提出的索赔属于工程变更索赔。　　　　　　　　　　　　　　　（2 分）

（2）项目部应提交的索赔资料包括：

1）索赔正式通知函、设计变更单、变更图纸、变更项目的预算清单。　　　（2 分）

2）索赔事件的原因、对其权益影响的资料、索赔依据、要求索赔的工期和金额、同期记录等。　　　　　　　　　　　　　　　　　　　　　　　　　　　　　（2 分）

案例二【2015 年一建真题】

某公司中标污水处理厂升级改造工程，施工过程中，由于设备安装工期压力，中水管道未进行功能性试验就进行了道路施工（中水管在道路两侧）。试运行时，中水管道出现问题，破开道路对中水管进行修复造成经济损失 180 万元，施工单位为此向建设单位提出费用索赔。

问题： 上述事件所造成的损失能否索赔？说明理由。　　　　　　　　　　（3 分）

【参考答案】

（1）不能索赔。　　　　　　　　　　　　　　　　　　　　　　　　　　　（1 分）

（2）理由：中水管道未进行功能性试验是施工单位应承担的责任事件，由此造成的损失应由施工单位承担。　　　　　　　　　　　　　　　　　　　　　　　　（2 分）

案例三【2014 年一建真题】

某施工单位中标承建过街地下通道工程，周边地下管线复杂，设计采用明挖法施工。隧道基坑总长 80m，宽 12m，开挖深度 10m，基坑围护结构采用 SMW 工法施工。

在挖土过程中发现围护结构有两处出现渗漏现象，渗漏水为清水，项目部立即采用堵漏措施予以处理，堵漏处理造成直接经济损失 20 万元，工期拖延 10 天，项目部为此向业主提出索赔。

问题： 项目部提出的索赔是否成立？说明理由。　　　　　　　　　　（3 分）

【参考答案】

（1）工期索赔和费用索赔均不成立。　　　　　　　　　　　　　　　　　（1 分）

（2）理由：围护结构渗漏是施工单位应承担的责任事件，由此增加的费用和延误的工期均由施工单位承担。　　　　　　　　　　　　　　　　　　　　　　　　（2 分）

案例四【2013 年一建建筑真题】

某新建图书馆工程采用公开招标的方式，确定某施工单位中标。双方按《建设工程施工合同（示范文本）》（GF—2013—0201）签订了施工总承包合同。

在施工过程中，发生了如下事件。

事件一： 基坑施工时正值雨季，连续降雨导致停工 6 天，造成人员窝工损失 2.2 万元。一周后出现了罕见特大暴雨，造成停工 2 天，人员窝工损失 1.4 万元。针对上述情况，施工单位分别向监理单位上报了这四项索赔申请。

事件二： 某分项工程由于设计变更导致分项工程量变化幅度达 20%，合同专用条款未对变更价款进行约定。施工单位按变更指令施工，在施工结束后的下一个月上报支付申请的同时，还上报了该设计变更的变更价款申请，监理工程师对变更价款不予批准。

事件三： 种植屋面隐蔽工程通过监理工程师验收后开始覆土施工，建设单位对隐蔽工程质量提出异议，要求复验，施工单位不予同意。

经总监理工程师协调后三方现场复验，经检验质量满足要求。施工单位要求补偿由此增加的费用，建设单位予以拒绝。

问题：

1. 事件一中，分别判断四项索赔是否成立？并写出相应的理由。　　　　（6 分）

2. 事件二中，监理工程师不批准变更价款申请是否合理？说明理由。合同中未约定变更价款的情况下，变更价款应如何处理？　　　　　　　　　　　　　　　　（5 分）

3. 事件三中，施工单位、建设单位做法是否正确？分别说明理由。　　　　（6分）

【参考答案】

1. 事件一中，分别判断四项索赔是否成立？并写出相应的理由。

（1）"连续降雨致停工6天"的工期索赔和费用索赔均不成立。　　（1分）

理由：连续降雨是施工单位能够合理预见的，是施工单位应承担的风险事件，由此增加的费用和延误的工期均由施工单位承担。　　（2分）

（2）"罕见特大暴雨，造成停工2天"的工期索赔成立，但费用索赔不成立。　　（1分）

理由：根据《建设工程施工合同（示范文本）》的规定，罕见特大暴雨属于异常恶劣的气候条件或不可抗力事件，工期损失是业主应承担的风险责任，但人员窝工损失是施工单位应承担的风险责任。　　（2分）

2. 事件二中，监理工程师不批准变更价款申请是否合理？说明理由。合同中未约定变更价款的情况下，变更价款应如何处理？

（1）合理。　　（1分）

理由：施工单位在收到变更指令后的14天内，未向监理工程师提交变更价款申请，视为该变更工程不涉及价款变更。　　（1分）

（2）应按《建设工程施工合同（示范文本）》（GF—2013—0201）的通用条款确定：

1）已标价工程量清单或预算书有相同项目的，按照相同项目单价认定。　　（1分）

2）已标价工程量清单或预算书中无相同项目，但有类似项目的，参照类似项目的单价认定。　　（1分）

3）工程量变化幅度超过15%的，按照合理成本加利润构成的原则，由合同当事人协商确定变更工程的单价。　　（1分）

3. 事件三中，施工单位、建设单位做法是否正确？分别说明理由。

（1）"建设单位对隐蔽工程质量提出异议，要求复验，施工单位不予同意"，建设单位的做法正确，施工单位的做法不正确。　　（1分）

理由：无论监理工程师是否参加隐蔽工程的验收，当建设单位要求重新检验时，施工单位应按要求进行钻孔探测，并在检验后重新覆盖。　　（2分）

（2）"施工单位要求补偿由此增加的费用，建设单位予以拒绝"，施工单位的做法正确，建设单位的做法不正确。　　（1分）

理由：对隐蔽工程重新检验合格的，因此增加的费用由建设单位承担，延误的工期相应顺延，并向施工单位支付合理的利润。　　（2分）

案例五【2013年一建真题】

某公司低价中标跨越城市主干道的钢-混凝土组合结构桥梁工程，依据招标文件的规定将钢梁加工分包给专业公司，签订了分包合同。

问题：钢梁分包经济合同签订需要注意哪些事项？　　　　（5分）

【参考答案】

（1）分包合同必须依据总包合同签订，满足总包合同中相应部分的工期、质量、安全、环保和文明施工等方面的要求。　　（1分）

（2）分包合同的类型应与总包合同类型一致，尽量签订总价合同，合同中应明确分包

工程计量程序、结算程序条款。 （2 分）

（3）分包合同价不能超出总包合同价，不得超过施工图预算；付款方式与总承包合同保持一致。 （1 分）

（4）提交竣工验收报告时需要提交工程质量保修书，约定工程质量的保修金占合同价的比例和不履行保修义务违约责任。 （1 分）

案例六【2012 年一建真题】

A 公司中标某市污水管道工程，因拆迁原因工程不能按期开工，顶管设备放置在项目部附近小区绿地暂存 28 天。

问题： 项目部可否向建设单位索赔？如可索赔，简述索赔项目。 （6 分）

【参考答案】

（1）可以向建设单位提出索赔。 （1 分）

（2）索赔项目：

1）人员窝工费、机械闲置费及顶管设备放置在项目部附近小区绿地的相关费用。 （1 分）

2）增加的管理费、已进场管道增加的保管费。 （1 分）

3）未进场管道的采购合同延期提货违约金。 （1 分）

4）因上述费用而增加的规费、税金。 （1 分）

5）工期损失。 （1 分）

案例七【2010 年一建真题】

某项目部承建一生活垃圾填埋场工程，为了做好索赔管理工作，经现场监理工程师签认，建立了正式、准确的索赔管理台账。索赔台账包含索赔意向提交时间、索赔结束时间、索赔申请工期和金额，每笔索赔都及时进行登记。

问题： 索赔管理台账是否属于竣工资料？还应包括哪些内容？ （5 分）

【参考答案】

（1）索赔管理台账属于竣工资料。 （1 分）

（2）还应包括：

1）索赔发生的原因。 （1 分）

2）索赔发生的时间。 （1 分）

3）监理工程师审核结果。 （1 分）

4）发包人审批结果。 （1 分）

案例八【2009 年一建真题】

A 公司中标北方某城市的道路改造工程，合同工期为 2008 年 6 月 1 日至 9 月 30 日。因拆迁影响，工程实际工期为 2008 年 7 月 10 日至 10 月 30 日。

问题： 就该工程延期，实际工期缩短，A 公司可向业主索赔哪些费用？ （4 分）

【参考答案】

（1）因工程延期导致的人员窝工费。

（2）因工程延期增加的材料费。

（3）因工程延期增加的机械租赁费。

（4）因工程延期增加的管理费。

（5）因工程延期导致的利润损失。

（6）因上述费用而增加的规费。

（7）因上述费用而增加的税金。

（8）因实际工期缩短而增加的赶工费。　　　　　　　　（每写对2条得1分）

案例九【2007年一建真题】

A公司中标某市高架路工程第二标段。该工程包括高架桥梁、地面辅道及其他附属工程。工程采用工程量清单计价，并在清单中列出了措施项目；双方签订了建设工程施工合同，其中约定工程款支付方式为按月计量支付；并约定发生争议时向工程所在地仲裁委员会申请仲裁。

对清单中某措施项目，A公司报价100万元。施工中，由于该措施项目实际发生费用为180万元，A公司拟向业主提出索赔。

业主推荐B公司分包钻孔灌注桩工程，A公司审查了B公司的资质后，与B公司签订了工程分包合同。在施工过程中，由于B公司操作人员违章作业，损坏通信光缆，造成大范围通信中断，A公司为此支付了50万元补偿款。

A公司为了应对地方材料可能涨价的风险，中标后即与某石料厂签订了价值400万元的道路基层碎石料的采购合同，约定了交货日期及违约责任（规定违约金为合同价款的5%），并交付了50万元定金。到了交货期，对方以价格上涨为由提出中止合同，A公司认为对方违约，计划提出索赔。

施工过程中，经业主同意，为保护既有地下管线，增加了部分工作内容，而原清单中没有相同项目。

工程保修期满后，业主无故拖欠A公司工程款，经多次催要无果。A公司计划对业主提起诉讼。

问题：

1. 在投标报价阶段，为既不提高总价且不影响中标，又能在结算时得到更理想的效益，组价以后可以进行怎样的单价调整？A公司就措施项目向业主索赔是否妥当？说明理由。

（9分）

2. 该工程是什么方式的计价合同？它有什么特点？（5分）

3. A公司应该承担B公司造成损失的责任吗？说明理由。（4分）

4. A公司可向石料厂提出哪两种索赔要求？并计算相应索赔额。（4分）

5. 背景资料中变更部分的合同价款应根据什么原则确定？（4分）

6. 对业主拖欠工程款的行为，A公司可以对业主提起诉讼吗？说明原因。如果业主拒绝支付工程款，A公司应如何通过法律途径解决本工程拖欠款问题？（4分）

【参考答案】

1. 在投标报价阶段，为既不提高总价且不影响中标，又能在结算时得到更理想的效益，组价以后可以进行怎样的单价调整？A公司就措施项目向业主索赔是否妥当？说明理由。

（1）单价调整：

1）前期工程单价适当提高，如桩基、承台、墩台等；后期工程单价适当降低，如桥跨结构、桥面铺装等。 （2分）

2）根据招标工程量清单中的工程量和设计图纸，预计施工过程中工程量可能增加的清单项目适当提高单价，预计工程量可能减少的清单项目适当降低单价。 （2分）

3）项目特征描述不清的适当降低单价，反之，适当提高单价。 （2分）

（2）A公司就措施项目向业主索赔不妥当。 （1分）

理由：在招标投标阶段，措施项目费已包含在合同价内；在施工过程中，措施项目费增加是施工单位应承担的责任事件。 （2分）

2. 该工程是什么方式的计价合同？它有什么特点？

（1）该工程合同类型属于单价合同。 （2分）

（2）单价合同的特点是风险合理分担，分部分项工程量的风险由业主承担，合同约定范围内的物价风险由施工单位承担，超出部分由业主承担。 （3分）

3. A公司应该承担B公司造成损失的责任吗？说明理由。

（1）A公司应承担B公司造成损失的责任。 （1分）

（2）理由：总包单位与分包单位就分包工程的安全承担连带责任，A公司承担赔偿责任后，可以根据分包合同的约定向B公司追偿50万元的经济损失。 （3分）

4. A公司可向石料厂提出哪两种索赔要求？并计算相应索赔额。

（1）双倍返还定金并索赔违约金。 （2分）

（2）索赔额：

1）违约金为400×5%万元＝20万元。 （1分）

2）定金为50万元＋50万元＝100万元。 （1分）

5. 背景资料中变更部分的合同价款应根据什么原则确定？

（1）已标价工程量清单中有类似变更工程单价的，参照类似工程确定变更工程的综合单价和变更价款。 （2分）

（2）已标价工程量清单中没有类似于变更工程单价的，由发承包双方按照合理的成本加利润的原则协商确定。 （2分）

6. 对业主拖欠工程款的行为，A公司可以对业主提起诉讼吗？说明原因。如果业主拒绝支付工程款，A公司应如何通过法律途径解决本工程拖欠款问题？

（1）A公司不能对业主提起诉讼。 （1分）

理由：合同已经约定发生争议时向工程所在地仲裁委员会申请仲裁。 （1分）

（2）A公司可以按照合同约定向工程所在地仲裁委员会申请仲裁；仲裁裁决后，如果业主不执行仲裁裁决，A公司可以向人民法院申请强制执行。 （2分）

案例十【2006年一建真题】

某公司中标承建中压A燃气管线工程，管道直径为300mm，长26km，合同价3600万元。在管道沟槽开挖过程中，遇到地质勘察时未探明的废弃砖沟，经现场监理工程师口头同意，施工项目部组织人员、机具及时清除了砖沟，进行换填级配砂石处理。

问题： 项目部处理废弃砖沟在程序上是否妥当？若不妥当，写出正确的程序。 （5分）

【参考答案】

(1) 不妥当。　　　　　　　　　　　　　　　　　　　　　　　　　(1分)

(2) 正确程序：

1) 遇到地质勘察时未探明的废弃砖沟，应书面报告监理工程师。　(1分)

2) 监理工程师向建设单位汇报，由设计单位提出技术处理方案。　(1分)

3) 项目部接到监理工程师的工程变更指令和设计单位提出的技术处理方案后，提出施工处理方案。　　　　　　　　　　　　　　　　　　　　　　　　　(1分)

4) 经监理工程师批准后，项目部方可进行处理。　　　　　　　　(1分)

二、单项选择题及答案

1. (2020年真题) 在施工合同常见的风险种类与识别中，水电、建材不能正常供应属于 (　　)。

A. 工程项目的经济风险　　　　　　B. 业主资信风险

C. 外界环境风险　　　　　　　　　D. 隐含的风险条款

【答案】 C

2. (2021年真题) 下列索赔项目中，只能申请工期索赔的是 (　　)。

A. 工程施工项目增加　　　　　　　B. 征地拆迁滞后

C. 投标图纸中未提及的软基处理　　D. 开工前图纸延期发出

【答案】 D

【解析】 延期发出图纸产生的索赔，因为是施工前准备阶段，该类项目一般只进行工期索赔。

三、多项选择题及答案

(2016年海南省真题) 在施工合同风险防范措施中，工程项目常见的风险有 (　　)。

A. 质量　　　　　　　　　　　　　B. 安全

C. 技术　　　　　　　　　　　　　D. 经济

E. 法律

【答案】 CDE

【解析】 工程常见的风险种类：

(1) 工程项目的技术、经济、法律等方面的风险。

(2) 业主资信风险。

(3) 外界环境的风险。

(4) 合同风险。

四、2022考点预测

1. 甲供材料的质量责任和义务。

2. 重新检验和私自隐蔽的责任承担。

3. 工程变更价款的确定方法和确定程序。

4. 工程风险与不可抗力事件的责任分担。

第四章 施工成本管理

考点一：施工成本管理的基本理论
考点二：施工成本目标控制的措施
考点三：施工成本核算与分析
考点四：《建设工程项目管理》教材

一、案例及参考答案

案例一【2006 年真题】

某污水厂扩建工程，施工前，项目经理及相关人员编制了施工方案和成本计划，并制定了施工成本控制措施：

（1）材料成本控制重点是控制主材价格和限额领料。

（2）人员工资严格执行劳动定额。

（3）机械使用严格执行定额管理。

问题：项目部应如何对施工成本进行动态控制？除背景材料中对主材价格的控制和限额领料外，再列举至少 4 条材料成本管理的措施。 （9 分）

【参考答案】

（1）动态控制：

1）根据成本计划确定原水管线、格栅间、提升泵房、沉砂池、初沉池的成本目标，并分解落实到分部分项工程。 （1 分）

2）各个分部分项工程施工过程中，及时收集人、材、机费用的实际成本数据。 （1 分）

3）实际成本与计划成本比较。 （1 分）

4）出现偏差时，分析偏差产生的原因。 （1 分）

5）采取措施纠正偏差，或者调整成本目标。 （1 分）

（2）措施：

1）建立材料成本管理责任制，层层分解，落实到每个人。

2）优选采购方案和采购批量，减少资金占用。

3）对于材料采购和构件加工，要优选厂家，降低采购成本。

4）降低材料的损耗率，包括场外运输损耗、场内运输损耗和操作损耗。

5）对施工全过程进行计量控制，包括收发计量和投料计量。

6）对施工过程中使用的零星材料制定包干使用制度。

7）旧料回收利用。 （写对 4 条以上得 4 分）

案例二【2009 年一建真题】

某项目部承建一生活垃圾填埋场工程，原拟堆置的土方改成外运，增加了工程成本。

问题：结合背景材料简述填埋场的土方施工应如何控制成本。 (6分)

【参考答案】

（1）优选土方机械：根据台班单价、台班产量优选挖掘机和自卸汽车。 (1分)

（2）选择弃土场：选择运距最短的弃土场。 (1分)

（3）计算机械配合比：挖掘机和自卸汽车配合的比例应通过计算确定。 (1分)

（4）计量控制：严格按挖掘机的产量定额和自卸汽车的运量定额进行计量。 (1分)

（5）控制超挖：挖掘过程中设置专人指挥，严禁超挖。 (1分)

（6）控制超运：就近堆放的回填土应考虑压实系数，并考虑工程完工后的场地标高，留出后续所需的全部土方。 (1分)

案例三【2012年二建真题】

某市新建一大型水厂，因工期紧张，建设单位将水厂分为三个标段，A公司中标第二标段，本标段包括现浇大清水池和一座装配式小清水池，以及水厂内部道路及部分综合管线工程。合同工期一年。

大清水池长200m、宽50m、高7m，沿着水池长度方向上设置四道内隔墙。项目部对现浇清水池中的土方开挖、垫层、底板、侧墙、顶板、回填等工作做了详细施工部署。本项目中的模板分项工程每一检验批施工完成后，监理工程师都严格按照主控项目进行验收。因大清水池占地面积较大且相对集中，项目部在施工现场安装了地泵，每次都尽量用地泵浇筑混凝土。

装配式水池待现浇底板杯口达到设计强度后，准备进行预制壁板的吊装。

现场道路管线施工完成以后，项目部委托具有相应资质的竣工测量单位进行竣工测量，竣工测量附件包括：道路、水池及管线竣工纵断面图；建筑场地及其附近的测量控制点布置图及坐标与高程一览表。

问题：结合案例背景，简述大清水池施工如何控制成本。 (5分)

【参考答案】

（1）清水池材料用量大，提前与供应商签订合同。 (1分)

（2）每段清水池施工相同，可进行流水施工。 (1分)

（3）侧墙长度较长，模板采用大模板。 (1分)

（4）施工周期长，需提前计算周转材料用量。 (1分)

（5）清水池分段施工，可安排开挖与回填同时进行。 (1分)

二、单项选择题及答案

（2018年真题）施工成本管理的基本流程是（ ）。

A. 成本分析→成本核算→成本预测→成本计划→成本控制→成本考核

B. 成本核算→成本预测→成本考核→成本分析→成本计划→成本控制

C. 成本预测→成本计划→成本控制→成本核算→成本分析→成本考核

D. 成本计划→成本控制→成本预测→成本核算→成本考核→成本分析

【答案】 C

【解析】 施工成本管理的基本流程：成本预测→成本计划→成本控制→成本核算→成

本分析→成本考核。

三、多项选择题及答案

1.（2016 年真题）施工成本管理的原则包括（　　　）。

A. 成本最低化　　　　　　　　　B. 全面成本管理

C. 成本责任制　　　　　　　　　D. 成本管理有效性

E. 成本行政指标考核

【答案】　ABCD

【解析】　施工成本管理基本原则：①成本最低化原则；②全面成本管理原则；③成本责任制原则；④成本管理有效化原则；⑤成本管理科学化原则。

2.（2020 年真题）在设置施工成本管理组织机构时，要考虑到市政公用工程施工项目具有（　　　）等特点。

A. 多变性　　　　　　　　　　　B. 阶段性

C. 流动性　　　　　　　　　　　D. 单件性

E. 简单性

【答案】　ABC

【解析】　市政公用工程施工项目具有多变性、流动性、阶段性等特点，这就要求成本管理工作和成本管理组织机构随之进行相应调整，以使组织机构适应施工项目的变化。

四、2022 考点预测

本项目如何控制成本。

第五章　施工组织设计

考点一：工程变更
考点二：专项施工方案内容、审批
考点三：危险性较大的专项施工方案（专家论证）
考点四：交通导行方案

一、单项选择题及答案

1.（2013年真题）不属于施工组织设计内容的是（　　）。

A. 施工成本计划　　B. 施工部署　　　　C. 质量保证措施　　D. 施工方案

【答案】　A

【解析】　施工组织设计的主要内容包括：①工程概况及特点；②施工平面布置图；③施工部署和管理体系；④施工方案及技术措施；⑤施工质量保证计划；⑥施工安全保证计划；⑦文明施工、环保节能降耗保证计划以及辅助、配套的施工措施。

2.（2019年真题）施工组织设计的核心部分是（　　）。

A. 管理体系　　　　　　　　　B. 质量、安全保证计划

C. 技术规范及检验标准　　　　D. 施工方案

【答案】　D

【解析】　施工方案是施工组织设计的核心部分，主要包括拟建工程的主要分项工程的施工方法、施工机具的选择、施工顺序的确定，还应包括季节性措施、四新技术措施，以及结合工程特点和由施工组织设计安排的、根据工程需要采取的相应方法与技术措施等方面的内容。

二、多项选择题及答案

（2011年真题）需专家论证的工程有（　　）。

A. 5m基坑工程　　　　　　　　B. 滑模

C. 人工挖孔桩12m　　　　　　D. 顶管工程

E. 250kN常规起吊

【答案】　ABD

【解析】　开挖深度超过16m的人工挖孔桩工程才需要专家论证，故C错误。采用常规设备起重量30kN及以上的起重设备安装工程才需要专家论证，故E错误。

三、2022考点预测

1. 工程变更。

2. 专项施工方案内容、审批。

3. 危险性较大的专项施工方案（专家论证）。

4. 交通导行方案。

第六章　施工进度管理

考点一：流水施工
考点二：双化号算工期、找关键线路、补全工作
考点三：网络优化
考点四：横道图

一、案例及参考答案

案例一【2018年一建真题】

某公司承建一段新建城镇道路工程，其雨水管道位于非机动车道下，管道施工划分为三个施工段，时标网络计划如图1所示（两条虚工作线需补充）。

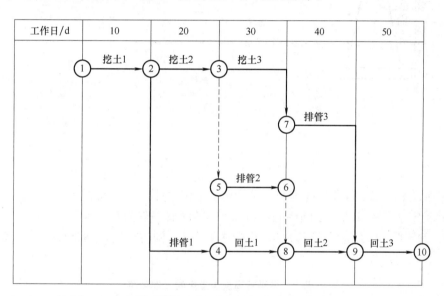

图1　雨水管道施工时标网络计划

问题： 补全图1中缺少的虚工作（用时标网络图提供的节点代号及箭线作答，或用文字叙述，在背景资料中作答无效）。补全后的网络图中有几条关键线路，总工期为多少？　（6分）

【参考答案】

（1）图中缺少的虚工作：④节点至⑤节点增加虚箭线；⑥节点至⑦节点之间增加虚箭线。

（每条1分）

（2）补全后的网络图中有6条关键线路，分别是：　　　　　　（2分）

1）①→②→③→⑤→⑥→⑦→⑨→⑩。

2）①→②→③→⑤→⑥→⑧→⑨→⑩。

3）①→②→③→⑦→⑨→⑩。

4）①→②→④→⑤→⑥→⑦→⑨→⑩。

5）①→②→③→④→⑤→⑥→⑦→⑧→⑨→⑩。

6）①→②→④→⑤→⑥→⑧→⑨→⑩。

（3）总工期为 50 天。　　　　　　　　　　　　　　　　　　　　　　（2 分）

【解析】

直接写 6 条关键线路就可以，不用写出具体线路，这里写出来只是方便大家对照。

案例二【2016 年一建真题】

某管道铺设工程项目，长 1km，工程内容包括燃气、给水、热力等项目，热力管道采用支架铺设，合同工期 80 天，断面布置如图 1 所示。

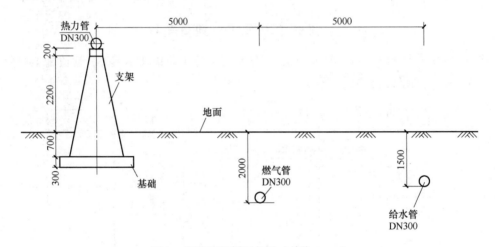

图 1　管道工程断面布置（单位：mm）

开工前，甲施工单位项目部编制了总体施工组织设计，内容包括：

（1）确定了各种管道施工顺序为：燃气管→给水管→热力管。

（2）确定了各种管道施工工序的工作顺序见表 1，同时绘制了网络计划进度图，如图 2 所示。

表 1　各种管道施工工序的工作顺序

紧 前 工 作	工　作	紧 后 工 作
—	燃气管道挖土	燃气管道排管、给水管挖土
燃气管挖土	燃气管排管	燃气管道回填、给水管排管
燃气管排管	燃气管回填	给水管回填
燃气管挖土	给水管挖土	给水管排管、热力管基础
B、C	给水管排管	D、E
燃气管回填、给水管排管	给水管回填	热力管排管
给水管挖土	热力管基础	热力管支架
热力管基础、给水排管	热力管支架	热力管排管
给水管回填、热力管支架	热力管排管	—

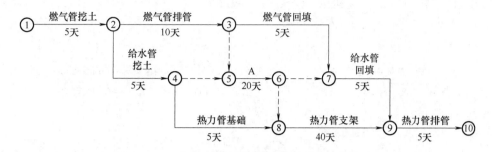

图2　网络计划进度图

在热力管道排管施工过程中，由于下雨影响停工1天。为保证按时完工，项目部采取了加快施工进度的措施。

问题：

1. 写出图2中代号A和表1中B、C、D、E代表的工作内容。　　　　　　　（6分）

2. 列式计算图2工期，并判断工程施工是否满足合同工期要求，同时给出关键线路。（关键线路用图2中代号"①-⑩"及"→"表示）　　　　　　　　　　　（5分）

3. 项目部加快施工进度应采取什么措施？　　　　　　　　　　　　　（4分）

【参考答案】

1. 写出图2中代号A和表1中B、C、D、E代表的工作内容。

（1）A表示给水管排管工作。　　　　　　　　　　　　　　　　　　（2分）

（2）B、C表示燃气管排管工作、给水管挖土工作。　　　　　　　　　（2分）

（3）D、E表示给水管回填工作、热力管支架工作。　　　　　　　　　（2分）

2. 列式计算图2工期，并判断工程施工是否满足合同工期要求，同时给出关键线路。（关键线路用图2中代号"①-⑩"及"→"表示）

（1）计算工期：5天+10天+20天+40天+5天=80天。　　　　　　（2分）

合同工期为80天，所以计算工期满足合同工期的要求。　　　　　　　（1分）

（2）关键线路为①→②→③→⑤→⑥→⑧→⑨→⑩。　　　　　　　　（2分）

3. 项目部加快施工进度应采取什么措施？

（1）组织措施：增加焊工数量、多班作业。　　　　　　　　　　　　（1分）

（2）管理措施：由有经验的施工人员开会研究，确保各种资源供给。　　（1分）

（3）经济措施：设工期提前奖。　　　　　　　　　　　　　　　　　（1分）

（4）技术措施：改变管道排管施工工艺。　　　　　　　　　　　　　（1分）

案例三【2014年一建真题】

A公司承建了一项城市道路扩建工程，其中包括新建一座单跨简支梁桥，节点工期为90天，项目部编制了网络计划如图1所示（单位：天）。公司技术负责人在审核中发现该网络计划不能满足节点工期要求，工序安排不合理，要求在每项工作作业时间不变、桥台钢模仍为一套的前提下，对网络计划进行优化。

问题：绘制优化后的该桥网络计划，并给出关键线路和节点工期。　　　（6分）

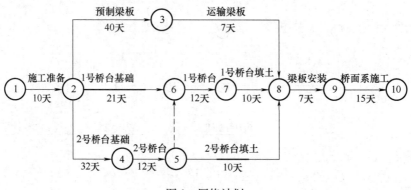

图 1　网络计划

【参考答案】

（1）优化后桥梁施工进度网络计划如图 2 所示。

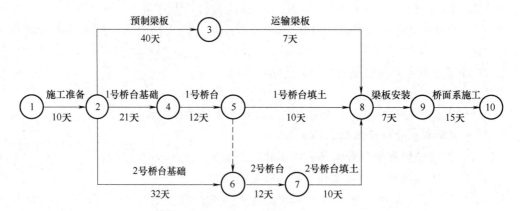

图 2　优化后桥梁施工进度网络计划（单位：天）　　　　（2 分）

（2）关键线路为①→②→④→⑤→⑥→⑦→⑧→⑨→⑩。　　　（2 分）

（3）节点工期为 10 天 +21 天 +12 天 +12 天 +10 天 +7 天 +15 天 =87 天　（2 分）

案例四【2013 年二建真题】

某项目部针对一个施工项目编制网络计划图，图 1 是网络计划图的一部分。

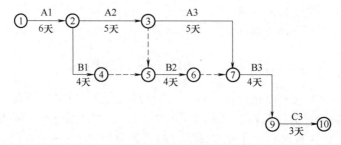

图 1　网络计划图的一部分

该网络计划图其余部分计划工作及持续时间见表1。

表1 网络计划图其余部分的计划工作及持续时间表

工作	紧前工作	紧后工作	持续时间/天
C1	B1	C2	3
C2	C1	C3	3

项目部按照上述思路编制的网络计划图进一步检查时发现有一处错误，C2 工作必须在 B2 工作完成后方可施工。经调整后的网络计划图由监理工程师确认满足合同工期要求，最后在项目施工中实施。

A3 工作施工时，由于施工单位设备事故延误了 2 天。

问题：

1. 按背景资料给出的计划工作及持续时间表补全网络计划图的其余部分。 （4分）
2. 发现 C2 工作必须在 B2 工作完成后施工，网络计划图应如何修改？ （4分）
3. 给出最终确认的网络计划图的关键线路和工期。 （6分）
4. A3 工作设备事故延误的工期能否索赔？说明理由。 （6分）

【参考答案】

1. 按背景资料给出的计划工作及持续时间表补全网络计划图的其余部分。

补全其余部分的网络计划图如图 2 所示。

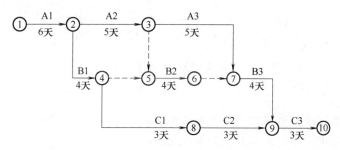

图2 补全其余部分的网络计划图 （4分）

2. 发现 C2 工作必须在 B2 工作完成后施工，网络计划图应如何修改？

修改后的网络计划图如图 3 所示。

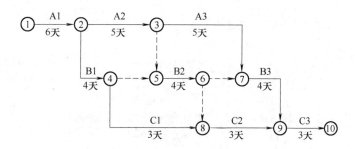

图3 修改后的网络计划图 （4分）

3. 给出最终确认的网络计划图的关键线路和工期。

（1）关键线路：①→②→③→⑦→⑨→⑩（即 A1→A2→A3→B3→C3）。 (3分)

（2）总工期：6 天 +5 天 +5 天 +4 天 +3 天 =23 天。 (3分)

4. A3 工作设备事故延误的工期能否索赔？说明理由。

（1）不能索赔。 (2分)

（2）理由：A3 工作施工时，是由于施工单位自身设备出现事故造成的工期延误，依据相关标准规范，是施工单位自己应承担的责任，因此不能索赔。 (4分)

案例五【2012 年二建真题】

某施工单位承建了一项市政排水工程，施工单位组织基槽开挖、管道安装和土方回填三个施工队流水作业，每个作业段分三个施工段。根据合同工期要求绘制网络进度图如图1所示。

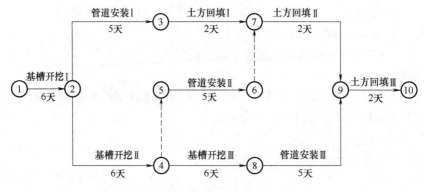

图1 施工网络进度图

问题：

1. 背景网络进度图，有两处不合逻辑关系，请完善，使网络图符合逻辑。 (4分)
2. 根据网络进度图指出总工期和关键线路。 (4分)

【参考答案】

1. 背景网络进度图，有两处不合逻辑关系，请完善，使网络图符合逻辑。

完善后的网络进度图如图 2 所示。

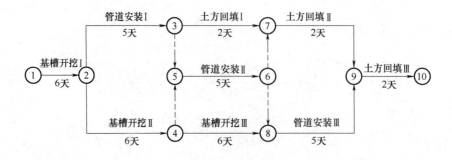

图2 完善后的网络进度图 （每处 2 分）

2. 根据网络进度图指出总工期和关键线路。

（1）总工期：6 天 +6 天 +6 天 +5 天 +2 天 =25 天。 （2 分）

（2）关键线路：①→②→④→⑧→⑨→⑩。 （2 分）

案例六【2010 年一建真题】

某沿海城市道路改建工程 4 标段，合同规定的开工日期为 5 月 5 日，竣工日期为当年 9 月 30 日。合同要求施工期间维持半幅交通。

某公司中标该工程以后，编制的网络计划如图 1 所示（单位：天）

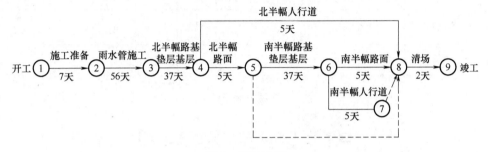

图 1 网络计划

问题：

1. 指出本工程网络计划中的关键线路。 （4 分）

2. 将该网络计划在图 2 中绘成横道计划。 （6 分）

分项工程	持续时间/天		时间标尺/旬													
	北半幅	南半幅	1	2	3	4	5	6	7	8	9	10	11	12	13	14	15
施工准备	7															
雨水管	56															
路基垫层基层	37	37														
路面	5	5														
人行道	5	5														
清场	2															

图 2 未完成的横道计划

【参考答案】

1. 指出本工程网络计划中的关键路线。

（1）关键路线 1 为①→②→③→④→⑤→⑥→⑦→⑧→⑨。 （2 分）

（2）关键路线 2 为①→②→③→④→⑤→⑥→⑧→⑨。 （2 分）

2. 将该网络计划在图 2 中绘成横道计划。

绘制完成的横道计划如图 3 所示。

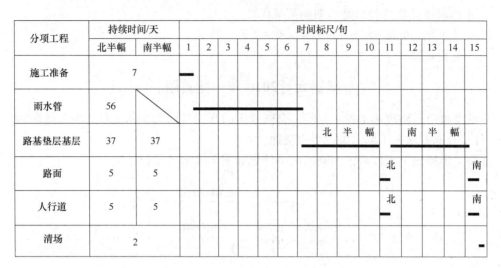

图3　绘制完成的横道计划 　　　　　　　　　（6分）

案例七【2012年江苏二建真题】

某项目部承建的雨水管道工程管线总长为1000m。采用直径为900mm的HDPE管，柔性接口；每50m设检查井一座。管底位于地表以下4m，无地下水，土质为湿陷性黄土和粉砂土，采用挖掘机开槽施工。

项目部根据建设单位对工期的要求编制了施工进度计划。编制计划时，项目部使用的指标见表1。

表1　项目部使用的指标

序号	工　序	工作效率	序号	工　序	工作效率
1	机械挖土、人工清槽	50m/天	4	沟槽回填（200m一组）	4天/组
2	下管、安管	20m/天	5	场地清理	4天
3	砌筑检查井	2座/天			

考虑管材进场的连续性和人力资源的合理安排，在编制进度计划时做了以下部署：

① 挖土5天后开始进行下管、安管工作。

② 下管、安管200m后砌筑检查井。

③ 检查井砌筑后，按四个井段为一组（200m）对沟槽回填。

项目部编制的施工进度计划图如图1所示（只给出部分内容）。

问题：

1. 施工进度计划图中序号2表示什么工作项目？该项目的起止日期和工作时间应为多少？　　　　　　　　　　　　　　　　　　　　　　　　　　　　　　（4分）

2. 计算沟槽回填的工作总天数，以及计划总工期需要多少天？　　　　（4分）

3. 按项目部使用的指标和工作部署，将施工进度计划图补充完整。　　（6分）

【参考答案】

1. 施工进度计划图中序号2表示什么工作项目？该项目的起止日期和工作时间应为多少？

序号	工作项目	工期/天														
		5	10	15	20	25	30	35	40	45	50	55	60	65	70	75	80
1	准备工作															
2																
3	下管、安管															
4	检查井砌筑															
5	沟槽回填															
6	场地清理															

图 1　部分施工进度计划图

（1）序号 2 表示机械挖土、人工清槽。　　　　　　　　　　　　（1 分）

（2）该项目的开始日期为第 5 天下班时刻（即 6 天上班时刻）。　（1 分）

完工时间为第 25 天。　　　　　　　　　　　　　　　　　　　　（1 分）

工作时间为 20 天。　　　　　　　　　　　　　　　　　　　　　（1 分）

2. 计算沟槽回填的工作总天数，以及计划总工期需要多少天？

（1）沟槽回填总天数为 $1000 \div 200 \times 4$ 天 ＝20 天　　　　　　（2 分）

（2）计划总工期为 70 天。　　　　　　　　　　　　　　　　　（2 分）

3. 按项目部使用的指标和工作部署，将施工进度计划图补充完整。

补充完整的施工进度计划图如图 2 所示。

序号	工作项目	工期/天														
		5	10	15	20	25	30	35	40	45	50	55	60	65	70	75	80
1	准备工作															
2	沟槽土方开挖															
3	下管安管															
4	检查井砌筑															
5	沟槽回填															
6	清理场地															

图 2　补充完整的施工进度计划图　　　　　　　　　　　　　　（6 分）

案例八【2007 年一建真题】

某公司承接了某城市道路的改扩建工程。工程中包含一段长 240m 的新增路线（含下水道 200m）和一段长 220m 的路面改造（含下水道 200m），另需拆除一座旧人行天桥，新建一座立交桥。工程位于城市繁华地带，建筑物多，地下管网密集，交通量大。

新增线路部分地下水位为 -4.0m（原地面标高为 ±0.0m），下水道基坑设计底标高为 -5.5m，立交桥上部结构为预应力箱梁，采用预制吊装施工。

项目部组织有关人员编写了施工组织设计（其中进度计划图见图 1）。

施工中，发生了如下导致施工暂停的事件。

事件一：在新增路线管网基坑开挖施工中，原有地下管网资料标注的城市主供水管和光

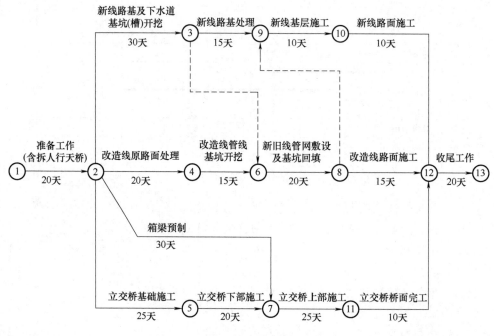

图1　进度计划图

电缆位于-3.0m处，但由于标识的高程和平面位置有偏差，导致供水管和光电缆被挖断，使开挖施工暂停14天。

事件二：在改造路面施工中，由于摊铺机出现故障，导致施工中断7天。

项目部针对施工中发生的情况，积极收集进度资料，并向上级公司提交了月度进度报告，报告中综合描述了进度执行情况。

问题：

1. 计算工程总工期，并指出关键线路（指出节点顺序即可）。　　　　　　　（4分）

2. 分析施工中先后发生的两次事件对工期产生的影响。如果项目部提出工期索赔，应获得几天延期？说明理由。　　　　　　　　　　　　　　　　　　　　　　（9分）

3. 补充项目部向企业提供月度施工进度报告的内容。　　　　　　　　　　（5分）

【参考答案】

1. 计算工程总工期，并指出关键线路（指出节点顺序即可）。

（1）总工期为20天+25天+20天+25天+10天+20天=120天　　　　　　（2分）

（2）关键线路为①→②→⑤→⑦→⑪→⑫→⑬。　　　　　　　　　　　　（2分）

2. 分析施工中先后发生的两次事件对工期产生的影响。如果项目部提出工期索赔，应获得几天延期？说明理由。

（1）对工期的影响。

1）事件一。使工期延长4天。　　　　　　　　　　　　　　　　　　　　（1分）

分析：新增路线管网开挖的总时差为10天，停工14天超出了其总时差4天，所以影响工期4天。　　　　　　　　　　　　　　　　　　　　　　　　　　　　　　　（2分）

2）事件二。使工期延长2天。　　　　　　　　　　　　　　　　　　　　（1分）

分析：在事件一发生后，改造路面施工的总时差为5天，停工7天超出了其总时差2天，所以影响工期2天。　　　　　　　　　　　　　　　　　　　　　　（2分）

（2）应获得4天延期。　　　　　　　　　　　　　　　　　　　　　　（1分）

理由：

1）事件一。地下管网标识偏差是建设单位应承担的责任事件，并且停工14天超出了其总时差，由此增加的费用和延误的工期均由建设单位承担。　　　　　　　　（1分）

2）事件二。摊铺机故障是施工单位应承担的责任事件，由此增加的费用和延误的工期均由施工单位承担。　　　　　　　　　　　　　　　　　　　　　　（1分）

3. 补充项目部向企业提供月度施工进度报告的内容。

（1）工程变更、工程索赔、工程款收支情况。　　　　　　　　　　　　（1分）

（2）实际进度横道图。　　　　　　　　　　　　　　　　　　　　　　（1分）

（3）进度偏差情况及偏差原因分析。　　　　　　　　　　　　　　　　（1分）

（4）解决偏差的措施。　　　　　　　　　　　　　　　　　　　　　　（1分）

（5）进度计划调整的建议和意见。　　　　　　　　　　　　　　　　　（1分）

二、单项选择题及答案

（2017年真题）下图双代号网络图中，下部的数字表示的含义是（　　）。

A. 工作持续时间　　　　　　　　　　　B. 施工顺序

C. 节点排序　　　　　　　　　　　　　D. 工作名称

【答案】　A

三、2022考点预测

1. 流水施工。

2. 双化号算工期、找关键线路、补全工作。

3. 网络优化。

4. 横道图。

考试时长： 240min

本次模拟试题由单项选择题、多项选择题、案例分析题组成，共160分。其中，单项选择题共20题，每题1分；多项选择题共10题，每题2分；案例分析题共5题，前三题每题20分，第四题、第五题每题30分。

附录A 预测模拟试卷（一）

一、单项选择题（共20题，每题1分。每题的备选项中，只有一个最符合题意）

1. 下列沥青路面结构中，主要作用为改善土路基的温度和湿度状况的是（　　　　）。

A. 中间层　　　　B. 基层　　　　C. 底基层　　　　D. 垫层

2. 可用于高等级道路基层的是（　　　　）。

A. 二灰土

B. 级配碎石

C. 水泥稳定土

D. 二灰稳定粒料

3. 普通沥青混合料和改性沥青混合料摊铺速度的说法，正确的是（　　　　）。

A. 均为 2~6m/min

B. 均为 1~3m/min

C. 普通沥青混合料 1~3m/min，改性沥青混合料 2~6m/min

D. 普通沥青混合料 2~6m/min，改性沥青混合料 1~3m/min

4. 热拌沥青混合料为减少施工接缝，每台摊铺机的摊铺宽度宜小于（　　　　）m，前后错开（　　　　）m，呈梯队方式摊铺，两幅之间应有（　　　　）mm搭接，上下层搭接位置错开（　　　　）mm以上。

A. 6、30~60、10~20、200　　　　　　B. 10、6、10~20、150

C. 6、10~20、30~60、150　　　　　　D. 6、10~20、30~60、200

5. 某简支空心板梁桥桥面高21.75m，板厚60cm，桥面铺装厚12cm，设计洪水位标高16.5m，施工水位标高12.25m，低水位标高7.8m，则该桥梁高度为（　　　　）m。

A. 5.25　　　　B. 9.5　　　　C. 13.23　　　　D. 13.95

6. 某批桥梁锚具共80套，外观检查时应至少抽查（　　　　）套。

A. 8　　　　B. 9　　　　C. 10　　　　D. 11

7. 移动模架上浇筑预应力混凝土连续梁分段工作缝，必须设在（　　　　）附近。

A. 最大弯矩　　　　　　　　　　B. 最小弯矩

C. 弯矩零点　　　　　　　　　　　　　　D. 负弯矩

8. 安装钢-混凝土组合梁的钢梁时，工地焊接连接的焊接顺序宜为（　　）对称进行。

A. 纵向从跨中向两端、横向从两侧向中线

B. 纵向从两端向跨中、横向从中线向两侧

C. 纵向从跨中向两端、横向从中线向两侧

D. 纵向从两端向跨中、横向从两侧向中线

9. 盾构始发施工流程"安装始发基座→盾构组装调试→⋯⋯→初始掘进"中缺少工序的正确顺序是（　　）。

A. 安装反力架→安装洞门密封→洞门凿除→拼装负环管片→始发掘进

B. 安装洞门密封→洞门凿除→安装反力架→拼装负环管片→始发掘进

C. 安装反力架→安装洞门密封→洞门凿除→始发掘进→拼装负环管片

D. 安装洞门密封→安装反力架→洞门凿除→始发掘进→拼装负环管片

10. 喷锚暗挖隧道二次衬砌采用的混凝土，应具有（　　）功能。

A. 自密实　　　　　B. 轻质　　　　　C. 早强　　　　　D. 补偿收缩

11. 关于基坑井点降水井点布置说法，正确的是（　　）。

A. 采用环形井点时，在地下水上游方向可不封闭，间距可达 4m

B. 基坑宽度小于 6m 且降水深度不超过 6m，可采用单排井点，布置在地下水下游一侧

C. 基坑宽度小于 6m 或土质不良、渗透系数较小，宜采用双排井点

D. 当基坑面积较大时，宜采用环形井点

12. 目前在我国应用较多的基坑围护结构类型有很多种，以下具有良好止水形式的围护结构为（　　）。

A. 钢板桩　　　　　　　　　　　　　　　B. 钢管桩

C. SMW 工法桩　　　　　　　　　　　　 D. 预制混凝土板桩

13. 用以去除水中粗大颗粒杂质的给水处理方法是（　　）。

A. 过滤　　　　　　　　　　　　　　　　B. 软化

C. 混凝沉淀　　　　　　　　　　　　　　D. 自然沉淀

14. 关于模板及支架拆除说法，错误的是（　　）。

A. 应按模板支架设计方案、程序进行拆除

B. 侧模板应在混凝土强度能保证其表面及棱角不因拆除模板而受损坏时方可拆除

C. 模板及支架拆除时，应划定安全范围，设专人指挥和值守

D. 跨度 1.8m 的整体现浇混凝土梁拆底模时混凝土强度应达到 50%

15. 下列关于装配预应力水池施工的错误说法是（　　）。

A. 提高接缝用混凝土或砂浆的水灰比

B. 壁板接缝的内模宜一次安装到顶

C. 接缝混凝土分层浇筑厚度不宜超过 250mm

D. 接缝用混凝土或砂浆宜采用微膨胀和快速水泥

16. 满水试验前必备条件说法不正确的是（　　）。

A. 装配式预应力混凝土池体施加预应力且锚固端封锚以前

B. 试验用的充水、充气和排水系统已准备就绪

C. 池体抗浮稳定性满足设计要求

D. 试验所需的各种仪器设备应为合格产品

17. 导向孔钻进轨迹的施工设计，在理想状态下的轨迹组合为（　　）。

　　A. 斜直线段→曲线段→水平直线段→曲线段→斜直线段

　　B. 曲线段→斜直线段→水平直线段→曲线段→斜直线段

　　C. 斜直线段→水平直线段→曲线段→斜直线段

　　D. 斜直线段→曲线段→水平直线段→斜直线段

18. 某球墨铸铁管，管径1000mm，回填观测值是965mm，针对此管道的变形应做的处理是（　　）。

　　A. 挖出损伤部分修补　　　　　　　　B. 挖出损伤部分更换

　　C. 不做处理　　　　　　　　　　　　D. 挖出管道并会同设计研究处理

19. 当阀门与管道以法兰或螺纹方式连接时，阀门应在（　　）状态下安装；以焊接方式连接时，阀门应当（　　）。

　　A. 打开，打开　　　　　　　　　　　B. 关闭，打开

　　C. 打开，关闭　　　　　　　　　　　D. 关闭，关闭

20. HDPE膜铺设工程中，不可用于挤压焊缝检测的是（　　）。

　　A. 电火花测试　　　　　　　　　　　B. 气压检测

　　C. 真空检测　　　　　　　　　　　　D. 破坏性测试

二、多项选择题（共10题，每题2分。每题的备选项中，有2个或2个以上符合题意，至少有1个错项。错选，本题不得分；少选，所选的每个选项得0.5分）

21. 过街雨水支管沟槽及检查井周围应用（　　）填实。

　　A. 石灰土　　　　　　　　　　　　　B. 石灰粉煤灰砂砾

　　C. 中粗砂　　　　　　　　　　　　　D. 级配砂砾石

　　E. 级配砂砾

22. 在钻孔灌注桩施工中，地下水位以上的成孔方法包括（　　）。

　　A. 螺旋钻机成孔　　　　　　　　　　B. 回转钻机成孔

　　C. 爆破成孔　　　　　　　　　　　　D. 潜水钻机成孔

　　E. 沉管成孔

23. 计算基础、墩台等厚大建筑物的侧模板强度时，应考虑的荷载是（　　）。

　　A. 模板、支架和拱架自重　　　　　　B. 振捣混凝土时产生的荷载

　　C. 新浇筑混凝土对侧面模板的压力　　D. 倾倒混凝土时产生的水平荷载

　　E. 雪荷载、冬季保温设施荷载

24. 在各种开挖方法中，初期支护拆除量小的方法是（　　）。

　　A. CRD法　　　　　　　　　　　　　B. CD法

　　C. 单侧壁导坑法　　　　　　　　　　D. 中洞法

　　E. 侧洞法

25. 在土压平衡工况模式下，渣土应具有（　　）特性。

　　A. 良好的塑流状态　　　　　　　　　B. 良好的散热性

C. 良好的黏稠度　　　　　　　　　　D. 低内摩擦力

E. 低透水性

26. 给水排水混凝土构筑物设计应考虑的防渗漏措施有（　　　）。

A. 合理增配构造（钢）筋

B. 设置变形缝或结构单元

C. 施工时"先地下后地上、先深后浅"

D. 构造配筋采用小直径、小间距

E. 对拟建水池进行沉降观测

27. 污泥需处理才能防止二次污染，其处置方法常有（　　　）。

A. 浓缩　　　　　　　　　　　　　B. 厌氧消化

C. 脱水　　　　　　　　　　　　　D. 热处理

E. 燃烧处理

28. 方形补偿器的优点包括（　　　）。

A. 制造方便　　　　　　　　　　　B. 轴向推力小

C. 补偿性能大　　　　　　　　　　D. 占地面积小

E. 维修方便，运行可靠

29. 综合管廊的主要施工方法有（　　　）。

A. 现浇法　　　　　　　　　　　　B. 明挖法

C. 盖挖法　　　　　　　　　　　　D. 盾构法

E. 锚喷暗挖法

30. 下列情况下，未采取有效防护措施严禁进行管道焊接作业的是（　　　）。

A. 焊条电弧焊时风速大于 8m/s　　　B. 气体保护焊时风速大于 2m/s

C. 相对湿度高于 90%　　　　　　　D. 雨、雪环境

E. 高温环境

三、案例分析题（共五题，案例一、二、三每题 20 分，案例四、五每题 30 分）

案 例 一

某城市道路改扩建工程，现有道路为单幅水泥混凝土道路，宽 15m，交通拥堵，拟将其扩建成宽 30m 且路中设 5m 绿化隔离带的沥青混凝土道路，并且在绿化隔离带下新建雨水管道，如图 1 所示。

新建路面结构：300mm 厚的水泥稳定土底基层，350mm 厚的二灰碎石基层，80mm 厚的 AC-25 沥青混凝土底面层，40mm 厚的改性沥青 SMA-13 表面层。为利用现有资源，经对现况水泥路面检测后，决定除绿化带部位的路面外，其余路面可经铣刨清理后，直接铺装改性沥青表面层。为了使水泥混凝土面层与沥青面层结合较好和防止路面出现反射裂缝，施工项目部在铣刨后的混凝土路面上采用土工织物设置应力消减层的施工保证措施。

项目部施工组织设计对施工部署分为以下几个阶段：

① 两侧加宽段路基、基层施工。

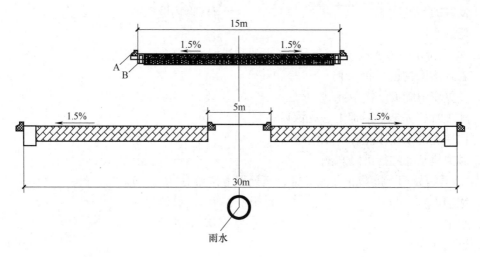

图1 改扩建道路工程

② 分幅摊铺表面层沥青混凝土。

③ 水泥混凝土面层切割破除（绿化隔离带位置）。

④ 雨水管线施工。

⑤ 分幅路缘石砌筑。

⑥ 分幅摊铺底面层沥青混凝土。

⑦ 现况水泥混凝土路面分幅铣刨清理。

施工项目部按照施工方案搭设围挡，设置交通指示和警示信号标志。鉴于施工工期紧迫，项目部拟加快底基层施工进度，采取如下措施：采用初凝时间3h以下的P·O32.5级硅酸盐水泥和现场原状松散土，按照设计配比现场拌和水泥稳定土；水泥稳定土一次碾压成型，保湿养护3天后即进行下道工序。

问题：

1. 项目部对本工程最合理的施工顺序是什么？说明理由。

2. 简述项目部采取的土工织物应力消减层施工注意事项。

3. 施工围挡搭建需注意哪些相关事项，需设置哪些标志？

4. 指出项目部拟采取措施的不当之处，并给出正确做法。

5. 指出A、B的名称，简述A和B施工当中需要注意的问题。

案 例 二

甲公司中标跨河桥梁工程，工程规划桥梁建成后河道保持通航，要求桥下净空高度不低于10m。桥梁下部结构采用桩接柱的形式，图1为桥梁下部结构横断面示意图。

工程施工方案有如下要求：

（1）因桥梁的特殊情况，方案决定桥梁下部结构采取筑岛围堰形式，即桩基施工时采用河道筑岛，待桩基础完成后再开挖进行下部结构后续施工。

（2）桥梁桩基采用钻孔灌注桩，施工前项目部对钻孔灌注桩制定了如下工艺流程：场地平整→桩位放线→开挖浆池、浆沟→护筒埋设→钻机就位、孔位校正→成孔→……→

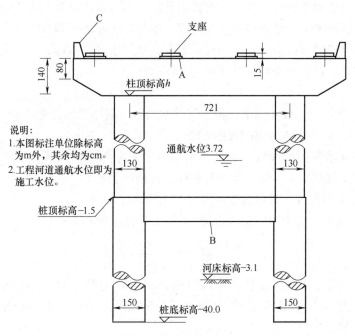

图 1 桥梁下部结构横断面示意图

成桩。

（3）根据本工程实际情况，项目部施工方案中对盖梁拟采用双抱箍桁架的工艺施工，上部结构 T 形梁自重 35t，项目部采用穿巷架桥机方式进行桥梁的架设工作。

问题：

1. 将背景资料中钻孔灌注桩省略部分施工工艺流程补充完整。

2. 图中 A、B、C 的名称是什么？简述其作用。

3. 简要叙述 B 的常规施工流程。

4.（如果不考虑预拱度与道路坡度）本工程柱顶标高 h 最小应为多少米，为什么？

5. 依据住房和城乡建设部令第 37 号和建办质〔2018〕31 号文件，本工程有哪些分部分项工程需要组织专家论证，并说明理由。

案 例 三

某公司项目部承接一项直径为 4.8m 的隧道工程，隧道起始里程为 DK10＋100m，终点里程为 DK10＋868m，环宽为 1.2m，采用土压平衡盾构施工。投标时勘察报告显示，盾构隧道穿越地层除终点 200m 范围为粉砂土以外，其余位置均为淤泥质黏土。项目部根据管片强度、隧道埋深等因素确定了注浆压力，施工过程中发生了以下事件：

事件一： 盾构始发时，发现洞门处地质情况与勘察报告不符，需改变加固形式。加固施工造成工期延误 10 天，增加费用 30 万元。

事件二： 盾构施工至隧道中间位置时，从一房屋侧下方穿过，由于项目部设定的盾构土仓压力过低，造成房屋最大沉降达到 50mm，项目部采用二次注浆进行控制。穿越后很长时间内房屋沉降继续发展，最终房屋出现裂缝，维修费用为 40 万元。

事件三：随着盾构逐渐进入全断面粉砂土地层，出现掘进速度明显下降的现象，并且刀盘扭矩和总推力逐渐增大，最终停止盾构推进。经分析为粉砂流塑性过差引起，项目部对粉砂采取改良措施后继续推进，造成工期延误5天，费用增加25万元。

区间隧道贯通后计算出平均推进速度为8环/天。

问题：

1. 事件一、事件二、事件三中，项目部可索赔的工期和费用各是多少？说明理由。

2. 事件一中，洞口土体加固的常用方法有哪些？

3. 除管片强度和隧道埋深外，确定注浆压力还应考虑哪些因素？事件二中，为何盾构穿越很长时间房屋依然发生沉降，应如何避免这种情况发生？

4. 事件三中采用何种材料可以改良粉砂的流塑性？

5. 整个隧道掘进的完成时间是多少天？（写出计算过程）

案 例 四

A单位承建一项污水泵站工程，主体结构采用沉井，埋深15m，现场地层主要为粉砂土，地下水埋深为4m，采用排水下沉。沉井下沉的安全专项施工方案经过专家论证。泵站的水泵、起重机等设备安装项目分包给B公司。

在沉井制作过程中，项目部考虑沉井埋深且有地下水，故采取了图1所示的模板固定方式。沉井制作采用带内隔墙的沉井，如图2所示。

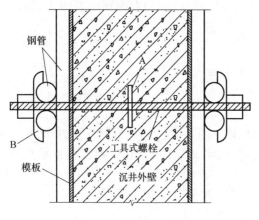

图1　模板固定方式

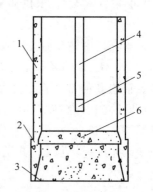

图2　内隔墙沉井

1—井筒　2—？　3—垫层　4—隔墙　5—？　6—底板

随着沉井入土深度增加，井壁侧面阻力不断增加，沉井难以下沉。项目部采用触变泥浆减阻措施，使沉井下沉。沉井下沉到位后，施工单位将底板下部超挖部分回填土方砂石，夯实后浇筑底板混凝土垫层、绑扎底板钢筋、浇筑底板混凝土。

B单位进场施工后，由于没有安全员，A单位要求B单位安排专人进行安全管理，但B单位一直未予安排，在吊装水泵时发生安全事故，造成一人重伤。

问题：

1. A单位沉井下沉的安全专项施工方案应包括哪些内容？

2. 补充图 1 中 A、B 的名称，简述其功用。

3. 补充图 2 标注 2、5 缺少的名称，简述其功用。

4. 项目部在干封底中有缺失的工艺，把缺失的工艺补充完整。

5. 除项目部采取的触变泥浆减阻措施外，本工程还可以采取哪些助沉的措施？

6. 一人重伤属于什么等级安全事故？A 单位与 B 单位分别承担什么责任？为什么？

案　例　五

A 公司中标某热力管线工程，材料为碳素钢，管道安装时环境温度为 20℃，运行时介质温度为 120℃。管线全长 1.1km，其中中间有 500m 直线段采取管沟敷设，两端管线采用直埋保温管，中间设五座检查室，图 1 和图 2 是检查井室当中根据要求安装的阀门。直埋管线保温采取现场保温的形式，A 公司对进场的保温材料检查了出厂合格证和有资质的检测机构出具的检测报告即投入使用。

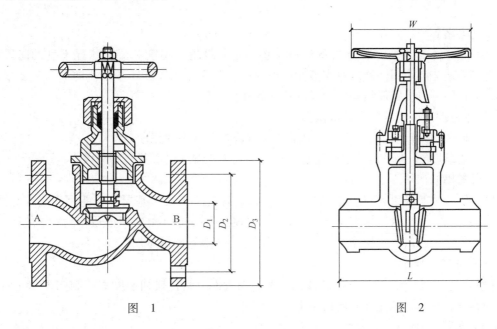

图　1　　　　　　　　　　　　　　图　2

管沟部位敷设的管道采用波纹管补偿器，补偿器核定补偿距离为 220mm，管道热伸长量及热膨胀应力计算式见表 1。

表 1　管道热伸长量及热膨胀应力计算式

名　称	计　算　式	说　明
热伸长量计算	$\Delta L = \alpha L \Delta t$	ΔL—热伸长量（m） α—管材线膨胀系数，碳素钢 $\alpha = 12 \times 10^{-6}℃^{-1}$ L—管段长度（m） Δt—管道在运行时的温度与安装时的环境温度差（℃）
热膨胀应力计算	$\sigma = E\alpha\Delta t$	σ—热应力（MPa） E—管材弹性模量（MPa），碳素钢 $E = 20.14 \times 10^4$（MPa），其余同上

问题：

1. 图 1 阀门属于哪一种阀门？简述这种阀门的特点。

2. 指出图 1 阀门的 A、B 哪一个代表进水方向，D_1、D_2、D_3 哪一个尺寸是阀门的公称直径？

3. 图 2 阀门与管道采取哪一种连接形式？简述这种连接时的注意事项。

4. 依据《城镇供热管网工程施工及验收规范》CJJ 28—2014 的要求，A 公司对于保温材料还应核查哪些内容？

5. 本工程管沟部位需要设置几个补偿器？

6. 简述波纹管补偿器的优缺点。

【参 考 答 案】

一、单项选择题

1. 【答案】　D

【解析】　本题主要考核垫层的作用。垫层主要设置在温度和湿度状况不良的路段上，以改善路面结构的使用性能。在季节性冰冻地区、路面结构厚度小于最小防冻厚度要求时，设置防冻垫层可以使路面结构免除或减轻冻胀和翻浆病害。

1）季节性冰冻地区的中湿或潮湿路段。

2）地下水位高、排水不良，路基处于潮湿或过湿状态的路段。

3）水文地质条件不良的土质路堑，路床土处于潮湿或过湿状态的路段。

2. 【答案】　D

【解析】　本题主要考核基层材料选用。级配碎石属于柔性基层，只能用作高等级路面的底基层；二灰土、水泥稳定土具有明显的温缩性，稳定性不好，只能用作高等级路面的底基层；二灰稳定粒料、水泥稳定粒料可直接用于高等级道路的基层。

3. 【答案】　D

【解析】　本题主要考核面层的摊铺。普通沥青混合料，摊铺速度宜控制在 2～6m/min；改性沥青混合料，摊铺速度宜放慢至 1～3m/min。

4. 【答案】　D

【解析】　本题主要考核沥青混合料的摊铺。城市快速路、主干路宜采用两台以上摊铺机联合摊铺，其表面层宜采用多机全幅摊铺，以减少施工接缝。每台摊铺机的摊铺宽度宜小于 6m。通常采用两台或多台摊铺机前后错开 10～20m，呈梯队方式同步摊铺，两幅之间应有 30～60mm 宽度的搭接，并应避开车道轮迹带，上下层搭接位置宜错开 200mm 以上。

5. 【答案】　D

【解析】　本题是以高程计算的形式考核桥梁的相关术语。桥梁高度指桥面与低水位之间的高差，或者桥面与桥下线路路面之间的距离，简称桥高。本题的桥高为 21.75m－7.8m＝13.95m。

6. 【答案】　C

【解析】　本题主要考核锚具、夹具和连接器的验收规定。

1）锚具、夹具及连接器进场验收时，应按出厂合格证和质量证明书核查其锚固性能类别、型号、规格、数量，确认无误后进行外观检查、硬度检验和静载锚固性能试验。

2）验收应分批进行，批次划分时，同一种材料和同一生产工艺条件下生产的产品可列为同一批次。锚具、夹具应以不超过 1000 套为一个验收批。连接器的每个验收批不宜超过 500 套。

3）外观检查，从每批锚具（夹具或连接器）中抽取 10% 且不少于 10 套，进行外观质量和外形尺寸检查。所抽全部样品表面均不得有裂纹，尺寸偏差不能超过产品标准及设计图纸规定的尺寸允许偏差。当有一套不合格时，另取双倍数量的锚具重做检查，如仍有一套不符合要求时，则逐套检查，合格者方可使用。

7.【答案】　C

【解析】　本题主要考核移动模架上浇筑预应力混凝土连续梁技术。要求如下：

1）模架长度必须满足施工要求。

2）模架应利用专用设备组装，在施工时能确保质量和安全。

3）浇筑分段工作缝必须设在弯矩零点附近。

4）箱梁内、外模板在滑动就位时，模板平面尺寸、高程、预拱度的误差必须控制在容许范围内。

5）混凝土内预应力筋管道、钢筋、预埋件设置应符合规范规定和设计要求。

8.【答案】　C

【解析】　本题主要考核钢梁安装技术要点。钢梁杆件工地焊缝连接，应按设计的顺序进行。无设计顺序时，焊接顺序宜为纵向从跨中向两端、横向从中线向两侧对称进行，且须符合现行行业标准《城市桥梁工程施工与质量验收规范》CJJ 2—2008 第 14.2.5 条规定。

9.【答案】　A

【解析】　本题主要考核盾构始发流程。主要流程为：安装始发基座→盾构组装调试→安装反力架→安装洞门密封→洞门凿除→拼装负环管片→始发掘进→初始掘进，也可参考教材上的盾构始发流程图作答。

盾构始发和接收流程，既可以出选择题，也能在案例的补充工序题目中出现，应重点掌握。

10.【答案】　D

【解析】　本题主要考核复合式衬砌防水层施工。二次衬砌混凝土施工：

1）二次衬砌采用补偿收缩混凝土，具有良好的抗裂性能，主体结构防水混凝土在工程结构中不但承担防水作用，还要和钢筋一起承担结构受力作用。

2）二次衬砌混凝土浇筑应采用组合钢模板和模板台车两种模板体系。对模板及支撑结构进行验算，以保证其具有足够的强度、刚度和稳定性，防止发生变形和下沉。模板接缝要拼贴平密，避免漏浆。

3）混凝土浇筑采用泵送模筑，两侧边墙采用插入式振动器振捣，底部采用附着式振动器振捣。混凝土浇筑应连续进行，两侧对称，水平浇筑，不得出现水平和倾斜接缝；如混凝土浇筑因故中断，则必须采取措施对两次浇筑混凝土界面进行处理，以满足防水要求。

11.【答案】　D

【解析】　本题主要考核井点降水。轻型井点布置应根据基坑平面形状与大小、地质和水文情况、工程性质、降水深度等而定。当基坑（槽）宽度小于 6m 且降水深度不超过 6m

时，可采用单排井点，布置在地下水上游一侧；当基坑（槽）宽度大于6m或土质不良，渗透系数较大时，宜采用双排井点，布置在基坑（槽）的两侧；当基坑面积较大时，宜采用环形井点。挖土运输设备出入道可不封闭，间距可达4m，一般留在地下水下游方向。

12.【答案】 C

【解析】 本题主要考核深基坑围护结构类型。

钢板桩：新的时候止水性尚好，如有漏水现象，需增加防水措施。

钢管桩：需有防水措施相配合。

预制混凝土桩：需降水或与止水措施配合使用，如搅拌桩、旋喷桩等。

SMW工法桩：强度大，止水性好。

13.【答案】 D

【解析】 本题主要考核常用的给水处理方法，见下表。

常用的给水处理方法

方　　法	作　　用
自然沉淀	去除水中的粗大颗粒杂质
混凝沉淀	使用混凝药剂沉淀或澄清去除水中胶体和悬浮杂质等
过滤	使水通过细孔性滤料层，截流去除经沉淀或澄清后剩余的细微杂质，或者不经过沉淀，原水直接加药、混凝、过滤去除水中胶体和悬浮杂质
消毒	去除水中病毒和细菌，保证饮水卫生和生产用水安全
软化	降低水中钙、镁离子含量，使硬水软化
去除铁锰	去除地下水中所含过量的铁和锰，使水质符合饮用水要求

14.【答案】 D

【解析】 本题主要考核模板及支架拆除。

（1）应按模板支架设计方案、程序进行拆除。

（2）采用整体模板时，侧模板应在混凝土强度能保证其表面及棱角不因拆除模板而受损坏时，方可拆除；其他模板应在与结构同条件养护的混凝土试块达到下表中规定强度时方可拆除。

（3）同条件养护试件的养护条件应与实体结构部位养护条件相同，并应妥善保管。

（4）施工现场应具备混凝土标准试件制作条件，并应设置标准试件养护室或养护箱。

混凝土试块规定强度

序号	构件类型	构件跨度 L/m	达到设计混凝土立方体抗压强度标准值的百分率（％）
1	板	≤2	≥50
		$2 < L ≤ 8$	≥75
		>8	≥100
2	梁、拱、壳	≤8	≥75
		>8	≥100
3	悬臂构件	—	≥100

15. 【答案】　A

【解析】　本题主要考核装配式预应力混凝土水池的现浇壁板缝混凝土施工。

（1）壁板接缝的内模宜一次安装到顶；外模应分段随浇随支。分段支模高度不宜超过1.5m。

（2）浇筑前，接缝的壁板表面应洒水保持湿润，模内应洁净；接缝的混凝土强度应符合设计规定，设计无要求时，应比壁板混凝土强度提高一级。

（3）浇筑时间应根据气温和混凝土温度选在壁板间缝宽较大时进行；混凝土如有离析现象，应进行二次拌和；混凝土分层浇筑厚度不宜超过250mm，并应采用机械振捣，配合人工捣固。

（4）用于接头或拼缝的混凝土或砂浆，宜采取微膨胀和快速水泥，在浇筑过程中应振捣密实并采取必要的养护措施。

16. 【答案】　A

【解析】　本题主要考核满水试验准备条件。满水试验的目的是测定水池的渗水量，不超过规定范围为合格。装配式预应力混凝土池体是由很多壁板组合在一起的，未施加预应力之前池体整体性较差，直接进行满水试验水压可能会使混凝土接缝裂开，所以必须施加预应力且锚固端封锚。

17. 【答案】　A

【解析】　本题主要考核水平定向钻轨迹的施工设计（见下图）。钻孔轨迹可分平面轨迹和剖面轨迹。在理想状态下的轨迹为"斜直线段→曲线段→水平直线段→曲线段→斜直线段"组合。根据具体要求，确定出（入）土角和出（入）土点，确定管道埋深和各孔段的轨迹组成。

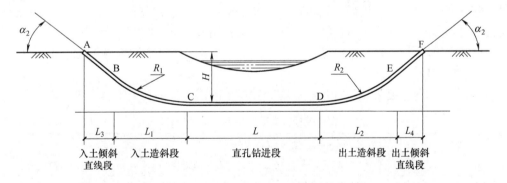

图1　水平定向钻（K415032）轨迹施工设计

α_1—入土角（°）　H—管线中心线深（m）　R_1—入土段的曲率半径（m）　L—直孔钻进段水平长度（m）　L_1—入土造斜段的水平长度（m）　α_2—出土角（°）　R_2—出土时的曲率半径（m）　L_2—管线出土造斜段的水平长度（m）　L_3—入土倾斜直线段水平长度（m）　L_4—出土倾斜直线段水平长度（m）

18. 【答案】　D

【解析】　本题主要考核柔性管道回填施工质量的检查与验收。钢管或球墨铸铁管道变形率超过2%但不超过3%时，化学建材管道变形率超过3%但不超过5%时：

① 挖出回填材料至露出管径85%处，管道周围应人工挖掘以避免损伤管壁。

② 挖出管节局部有损伤时，应进行修复或更换。

③ 重新夯实管道底部的回填材料。钢管或球墨铸铁管道的变形率超过3%时，化学建材管道变形率超过5%时，应挖出管道，并会同设计研究处理。

本题：（1000－965）/1000＝35/1000＝3.5%（＞3%），应挖出管道，并会同设计研究处理。

19.【答案】　B

【解析】　本题主要考核阀门安装要求。当阀门与管道以法兰或螺纹方式连接时，阀门应在关闭状态下安装，是为了防止异物进入阀门密封座。而当阀门与管道以焊接方式连接时，焊接时阀门不得关闭，以防止受热变形和因焊接而造成密封面损伤。

20.【答案】　B

【解析】　本题主要考核HDPE膜焊缝检测技术。挤压焊接属于单缝挤压焊接，焊缝检测可分为破坏性检测和非破坏性检测；非破坏性检测又可采用真空检测和电火花检测。其中，真空检测是传统的老方法，电火花检测等效于真空检测，适用于地形复杂的地段。而气压检测属于双轨焊接的非破坏性检测。

二、多项选择题

21.【答案】　AB

【解析】　本题主要考核挖方路基施工技术要点。过街雨水支管沟槽及检查井周围应用石灰土或石灰粉煤灰砂砾填实。而石方路基范围内的管线、构筑物四周的沟槽宜回填土料，要注意区分。

22.【答案】　AC

【解析】　本题主要考核钻孔灌注桩的成孔方式。适合地下水位以下的有沉管成孔桩、泥浆护壁成孔（包括正、反循环回转钻机、冲击钻、旋挖钻、潜水钻）；适合地下水位以上的有爆破成孔、干作业成孔（包括冲抓钻、长螺旋钻机、钻孔扩底、人工挖孔）。需要注意的是，冲抓钻用于深孔时，需用泥浆护壁，成为湿作业；全套管钻机为干孔作业。

23.【答案】　CD

【解析】　本题主要考核设计模板、支架和拱架时需考虑的荷载组合，见下表。

设计模板、支架和拱架的荷载组合　　　　表1K412012

模板构件名称	荷载组合	
	计算强度用	验算刚度用
梁、板和拱的底模及支承板、拱架、支架等	①＋②＋③＋④＋⑦＋⑧	①＋②＋⑦＋⑧
缘石、人行道、栏杆、柱、梁板、拱等的侧模板	④＋⑤	⑤
基础、墩台等厚大结构物的侧模板	⑤＋⑥	⑤

① 模板、拱架和支架自重。

② 新浇筑混凝土、钢筋混凝土或瓦工、砌体的自重力。

③ 施工人员及施工材料机具等行走运输或堆放的荷载。

④ 振捣混凝土时的荷载。

⑤ 新浇筑混凝土对侧面模板的压力。

⑥ 倾倒混凝土时产生的水平向冲击荷载。

⑦ 设于水中的支架所承受的水流压力、波浪力、流冰压力、船只及其他漂浮物的撞击力。

⑧ 其他可能产生内荷载，如风雪荷载、冬期施工保温设施荷载等。

24.【答案】　BC

【解析】　本题主要考核喷锚暗挖法的掘进（开挖）方式及选择条件，要注意归纳总结。

防水差：四洞＋眼镜；造价高：四洞＋眼镜＋2CD；拆除量小：单侧壁导坑法＋CD；拆除量大、工期长：四洞＋眼镜＋CRD；沉降大：三洞＋两坑＋CD。

25.【答案】　ACDE

【解析】　本题主要考核土压平衡盾构的渣土改良。

在土压平衡工况模式下，渣士应具有以下特性：

1）良好的塑流状态。

2）良好的黏稠度。

3）低内摩擦力。

4）低透水性。

26.【答案】　ABD

【解析】　本题主要考核给水排水混凝土构筑物的防渗漏措施。设计考虑的因素有：

1）合理增配构造（钢）筋，提高结构抗裂性能。构造配筋应尽可能采用小直径、小间距。全断面的配筋率不小于0.3%。

2）避免结构应力集中。避免结构断面突变产生的应力集中。当不能避免断面突变时，应做局部处理，设计成逐渐变化的过渡形式。

3）按照设计规范要求，设置变形缝或结构单元。如果变形缝超出规范规定的长度时，应采取有效的防开裂措施。

C选项属于施工措施，E选项属于测量内容。

27.【答案】　ABCD

【解析】　本题主要考核污水处理方法与工艺。污泥需处理才能防止二次污染，其处置方法常有浓缩、厌氧消化、脱水及热处理等。

28.【答案】　ABCE

【解析】　本题主要考核供热管网附件补偿器的优缺点。方形补偿器由管子弯制或由弯头组焊而成，利用刚性较小的回折管挠性变形来消除热应力及补偿两端直管部分的热伸长量。其优点是制造方便，补偿量大，轴向推力小，维修方便，运行可靠；缺点是占地面积较大。

29.【答案】　BCDE

【解析】　本题主要考核综合管廊施工方法的选择。综合管廊主要施工方法有明挖法、盖挖法、盾构法和锚喷暗挖法等。新城区一般采用明挖法施工；城市老（旧）城区综合管廊建设宜结合地下空间开发、旧城改造、道路改造、地下主要管线改造等项目同步进行，宜采用明挖法和盖挖法施工；当场地条件或周边环境条件受限时可采用盾构法、锚喷暗挖法等方法施工。

30.【答案】　ABCD

【解析】　本题主要考核管道焊接质量控制中的焊接过程质量控制。焊接环境：焊接时，应根据实际环境采取相应的防护措施，保证焊接过程不受或少受外界环境的影响。当存在下列任一情况且未采取有效的防护措施时，严禁进行焊接作业：①焊条电弧焊时风速大于8m/s（相当于5级风）；②气体保护焊时风速大于2m/s（相当于2级风）；③相对湿度大于90%；④雨、雪环境。

三、案例分析题

案 例 一

1. 项目部对本工程最合理的施工顺序是什么？说明理由。 （4分）

（1）最合理的施工顺序为①→③→④→⑤→⑥→⑦→②。 （1分）

（2）理由：因本工程为城市道路改扩建工程，在施工期间需组织交通导行，先施工①，新建道路，为保证在既有道路内施工雨水管线创造社会车辆通行条件；新建路施工完基层后可导行交通，破除混凝土路面并施工雨水管线；安装路缘石以后才可施工面层；现况路铣刨后可以直接铺表面层，所以现况路铣刨一定要在新建路铺筑底面层之后施工；最后施工表面层。 （3分）

2. 简述项目部采取的土工织物应力消减层施工注意事项。 （4分）

土工织物应能耐170℃以上高温；在水泥混凝土道路清洁后对土工合成材料张拉、搭接和固定，洒布黏层油后铺筑沥青。 （4分）

3. 施工围挡搭建需注意哪些相关事项，需设置哪些标起志？ （4分）

（1）施工围挡搭建需注意以下事项：

1）施工围挡应沿工地四周连续设置，不得留有缺口。 （0.5分）

2）围挡材料应坚固、稳定、整洁、美观，宜选用砌体、金属板材等硬质材料。 （0.5分）

3）施工现场的围挡一般应不低于1.8m，在市区内应不低于2.5m。 （0.5分）

4）在围挡内侧禁止堆放物料。 （0.5分）

（2）围挡上需设置以下标志：施工单位名称、安全警示标志；临近马路需要沿线安装低压警示灯。 （2分）

4. 指出项目部拟采取措施的不当之处，并给出正确做法。 （4分）

不当之处一：采用初凝时间3h以下的P·O32.5级硅酸盐水泥。 （1分）

正确做法：应采用初凝时间大于3h，终凝时间不小于6h的42.5级及以上普通硅酸盐水泥，32.5级及以上矿渣硅酸盐水泥、火山灰质硅酸盐水泥。 （1分）

不当之处二：水泥稳定土一次碾压成型不妥，保湿养护3天后即进行下道工序。 （1分）

正确做法：水泥稳定土底基层厚度为300mm，应分层摊铺、分层碾压，每层最大压实厚度为200mm，且不宜小于100mm。分层摊铺时，应在下层养护7天后方可摊铺上层材料。常温下成活后应保湿养护不少于7天。 （1分）

5. 指出A、B的名称，简述A和B施工当中需要注意的问题。 （4分）

（1）A是路缘石，B是雨水口。 （1分）

（2）路缘石安装注意事项：路缘石基础与基层施工同时填挖碾压，在基层透层油施工

时覆盖，防止污染。安装保持直顺平整，安装后勾缝、浇筑后背混凝土。　　　(1.5 分)

（3）雨水口施工注意事项：基层施工后进行雨水口开挖砌筑，砌块或砖应保持湿润，砂浆随拌随用，砂浆和砖的强度应满足设计要求，砌筑完成后需要进行勾缝。　　　(1.5 分)

案　例　二

1. 将背景资料中钻孔灌注桩省略部分施工工艺流程补充完整。　　　　　　　(4 分)

清孔换浆→终孔验收→下钢筋笼→下导管→二次清孔→浇筑水下混凝土→拔出护筒。

(4 分)

2. 图中 A、B、C 的名称是什么？简述其作用。　　　　　　　　　　　　　　(6 分)

（1）A 的名称是垫石。　　　　　　　　　　　　　　　　　　　　　　　　(1 分)

作用：保证上部结构与盖梁有一定净空，便于后期更换支座，以及便于调整桥梁的坡度（如在缓和曲线上面），使结合紧密平整，平稳均衡传递上部荷载。　　　　　(1 分)

（2）B 的名称是系梁。　　　　　　　　　　　　　　　　　　　　　　　　(1 分)

作用：主要是为了把两个桩或墩连成整体受力，增加横向稳定性。　　　　　(1 分)

（3）C 的名称是防振挡块。　　　　　　　　　　　　　　　　　　　　　　(1 分)

作用：防止主梁在横桥向发生落梁现象。　　　　　　　　　　　　　　　　(1 分)

3. 简要叙述 B 的常规施工流程。　　　　　　　　　　　　　　　　　　　　(2 分)

系梁底模（或垫层）→绑扎桩接柱钢筋→系梁钢筋→支模板→浇筑混凝土→养护→拆模。　　　　　　　　　　　　　　　　　　　　　　　　　　　　　　　(2 分)

4. （如果不考虑预拱度与道路坡度）本工程柱顶标高 h 最小应为多少米，为什么？

(4 分)

（1）桥跨最下缘要求设计高程为 3.72m + 10m = 13.72m

墩柱顶设计柱高为 13.72m − 1.4m − 0.15m = 12.17m　　　　　　　　　(2 分)

（2）理由：依据桥下净空高度的定义，即设计洪水位、计算通航水位或桥下线路路面至桥跨结构最下缘之间的距离。本工程为梁式桥，支座顶部即为桥跨的最下缘。　(2 分)

5. 根据住房与城乡建设部令第 37 号和建办质〔2018〕31 号文件，本工程有哪些分部分项工程需要组织专家论证，并说明理由。　　　　　　　　　　　　　　　　　(4 分)

需要组织专家论证的工程：

（1）分部分项工程有系梁基坑土方开挖、支护、降水工程。　　　　　　　　(1 分)

理由：从本题图 1 中可知，通航水位标高 3.72m，桩顶标高 −1.5m，系梁基坑从筑岛顶部开挖，土方开挖和降水深度都超过了 5m，需要组织专家论证。　　　　　　　(1 分)

（2）穿巷架桥机安装工程。　　　　　　　　　　　　　　　　　　　　　　(1 分)

理由：本工程上部结构 T 形梁自重 35t，超过了 300kN，采用架桥机架设，则穿巷架桥机自身的安装必须组织专家论证。　　　　　　　　　　　　　　　　　　　(1 分)

案　例　三

1. 事件一、事件二、事件三中，项目可索赔的工期和费用各是多少？说明理由。(4 分)

（1）事件一：项目部可索赔工期延误 10 天，费用 30 万元。

理由：洞门处地质情况与勘察报告不符，造成工期的延误和费用的增加。依据相关标准

规范要求，这属于建设单位应该承担的责任。 (1分)

（2）事件二：房屋维修费40万元不可以索赔。

理由：因项目部自己设定的盾构土仓压力过低，造成房屋沉降、裂缝而产生的维修费用，依据相关标准规范，这属于项目部自己应承担的责任，因此不可以索赔。 (1分)

（3）事件三：工期延误5天，费用增加25万元，不能索赔。 (2分)

理由：在勘察报告中已经说明盾构穿越地层有粉砂土，施工单位在进入粉砂地层前未能采取有效的改良措施，造成工期延误和费用增加应由其自己承担责任，因此不可以索赔。

2. 事件一中，洞口土体加固的常用方法有哪些？ (4分)

常用的方法有化学注浆法、砂浆回填法、深层搅拌法、高压旋喷注浆法、冷冻法等。
(4分)

3. 除管片强度和隧道埋深外，确定注浆压力还应考虑哪些因素？事件二中，为何盾构穿越很长时间房屋依然发生沉降，应如何避免这种情况发生？ (4分)

（1）确定注浆压力时还应考虑地质条件、设备性能、注浆方式和浆液特性等因素。
(2分)

（2）本隧道工程在中间位置的地层为淤泥质黏土，此土质的特点导致盾构通过较长时间后依然会发生后续沉降，地表沉降进而造成房屋会继续沉降。避免这种情况发生的办法是在盾构掘进、纠偏、注浆过程中尽可能减小对地层的扰动和提前对地层进行注浆的措施。
(2分)

4. 事件三中采用何种材料可以改良粉砂的流塑性？ (4分)

可采用泡沫或膨润土泥浆。 (4分)

5. 整个隧道掘进的完成时间是多少天？（写出计算过程） (4分)

1）隧道长度：（DK10+868）m−（DK10+100）m＝768m。 (1分)

2）平均每天掘进长度：8环×1.2m/环＝9.6m。 (1分)

3）正常掘进完成时间：768÷9.6天＝80天。 (2分)

案 例 四

1. A单位沉井下沉的安全专项施工方案应包括哪些内容？ (5分)

①工程概况；②编制依据；③施工计划；④施工工艺技术；⑤施工安全保证措施；⑥施工管理及作业人员配备和分工；⑦验收要求；⑧应急处置措施；⑨计算书及相关施工图。 (5分)

2. 补充图1中A、B的名称，简述其功用。 (5分)

（1）图1中A为止水环。功用是改变水的渗透路径、延长渗水路径、增加渗水阻力。
(2分)

（2）图1中B为山型卡。功用是安装在对拉螺栓两侧，在浇筑混凝土前紧固模板外钢管，保证混凝土成型。 (3分)

3. 补充图2标注2、5缺少的名称，简述其功用。 (5分)

（1）2为刃脚。功用是减少井筒下沉时井壁下端切土阻力，便于操作人员挖掘靠近沉井刃脚外壁的土体。 (2分)

（2）5为梁。功用是承重隔墙，增加井筒刚度，防止井筒在施工过程中突然下沉。 (3分)

4. 项目部在干封底中有缺失的工艺，把缺失的工艺补充完整。 （5分）

1）设置泄水井，保持地下水位距坑底 500mm 以下。 （1分）

2）用大石块将刃脚垫实。 （1分）

3）将触变泥浆置换。 （1分）

4）新、老混凝土接触部位凿毛处理。 （1分）

5）底板混凝土达到设计强度且满足抗浮要求时，封闭泄水井。 （1分）

5. 除项目部采取的触变泥浆减阻措施外，本工程还可以采取哪些助沉的措施？ （5分）

本工程还可以采取的助沉措施：沉井外壁采用阶梯形式灌黄沙减阻助沉；沉井顶部压配重或接高井筒助沉等措施。 （5分）

6. 一人重伤属于什么等级安全事故？A 单位与 B 单位分别承担什么责任？为什么？ （5分）

（1）一人重伤属于一般事故。 （1分）

（2）A 单位承担连带责任，B 单位承担主要责任。 （2分）

理由：总承包方不应将工程分包给不具备安全生产条件的分包方，发现分包方违反安全规定应令其停工整顿；分包方应服从总承包方的管理，并对本施工现场的安全工作负责。 （2分）

案 例 五

1. 图 1 阀门属于哪一种阀门？简述这种阀门的特点。 （5分）

（1）图 1 阀门属于截止阀。 （2分）

（2）这种阀门的特点：制造简单，价格较低，调节性能好；安装长度长，流阻较大；密封性较闸阀差，密封面易磨损，但维修容易；安装时应注意方向性，即低进高出，不得装反。 （3分）

2. 指出图 1 阀门的 A、B 哪一个代表进入方向，D_1、D_2、D_3 哪一个尺寸是阀门的公称直径？ （5分）

（1）图 1 阀门 A 代表进水方向，B 代表出水方向。 （2分）

（2）D_1 代表阀门的公称直径（D_2 代表阀门的螺栓孔间距，D_3 代表阀门法兰外径）。 （3分）

3. 图 2 阀门与管道采取哪一种连接方式？简述这种连接时的注意事项。 （5分）

（1）图 2 阀门与管道采取的是焊接连接方式。 （2分）

（2）焊接时需要注意：宜采用氩弧焊打底。另外，焊接时阀门不得关闭；焊机地线应搭在同侧焊口的钢管上，严禁搭在阀体上；对于承插式阀门，还应在承插端留有 1.5mm 的间隙，以防止焊接时或操作中承受附加外力。 （3分）

4. 依据《城镇供热管网工程施工及验收规范》CJJ 28—2014 的要求，A 公司对于保温材料还应该检查哪些内容？ （5分）

对于保温材料还应检查：保温层的厚度、密度、压缩强度、吸水率、闭孔率、导热系数；外护管的密度、壁厚、断裂伸长率、拉伸强度、热稳定性。 （5分）

5. 本工程管沟部位需要设置几个补偿器？ （5分）

$\Delta L = \alpha L \Delta t = 12 \times 10^{-6} \times 500 \times (120 - 20) \text{m} = 0.6 \text{m} = 600 \text{mm}$ （2分）

$600 \div 220$ 个 $= 2.73$ 个，取 3 个　　　　　　　　　　　　　　　　　（1分）

因供回水管线均需设置 3 个补偿器，所以管沟部位需要设置的补偿器数量为 6 个。

　　　　　　　　　　　　　　　　　　　　　　　　　　　　　　　　　（2分）

6. 简述波纹管补偿器的优缺点。　　　　　　　　　　　　　　　　　　（5分）

（1）优点：结构紧凑，只发生轴向变形，与方形补偿器相比占据空间位置小。　　（3分）

（2）缺点：制造比较困难，耐压低，补偿能力小，轴向推力大。　　　　　　　（2分）

附录 B　预测模拟试卷（二）

一、单项选择题（共20题，每题1分。每题的备选项中，只有一个最符合题意）

1. 一次铺筑宽度小于路面宽度时，应设置带（　　）的（　　）形式的纵向施工缝。

A. 拉杆，平缝　　　　　　　　　　　　B. 拉杆，假缝

C. 传力杆，平缝　　　　　　　　　　　D. 传力杆，假缝

2. 关于挖土路基施工描述错误的是（　　）。

A. 挖土时应自上向下分层开挖

B. 必须避开构筑物、管线，在距管道边 1m 范围内应采用人工开挖

C. 在距直埋缆线 2m 范围内必须采用人工开挖

D. 过街雨水支管沟槽及检查井周围宜回填土料

3. 沥青路面必须保持较高的稳定性，即（　　）。

A. 路面整体稳定性　　　　　　　　　　B. 路面抗压缩破坏能力

C. 路面抗变形能力　　　　　　　　　　D. 具有较低的温度、湿度敏感性

4. 重力式挡土墙中凸榫的作用是（　　）。

A. 增强刚度　　　　　　　　　　　　　B. 增强整体性

C. 抵抗滑动　　　　　　　　　　　　　D. 降低墙高

5. 在柱式墩台施工中，采用预制混凝土管作为柱身外模时，预制管的安装不符合要求的是（　　）。

A. 上下管节安装就位后，应采用四根竖方木对称设置在管柱四周并绑扎牢固，防止撞击错位

B. 管节接缝应采用水泥砂浆等材料密封

C. 混凝土管柱外模应设斜撑，保证浇筑时的稳定

D. 基础面宜采用凹槽接头，凹槽深度不得小于 30mm

6. 从拱顶截面形心至相邻两拱脚截面形心之连线的垂直距离，被称为（　　）。

A. 净矢高　　　　　　　　　　　　　　B. 计算矢高

C. 净跨径　　　　　　　　　　　　　　D. 矢跨比

7. 沉入桩施工中，沉桩时桩的入土深度是否达到要求是以控制（　　）为主。

A. 入土深度　　　　　　　　　　　　　B. 贯入度

C. 桩顶标高　　　　　　　　　　　　　D. 桩端设计标高

8. 下面关于在拱架上浇筑混凝土拱圈表述不正确的是（　　）。

A. 跨径小于 18m 的拱圈或拱肋混凝土，应按拱圈全宽从两端拱脚向拱顶对称、连续浇筑，并在拱脚混凝土初凝前完成。

B. 不能完成时，则应在拱脚预留一个隔缝，最后浇筑隔缝混凝土

C. 跨径大于等于 16m 的拱圈或拱肋，宜分段浇筑。

D. 拱圈封拱合龙时混凝土强度，设计无要求时，各段混凝土强度应达到设计强度的 75%

9. 泥水式盾构掘进所用泥浆一方面起着稳定开挖面的作用，另一方面的作用是（   ）。

A. 在开挖面形成泥膜

B. 输送渣土

C. 提高开挖面土体强度

D. 平衡开挖面土压和水压

10. 钻孔灌注桩施工时，为防止塌孔与缩径，通常采取措施之一是（   ）。

A. 控制进尺速度

B. 部分回填黏性土

C. 全部回填黏性土

D. 上下反复提钻扫孔

11. 以下关于软土基坑开挖基本规定说法错误的是（   ）。

A. 必须分层、分块、均衡地开挖

B. 基坑应该在一层全部开挖完成后及时施工支撑

C. 必须按设计要求对钢支撑施加预应力

D. 必须按设计要求对锚杆施加预应力

12. 浅埋暗挖法的主要开挖方法中沉降较大的是（   ）。

A. 正台阶法

B. CRD 法

C. 全断面法

D. CD 法

13. 预制沉井施工，如果沉井较深或有严重流沙时应采用（   ）。

A. 排水下沉

B. 不排水下沉

C. 水力机具下沉

D. 机具挖土下沉

14. 在当前污水处理领域，应用最为广泛的处理技术之一是（   ）。

A. 活性污泥处理系统

B. 生物膜法

C. 氧化沟

D. 污水土地处理法

15. 合同实施过程中，凡不属于承包方责任导致项目拖延和成本增加事件发生后的 28d 内，必须以正式函件通知（   ），声明对此事件要求索赔。

A. 建设单位技术负责人

B. 监理工程师

C. 项目经理

D. 施工单位技术负责人

16. 下列支架中，具有形式简单、加工方便等特点，使用广泛的管道活动支架形式是（   ）。

A. 固定支架

B. 导向支架

C. 滑动支架

D. 悬吊支架

17. 金属止水带接头应采用（   ）。

A. 单面焊接

B. 热接

C. 折叠咬接或搭接

D. 绑扎

18. 关于埋设塑料管的沟槽回填技术要求的说法，正确的有（   ）。

A. 管基有效支承角范围内应采用细砂填充密实

B. 管道回填宜在一昼夜中气温最高时段进行

C. 沟槽回填从管底基础部位开始到管顶以上 500mm 范围内，采用机械回填

D. 管道半径以下回填时应采取防止管道上浮、位移的措施

19. 压力管道水压试验进行实际渗水量测定时，宜采用（　　）进行。

A. 内渗法　　　　　　　　　　　　　　B. 外渗法

C. 注浆法　　　　　　　　　　　　　　D. 注水法

20. HDPE 膜试验性焊接要求错误的是（　　）。

A. 每个焊接人员和焊接设备每天焊接前应进行试验性焊接

B. 在技术人员的监督下进行 HDPE 膜试验性焊接

C. 试焊接人员、设备、HDPE 膜材料和机器配备应与生产焊接相同

D. 试验性焊接完成后，测试撕裂强度和抗剪强度

　　二、**多项选择题**（共 10 题，每题 2 分。每题的备选项中，有 2 个或 2 个以上符合题意，至少有 1 个错项。错选，本题不得分；少选，所选的每个选项得 0.5 分）

21. 无机结合料稳定基层质量的检验项目主要有（　　）。

A. 集料级配　　　　　　　　　　　　　B. 混合料配合比

C. 面层厚度　　　　　　　　　　　　　D. 弯沉值

E. 含水量

22. 路面使用指标有（　　）。

A. 承载能力　　　　　　　　　　　　　B. 平整度

C. 温度稳定性　　　　　　　　　　　　D. 水稳性

E. 噪声量

23. 关于正、反循环钻孔施工的说法，正确的有（　　）。

A. 每钻进 4～5m 应验孔一次

B. 设计未要求时，摩擦型桩的沉渣厚度不应大于 300mm

C. 泥浆护壁成孔时根据泥浆补给情况控制钻进速度，保持钻机稳定

D. 发生斜孔、塌孔和护筒周围冒浆、失稳等现象时，应先停钻

E. 钻孔达到设计深度，灌注混凝土之前，孔底沉渣厚度应符合设计要求

24. 管道沟槽槽底局部扰动或受水浸泡时，宜用（　　）回填。

A. 石灰土　　　　　　　　　　　　　　B. 天然级配砂砾石

C. 碎石　　　　　　　　　　　　　　　D. 低强度混凝土

E. 中粗砂

25. 沉井辅助工法有（　　）。

A. 外壁采用阶梯形，井外壁与土体之间应有专人随时用黄沙均匀灌入

B. 触变泥浆套

C. 空气幕助沉

D. 超挖刃脚

E. 刃脚垫石

26. 下列施工工序中，属于无黏结预应力施工工序的有（　　　）。
A. 预留管道　　　　　　　　　　　　B. 安装锚具
C. 张拉　　　　　　　　　　　　　　D. 压浆
E. 封锚

27. 属于污水处理的构筑物有（　　　）。
A. 消化池　　　　　　　　　　　　　B. 配水泵站
C. 闸井　　　　　　　　　　　　　　D. 沉砂池
E. 调流阀井

28. 一级土质基坑，应测项目有（　　　）。
A. 坡顶水平位移　　　　　　　　　　B. 坑底隆起
C. 立柱竖向位移　　　　　　　　　　D. 地下水位
E. 周边建筑水平位移

29. 项目部应每月进行一次劳务实名制管理检查，属于检查的内容有（　　　）。
A. 上岗证　　　　　　　　　　　　　B. 家庭背景
C. 身份证　　　　　　　　　　　　　D. 处罚记录
E. 考勤表

30. 下述（　　　）因素出现后，发承包双方可根据合同约定，对合同价款进行变动的提出、计算和确认。
A. 法律法规变化　　　　　　　　　　B. 工程变更
C. 工程量偏差　　　　　　　　　　　D. 项目经理变更
E. 不可抗力

三、案例分析题（共五题，案例一、二、三每题 20 分，案例四、五每题 30 分）

案 例 一

　　某施工单位中标南方快速路工程第三标段，合同工期为 2019 年 5 月至 2020 年 6 月，全长 4800m。

　　工程开工前，项目部根据工程地质勘察报告，对土壤取样进行颗粒分析，对有机质含量、易溶盐含量、冻胀和膨胀量等进行试验，试验表明土方符合路基填筑要求。

　　施工过程中发生了如下事件。

　　事件一： 路基土方施工进入雨期，施工单位启动了雨期施工方案，方案包括加强与气象站联系，掌握天气预报，安排在不下雨时施工；调整施工步序，集中力量分段施工；增设土方施工设备等措施。

　　事件二： 在填方段施工时，路基碾压出现"弹簧土"现象，施工单位及时进行了处理。

　　第二年秋季，道路部分路段出现路面纵向裂缝，裂缝在道路中心线附近，如图 1 所示，并且远离山体一侧路面有不同程度的沉降，施工单位及时进行了处理。

　　问题：

　　1. 开工前施工单位对路基土还应做哪些试验？

　　2. 补充路基雨期施工的技术措施。

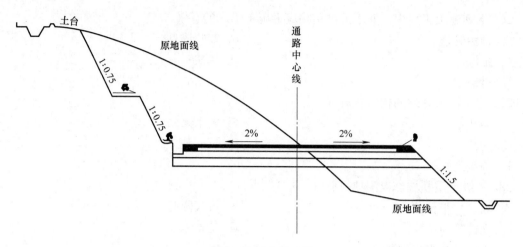

图 1 快速公路工程

3. 分析本工程"弹簧土"形成的主要原因。对路基"弹簧土"现象需如何处理?
4. 路基土方施工中的机械设备有哪些?
5. 试分析路面出现纵向裂缝的原因。

案 例 二

某公司中标给水厂扩建升级工程,主要内容有新建臭氧接触池和活性炭吸附池。其中臭氧接触池为半地下钢筋混凝土结构,混凝土强度等级 C40、抗渗等级 P8。臭氧接触池的平面有效尺寸为 25.3m×21.5m,在宽度方向设有 6 道隔墙,间距 1~3m,隔墙一端与池壁相连,交叉布置;池壁上宽 200mm,下宽 350mm;池底板厚 300mm,C15 混凝土垫层厚 150mm;池顶板厚 200mm;池底板顶面标高 -2.750m,顶板顶面标高 5.850m。现场土质为湿软粉质砂土,地下水位标高 -0.6m。臭氧接触池立面示意图如图 1 所示。

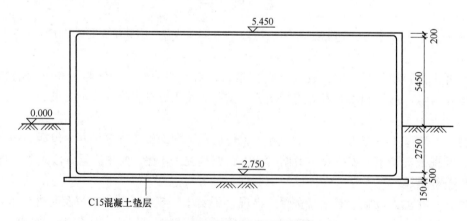

图 1 臭氧接触池立面示意图
(高程单位:m;尺寸单位:mm)

项目部编制的施工组织设计经过论证审批,臭氧接触池施工方案有如下内容:
1)将降水和土方工程施工分包给专业公司。

2）池体分次浇筑，在池底板顶面以上 300mm 和顶板底面以下 200mm 的池壁上设置施工缝；分次浇筑。编号为①底板（导墙）浇筑；②池壁浇筑；③隔墙浇筑；④顶板浇筑。

3）浇筑顶板混凝土采用满堂布置扣件式钢管支（撑）架。监理工程师对现场支（撑）架钢管抽样检测结果显示：壁厚均没有达到规范规定，要求项目部进行整改。

问题：

1. 依据《建筑法》规定，降水和土方工程施工能否进行分包？说明理由。

2. 依据浇筑编号给出水池整体现浇施工顺序（流程）。

3. 列式计算基坑的最小开挖深度和顶板支架高度。

4. 依据住房和城乡建设部《危险性较大的分部分项工程安全管理规定》和计算结果，需要编制哪些专项施工方案？是否需要组织专家论证？

5. 项目部可采取哪些整改措施？

案 例 三

A 公司中标城市排水管线工程，工程开工前，项目技术负责人就以下各工序进行了全面技术交底：①沟槽开挖与支撑；②砌筑检查井；③管道基础；④管道安装；⑤下管；⑥沟槽内排水沟；⑦沟槽回填；⑧功能性试验。

井室（见图 1）为砖砌矩形检查井，检查井内部采用砂浆抹面，项目部要求如下：墙壁表面清理干净，并洒水湿润，抹面分两道进行，抹面砂浆终凝后，进行保湿养护，不少于14 天。混凝土盖板从构件厂运至施工现场暂存，盖板安装时发现，多块盖板正中部位有通透性裂缝，经调查，事故属于施工单位自己卸车摆放盖板垫方木位置不当造成的。

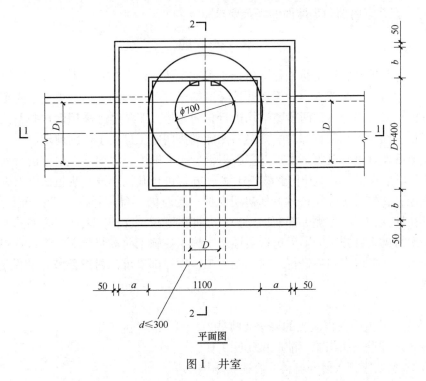

图 1　井室

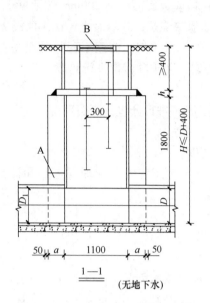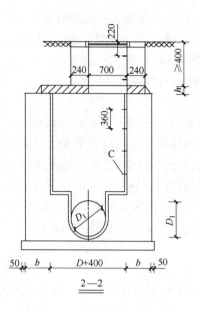

图1　井室（续）

问题：

1. 对本工程背景资料中各工序进行排序（用序号即可）。

2. 写出图中 A、B、C 的名称，简述其作用，并指出图中 a、h 各代表什么。

3. 造成井室混凝土盖板通透裂缝最有可能的原因是什么？

4. 补充检查井室内部砂浆抹面的其余要求。

案 例 四

甲公司中标某地铁轨道交通工程，包括1号、2号、3号三座车站和两段区间隧道。施工单位进场后进行了现况调查，为保证开挖隧道的土方可以顺利外运，决定三座车站同时施工，车站开挖至设计高程后，两段隧道均进行相向开挖。车站竖井采用倒挂井壁法施工，2#车站为本工程中间位置，项目部对竖井左右两侧马头门施工进行了详细规定。

竖井完成后监理进行验收，发现井壁喷射混凝土有缺陷，要求施工单位进行处理。

隧道部分段落采用"环形开挖留核心土法"方式进行开挖，该方法包括以下工序：①上台阶环形开挖；②核心土开挖；③上部初期支护；④左侧下台阶开挖；⑤右侧下台阶开挖；⑥左侧下部初期支护；⑦右侧下部初期支护；⑧仰拱开挖、支护。工序位置如图1所示。

隧道一次衬砌全部施工完毕后进行柔性防水施工。施工前按照要求对防水基层进行了处理，柔性防水施工验收合格后进行二衬结构施工，项目部要求二衬细部节点的做法依据图2和图3形式进行施工。

问题：

1. 车站竖井井壁喷射混凝土的要求有哪些？

2. 2号车站井壁马头门施工前应做哪些工作？

3. 图1中 A 处应打入何种材料？简述其作用。

4. 写出工序1~8的正确排序（以符号加→作答）。

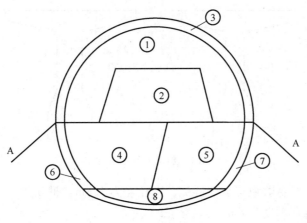

图 1　工序位置

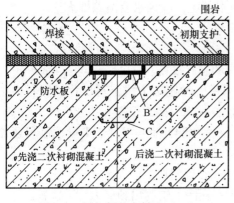

图 2　二衬细部节点做法（一）

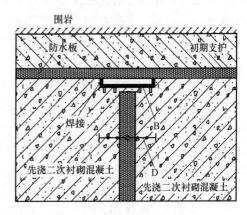

图 3　二衬细部节点做法（二）

5. 补充隧道支护结构和周围岩土体监测项目中的应测项目。

6. 图 2 和图 3 分别为施工缝和变形缝的细部节点做法，请写出哪个是变形缝，哪个是施工缝？写出 B、C、D 的名称。

案　例　五

某市内跨越长江桥梁工程，桥跨布置为（40m×3）×14 +（118 + 246 + 118）m +（40m×3）×15，单幅桥宽 11.5m，双幅桥间中央分隔带宽 1.5m。主桥上部结构为钢箱梁斜拉桥，引桥处坡度较大，上部结构为 40m 后张法预应力混凝土 T 梁（单幅设五片，每片 T 梁布设三个预应力管道，每管道布设 9 束 $\phi 15.24mm$ 钢绞线），预应力 T 梁断面如图 1 所示。其中一个是 T 梁端部断面，另一个是 T 梁跨中断面。本工程 T 梁采用集中预制，T 梁架设前，在预制场完成各施工工序所需要的常用主要机械设备包括成套模板、钢筋制作及安装设备，混凝土浇筑成套设备，压浆设备等。

桥梁所跨水域运输条件良好，河道上下游能通行的最近桥梁在 10km 以外，引桥均处于农田地带，征地困难。本桥拟采用穿巷式架桥机或跨墩龙门吊进行 T 梁架设。

桥梁基础设计均为钻孔灌注桩，其中引桥及主桥过渡墩均为摩擦桩，直径均为 1.5m，

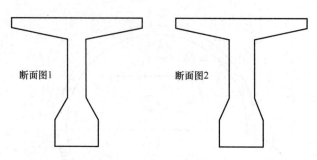

图1　预应力T梁断面

桩长为41～45m；主桥主墩为支承柱群桩，直径均为1.8m，桩长为55～58m，设计要求每根支承桩嵌入硬质岩层深度为8m。

主墩所在水域年常水位标高66m，年最高水位67.5m，年最低水位64.3m，主墩河床底标高49.3m，河床覆土较薄；主墩承台顶设计标高49m，承台底标高44.5m。主墩承台施工工序包括：①封底；②绑扎钢筋；③围堰；④浇筑混凝土；⑤抽水及凿除桩头。

本工程合同工期1年。

问题：

1. 分别写出该桥引桥、主桥桩基础施工可采用的钻孔设备。

2. 结合案例背景资料，完成主墩承台施工宜采用哪种围堰方式？写出背景资料中主墩承台施工工序①～⑤的正确排序（以"④→①→③→……"格式作答）。

3. 列式计算引桥T梁数量；结合背景资料，该桥预制场宜设几个？T梁预制场还需配备哪两种主要机械设备？

4. 结合背景资料，该引桥适宜采用哪种架桥方式？说明理由。

5. 断面图1、断面图2哪个是T梁跨中断面图？在图上绘制出预应力管道位置图。

6. 如果普通钢筋与预应力筋位置冲突，应如何处理？

【参考答案】

一、单项选择题

1.【答案】　A

【解析】　本题主要考核混凝土路面的施工缝设置。

纵向施工缝是根据路面宽度和施工铺筑宽度设置。一次铺筑宽度小于路面宽度时，应设置带拉杆的平缝形式的纵向施工缝。一次铺筑宽度大于4.5m时，应设置带拉杆的假缝形式的纵向缩缝，纵缝应与线路中线平行。

2.【答案】　D

【解析】　本题主要考核挖土路基施工。

当路基设计标高低于原地面标高时，需要挖土成型——挖方路基。

（1）路基施工前应将现况地面上积水排除、疏干，将树根坑、坟坑、井穴等部位进行技术处理。

（2）根据测量中线和边桩开挖。

（3）挖土时应自上向下分层开挖，严禁掏洞开挖。机械开挖时，必须避开构筑物、管线，在距管道边1m范围内应采用人工开挖；在距直埋缆线2m范围内必须采用人工开挖。挖方段不得超挖，应留有碾压到设计标高的压实量。

（4）压路机不小于12t级，碾压应自路两边向路中心进行，直至表面无明显轮迹为止。

（5）碾压时，应视土的干湿程度而采取洒水或换土、晾晒等措施。

（6）过街雨水支管沟槽及检查井周围应用石灰土或石灰粉煤灰砂砾填实。

3.【答案】　D

【解析】　本题主要考核路面使用指标中的温度稳定性。

路面材料特别是表面层材料，长期受到水文、温度、大气因素的作用，材料强度会下降，材料性状会变化，如沥青面层老化，弹性、黏性、塑性逐渐丧失，最终路况恶化，导致车辆运行质量下降。为此，路面必须保持较高的稳定性，即具有较低的温度、湿度敏感度。

4.【答案】　C

【解析】　本题主要考核常见挡土墙的结构形式及特点，见下表。

常见挡土墙的结构形式及特点　　　　　　　　　　表 1K411016

类型	结构示意图	结构特点
重力式	路中心线	1）依靠墙体自重抵挡土压力作用 2）一般用浆砌片（块）石砌筑，缺乏石料地区可用混凝土砌块或现场浇筑混凝土 3）形式简单，就地取材，施工简便
重力式	墙趾　钢筋　凸榫	1）依靠墙体自重抵挡土压力作用 2）在墙背设少量钢筋，并将墙趾展宽（必要时设少量钢筋）或基底设凸榫抵抗滑动 3）可减薄墙体厚度，节省混凝土用量

5.【答案】　D

【解析】　本题主要考核柱式墩台施工。

（1）模板、支架稳定计算中应考虑风力影响。

（2）墩台柱与承台基础接触面应凿毛处理，清除钢筋污锈。浇筑墩台柱混凝土时，应铺同配合比的水泥砂浆一层。墩台柱的混凝土宜一次连续浇筑完成。

（3）柱身高度内有系梁连接时，系梁应与柱同步浇筑。V形墩柱混凝土应对称浇筑。

（4）采用预制混凝土管作为柱身外模时，预制管安装应符合下列要求：

1）基础面宜采用凹槽接头，凹槽深度不得小于50mm。

2）上下管节安装就位后，应采用四根竖方木对称设置在管柱四周并绑扎牢固，防止撞击错位。

3）混凝土管柱外模应设斜撑，保证浇筑时的稳定。

4）管节接缝应采用水泥砂浆等材料密封。

6.【答案】　B

【解析】　本题主要考核桥梁相关常用术语。

计算矢高：从拱顶截面形心至相邻两拱脚截面形心之连线的垂直距离。

7.【答案】　D

【解析】　本题主要考核沉入桩施工技术要点。

（1）预制桩的接桩可采用焊接、法兰连接或机械连接，接桩材料工艺应符合规范要求。

（2）沉桩时，桩帽或送桩帽与桩周围间隙应为 5～10mm；桩锤、桩帽或送桩帽应和桩身在同一中心线上；桩身垂直度偏差不得超过 0.5%。

（3）沉桩顺序：对于密集桩群，自中间向两个方向或四周对称施打；根据基础的设计标高，宜先深后浅；根据桩的规格，宜先大后小，先长后短。

（4）施工中若锤击有困难时，可在管内助沉。

（5）桩终止锤击的控制应视桩端土质而定，一般情况下以控制桩端设计标高为主，贯入度为辅。

（6）沉桩过程中应加强邻近建筑物、地下管线等的观测、监护。

（7）在沉桩过程中发现以下情况应暂停施工，并应采取措施进行处理：①贯入度剧变；②桩身突然倾斜、平移；③桩身严重回弹；④桩顶或桩身出现严重裂缝、破碎。

8.【答案】　A

【解析】　本题主要考核在拱架上浇筑混凝土拱圈。

（1）跨径小于 16m 的拱圈或拱肋混凝土，应按拱圈全宽从两端拱脚向拱顶对称、连续浇筑，并在拱脚混凝土初凝前全部完成。不能完成时，则应在拱脚预留一个隔缝，最后浇筑隔缝混凝土。

（2）跨径大于或等于 16m 的拱圈或拱肋，宜分段浇筑。分段位置，拱式拱架宜设置在拱架受力反弯点、拱架节点、拱顶及拱脚处；满布式拱架宜设置在拱顶、1/4 跨径、拱脚及拱架节点等处。

（3）拱圈（拱肋）封拱合龙时混凝土强度应符合设计要求，设计无要求时，各段混凝土强度应达到设计强度的 75%。

9.【答案】　B

【解析】　本题主要考核泥水平衡盾构掘进特点。

泥水平衡盾构掘进过程中，一方面用泥浆维持开挖面的稳定，一方面用机械开挖方式来开挖。渣土由泥浆输送到地面。

10.【答案】　A

【解析】　本题主要考核钻孔灌注桩施工质量事故与预防。

钻（冲）孔灌注桩穿过较厚的砂层、砾石层时，成孔速度应控制在 2m/h 以内，泥浆性能主要控制其密度为 1.3～1.4g/cm³、黏度为 20～30s、含砂率不大于 6%。若孔内自然造浆不能满足以上要求时，可采用加黏土粉、烧碱、木质素的方法，改善泥浆的性能。通过对泥浆的除砂处理，可控制泥浆的密度和含砂率。没有特殊原因，钢筋骨架安装后应立即灌注混凝土。

11.【答案】　B

【解析】　本题主要考核基坑开挖基本要求。

软土基坑必须分层、分块、对称、均衡地开挖，分块开挖后必须及时支护。对于有预应力要求的钢支撑或锚杆，还必须按设计要求施加预应力。当基坑开挖面上方的支撑、锚杆和土钉未达到设计要求时，严禁向下开挖。

12.【答案】 D

【解析】 本题主要考核掘进（开挖）方式及其选择条件。

中隔壁法（CD 法）沉降较大，其他三种沉降均为一般。

13.【答案】 B

【解析】 本题主要考核预制沉井施工方法。

预制沉井施工通常采取排水下沉沉井方法和不排水下沉沉井方法。前者适用于渗水量不大，稳定的黏性土；后者适用于比较深的沉井或有严重流沙的情况。

14.【答案】 A

【解析】 本题主要考核污水处理工艺流程。

在当前污水处理领域，活性污泥处理系统是应用最为广泛的处理技术之一，曝气池是其反应器。

15.【答案】 B

【解析】 本题主要考核承包人索赔的程序。

索赔事件发生 28 天内，向监理工程师发出索赔意向通知。合同实施过程中，凡不属于承包人责任导致项目拖延和成本增加事件发生后的 28 天内，必须以正式函件通知监理工程师，声明对此事件要求索赔，同时仍需遵照监理工程师的指令继续施工；逾期提出时，监理工程师有权拒绝承包方的索赔要求。

16.【答案】 C

【解析】 本题主要考核支吊架的分类与特点。

滑动支架是能使管道与支架结构间自由滑动的支架，其主要承受管道及保温结构的重量和因管道热位移摩擦而产生的水平推力。滑动支架形式简单，加工方使用广泛。

17.【答案】 C

【解析】 本题主要考核金属止水带的安装。

金属止水带接头应按其厚度分别采用折叠咬接或搭接；搭接长度不得小于 20mm，咬接或搭接必须采用双面焊接。

18.【答案】 D

【解析】 本题主要考核柔性管道回填。

沟槽回填从管底基础部位开始到管顶以上 500mm 范围内，必须采用人工回填；管顶 500mm 以上部位，可用机械从管道轴线两侧同时夯实；每层回填高度应不大于 200mm；管底有效支承角范围内应采用中粗砂填充密实，与管壁紧密接触，不得用土或其他材料填充；管道半径以下回填时应采取防止管道上浮、位移的措施；管道回填时间宜在一昼夜中气温最低时段，从管道两侧同时回填，同时夯实。

19.【答案】 D

【解析】 本题主要考核压力管道水压试验的基本规定。

水压试验进行实际渗水量测定时，宜采用注水法进行。

20.【答案】 B

【解析】　本题主要考核 HDPE 膜试验性焊接。

1）每个焊接人员和焊接设备每天在进行生产焊接之前应进行试验性焊接。

2）在每班或每日工作之前，须对焊接设备进行清洁、重新设置和测试，以保证焊缝质量。

3）在监理的监督下进行 HDPE 膜试验性焊接，检查焊接机器是否达到焊接要求。

4）试焊接人员、设备、HDPE 膜材料和机器配备应与生产焊接相同。

5）焊接设备和人员只有成功完成试验性焊接后，才能进行生产焊接。

6）热熔焊接试焊样品规格为 300mm×2000mm，挤压焊接试焊样品规格为 300mm×1000mm。

7）试验性焊接完成后，割下 3 块 25.4mm 宽的试块，测试撕裂强度和抗剪强度。

二、多项选择题

21.【答案】　ABE

【解析】　本题主要考核无机结合料质量检验。

石灰稳定土、水泥稳定土、石灰粉煤灰稳定砂砾等无机结合料稳定基层质量检验项目主要有：集料级配、混合料配合比、含水量、拌和均匀性、基层压实度、7 天无侧限抗压强度等。

22.【答案】　ABCE

【解析】　本题主要考核路面使用指标。

路面使用指标：①承载能力；②平整度；③温度稳定性；④抗滑能力；⑤噪声量。

需要注意的是，2020 版教材中有透水性，2021 教材删除了此项。

23.【答案】　BCDE

【解析】　本题主要考核反循环钻机成孔。

（1）泥浆护壁成孔时，根据泥浆补给情况控制钻进速度；保持钻机稳定。

（2）钻进过程中如发生斜孔、塌孔和护筒周围冒浆、失稳等现象时，应先停钻，采取相应措施后再进行钻进。

（3）钻孔达到设计深度，灌注混凝土之前，孔底沉渣厚度应符合设计要求。设计未要求时端承型桩的沉渣厚度不应大于 100mm；摩擦型桩的沉渣厚度不应大于 300mm。

A 选项属于冲击钻成孔要求。

24.【答案】　AB

【解析】　本题主要考核沟槽开挖规定。

槽底不得受水浸泡或受冻，槽底局部扰动或受水浸泡时，宜采用天然级配砂砾石或石灰土回填；槽底扰动土层为湿陷性黄土时，应按设计要求进行地基处理。

25.【答案】　ABC

【解析】　本题主要考核沉井辅助法下沉。

（1）沉井外壁采用阶梯形以减少下沉摩擦阻力时，在井外壁与土体之间应有专人随时用黄沙均匀灌入，四周灌入，黄沙的高度差不应超过 500mm。

（2）采用触变泥浆套助沉时，应采用自流渗入、管路强制压注补给等方法；触变泥浆的性能应满足施工要求，泥浆补给应及时以保证泥浆液面高度；施工中应采取措施，防止泥浆套损坏失效，下沉到位后应进行泥浆置换。

（3）采用空气幕助沉时，管路和喷气孔、压气设备及系统装置的设置应满足施工要求；开气应自上而下，停气应缓慢减压，压气与挖土应交替作业；确保施工安全。

（4）沉井采用爆破方法开挖下沉时，应符合国家有关爆破安全的规定。

26.【答案】　BCE

【解析】　本题主要考核无黏结预应力施工工序流程。

钢筋施工→安装内模板→铺设非预应力筋→安装托架筋、承压板、螺旋筋→铺设无黏结预应力筋→外模板→混凝土浇筑→混凝土养护→拆模及锚固肋混凝土凿毛→割断外露塑料套管并清理油脂→安装锚具→安装千斤顶→同步加压→量测→回油撤泵→锁定→切断无黏结筋（留 100mm）→锚具及钢绞线防腐→封锚混凝土。

预留孔道和压浆属于有黏结预应力施工程序。

27.【答案】　ACD

【解析】　本题主要考核水处理构筑物的组成。

此考点为高频考点，主要是区分给水构筑物和排水构筑物。污水处理构筑物包括污水进水闸井、进水泵房、格栅间、沉砂池、初次沉淀池、二次沉淀池、曝气池、配水井、调节池、生物反应池、氧化沟、消化池、计量槽、闸井等。

28.【答案】　ACD

【解析】　本题主要考核土质基坑监测项目（见下表）。

这是历年高频考点，选择、案例都会考到，2021 年教材有修改，需要重点掌握。

土质基坑监测项目　　　　　　　　　表 1K417022-1

监测项目		基坑工程安全等级		
		一级	二级	三级
围护墙（边坡）顶部水平位移		应测	应测	应测
围护墙（边坡）顶部竖向位移		应测	应测	应测
深层水平位移		应测	应测	宜测
立柱竖向位移		应测	应测	宜测
围护墙内力		宜测	可测	可测
支撑轴力		应测	应测	宜测
立柱内力		可测	可测	可测
锚杆轴力		应测	宜测	可测
坑底隆起		可测	可测	可测
围护墙侧向土压力		可测	可测	可测
孔隙水压力		可测	可测	可测
地下水位		应测	应测	应测
土体分层竖向位移		可测	可测	可测
周边地表竖向位移		应测	应测	宜测
周边建筑	竖向位移	应测	应测	应测
	倾斜	应测	宜测	可测
	水平位移	宜测	可测	可测

（续）

监 测 项 目		基坑工程安全等级		
		一级	二级	三级
周边建筑裂缝、地表裂缝		应测	应测	应测
周边管线	竖向位移	应测	应测	应测
	水平位移	可测	可测	可测
周边道路竖向位移		应测	宜测	可测

29.【答案】　ACE

【解析】　本题主要考核实名制管理的范围、内容。

项目部应每月进行一次劳务实名制管理检查。检查内容主要包括劳务管理员身份证、上岗证；劳务人员花名册、身份证、岗位技能证书、劳动合同证书；考勤表、工资表、工资发放公示单；劳务人员岗前培训、继续教育培训记录；社会保险缴费凭证。不合格的劳务企业应限期进行整改，逾期不改的要予以处罚。

30.【答案】　ABCE

【解析】　本题主要考核合同价款调整。

在合同价款调整因素出现后，发、承包现方根据合同约定，对合同价款进行变动的提出、计算和确认，一般规定：①法律法规变化；②工程变更；③项目特征不符；④工程量清单缺项；⑤工程量偏差；⑥计日工；⑦物价变化；⑧暂估价；⑨不可抗力；⑩提前竣工（赶工补偿）；⑪误期赔偿；⑫索赔；⑬现场签证；⑭暂列签证；⑮发、承包双方约定的其他调整事项。

三、案例分析题

案　例　一

1. 开工前施工单位对路基土还应做哪些试验？　（3分）

还应进行天然含水量、液限、塑限、标准击实、CBR试验。　（3分）

2. 补充路基雨期施工的技术措施。　（5分）

(1) 有计划地组织快速施工，分段开挖，切忌全面开挖或挖段过长。　（1分）

(2) 挖方地段要留好横坡，做好截水沟。坚持当天挖完、压完，不留后患。　（1分）

(3) 因雨翻浆地段，要换料重做。　（1分）

(4) 填方地段施工，应按2%~3%的横坡整平压实，以防积水。　（1分）

(5) 建立完善排水系统，防排结合；并加强巡视，发现积水、挡水处，及时疏通。　（1分）

3. 分析本工程"弹簧土"形成的主要原因，对路基"弹簧土"现象需如何处理？（5分）

(1) 主要原因：

1) 没有做试验段。

2) 压实遍数不合理。

3) 压路机质量偏小。

4）填土松铺厚度过大。

5）碾压不均匀。

6）含水量大于最佳水量。

7）没有对前一层表面浮土或松软层进行处治。　　　　　（写对 3 条以上得 3 分）

（2）处理措施：

1）清除碾压层下软弱层，换填良性土壤后重新碾压。

2）对产生"弹簧"的部位，可将其过湿土翻晒，拌和均匀后重新碾压，或者挖除换填含水量适宜的良性土壤后重新碾压。

3）对产生"弹簧"且急于赶工的路段，可掺生石灰粉翻拌，待其含水量适宜后重新碾压。　　　　　　　　　　　　　　　　　　　　　　（写对 2 条得 2 分）

4. 路基土方施工中的机械设备有哪些？　　　　　　　　　　　　　　（3 分）

装载机、推土机、铲运机、土方运输车、平地机、挖掘机。　　　　　（3 分）

5. 试分析路面出现纵缝的原因。　　　　　　　　　　　　　　　　　（4 分）

（1）此路段为半填半挖形式，会有不均匀沉降。　　　　　　　　　（1 分）

（2）填土侧边坡陡峭，施工过程中未将原地面线挖填分界线处进行修台阶处理。　（2 分）

（3）填土一侧层间压实度不合格或检测有遗漏。　　　　　　　　　　（1 分）

（4）边坡及路肩防水措施不利。　　　　　　　　　　　　　　　　　（1 分）

案　例　二

1. 根据建筑法规定，降水和土方工程施工能否进行分包？说明理由。　（3 分）

（1）可以进行分包。　　　　　　　　　　　　　　　　　　　　　　（1 分）

（2）理由：降水及土方工程不属于主体工程，是非关键性工程，按照相关规定，可以进行分包，但要经过建设单位认可。　　　　　　　　　　　　　　　（2 分）

2. 依据浇筑编号给出水池整体现浇施工顺序（流程）。　　　　　　　（4 分）

施工顺序为①→②→③→④。　　　　　　　　　　　　　　　　　　（4 分）

3. 列式计算基坑的最小开挖深度和顶板支架高度。　　　　　　　　　（4 分）

（1）基坑最小开挖深度：0.000m － （ － 2.750）m ＋ 0.3m ＋ 0.15m ＝ 3.2m。　（2 分）

（2）顶板支架高度：5.850m － 0.2m － （ － 2.750）m ＝ 8.4m，或 5.650m ＋ 2.750m ＝ 8.4m。　　　　　　　　　　　　　　　　　　　　　　　　　　　　　（2 分）

4. 依据住建部《危险性较大的分部分项工程安全管理规定》和计算结果，需要编制哪些专项施工方案？是否需要专家论证。　　　　　　　　　　　　　　　（6 分）

（1）需要编制深基坑土方开挖、支护、降水专项施工方案，混凝土模板工程及支撑体系专项施工方案、起重吊装及起重机械安装拆卸工程专项施工方案。　　（3 分）

（2）需要进行专家论证的有模板工程及支撑体系专项施工方案。按照危险性较大的分部分项工程安全管理规定，模板搭设高度大于 8m 时应组织专家论证。　（3 分）

5. 项目部可采取哪些整改措施？　　　　　　　　　　　　　　　　　（3 分）

可采取的整改措施：将已经搭设的支架拆除，将现场壁厚不足的钢管一起退场处理，不得继续使用，重新进场更换壁厚符合规范要求的钢管。　　　　　　　（3 分）

案 例 三

1. 对本工程背景资料中各工序进行排序（用序号即可）。　　　　　　（3分）

排序为①→⑥→③→⑤→④→⑥→⑧→⑦。

2. 写出图中 A、B、C 的名称，简述其作用，并指出图中 a、h 各代表什么。　（7分）

（1）A 为砖碹。作用是保证管道不受压。　　　　　　　　　　　（每条1分）

（2）B 为井盖。作用是密封保证道路平整畅通。　　　　　　　　（每条1分）

（3）C 为踏步（爬梯）。作用是人员上下井室。　　　　　　　　　（1分）

（4）a 代表井室的墙体厚度；h 代表井室盖板的厚度。　　　　　　（每条1分）

3. 造成井室混凝土盖板通透裂缝最有可能的原因是什么？

最有可能的原因是混凝土盖板下面的垫木放在了盖板的中间，中间垫方木，造成盖板上面受拉，所以出现了通透裂缝。因为盖板的钢筋是下部钢筋受拉，所以只能在盖板边缘受支撑力，即垫木放在盖板的两个边缘位置，才能保证盖板受力的稳定性，避免盖板中部受拉，产生通透性裂缝。　　　　　　　　　　　　　　　　　　　　　　　　（5分）

4. 补充检查井室内部砂浆抹面的其余要求。

砂浆抹面还应注意：第一道抹面应刮平，使表面造成粗糙纹；第二道抹平后，应分两次压实抹光。抹面应压实抹平，施工缝留成阶梯形；接槎时，应先将留槎部位均匀涂刷水泥浆一道，并依次抹压，使接槎严密；阴阳角应抹成圆角。　　　　　　　　　　　（5分）

案 例 四

1. 车站竖井井壁喷射混凝土的要求有哪些？　　　　　　　　　　　（5分）

喷射混凝土的原材料、配合比、强度和厚度等应符合设计要求。应自下而上进行喷射，喷头与墙壁距离适中，不得使用回弹料；喷射混凝土应密实、平整，不得出现裂缝、脱落、漏喷、露筋、空鼓和渗漏水等现象。　　　　　　　　　　　　　　　　　（5分）

2. 2号车站井壁马头门施工前应做哪些工作？　　　　　　　　　　（5分）

（1）竖井初期支护施工至马头门处应预埋暗梁及暗桩，并应沿马头门拱部外轮廓线打入超前小导管，注浆加固地层。　　　　　　　　　　　　　　　　　　　（3分）

（2）破除马头门前，应做好马头门区域的竖井或隧道的支撑体系的受力转换。　（2分）

3. 图1中 A 处应打入何种材料？简述其作用。　　　　　　　　　　（5分）

（1）锁脚锚杆。　　　　　　　　　　　　　　　　　　　　　　（2分）

（2）作用为稳定拱脚，加固围岩，开挖下部时超前支护。　　　　　（3分）

4. 写出工序 1~8 的正确排序（以符号加→作答）。　　　　　　　　（5分）

正确排序为①→③→②→④→⑥→⑤→⑦→⑧。　　　　　　　　　（5分）

5. 补充隧道支护结构和周围岩土体监测项目中的应测项目。　　　　　（5分）

应测项目为初期支护结构拱顶沉降、初期支护结构净空收敛、地表沉降、地下水位。　　　　　　　　　　　　　　　　　　　　　　　　　　　　　　　（5分）

6. 图2和图3分别为施工缝和变形缝的细部节点做法，请写出哪个是变形缝，哪个是施工缝？写出 B、C、D 的名称。　　　　　　　　　　　　　　　　　（5分）

（1）图2为施工缝，图3为变形缝　　　　　　　　　　　　　　　（2分）

（2）B 为外贴式橡胶止水带；C 为止水钢板（金属止水带）；D 为中埋式橡胶止水带。

（3 分）

案 例 五

1. 分别写出该桥引桥、主桥桩基础施工可采用的钻孔设备。 （5 分）

（1）引桥桩基础可选用旋挖钻孔机、冲击钻机、正循环回转钻、反循环回转钻。 （3 分）

（2）主桥桩基础可选用冲击钻机。 （2 分）

2. 结合案例背景资料，完成主墩承台施工宜采用哪种围堰方式？写出背景资料中主墩承台施工工序①～⑤的正确排序（以"④→①→③→……"格式作答）。 （5 分）

（1）宜采用的围堰方式。

1）本工程跨越长江，主桥下方为大型河流。 （1 分）

2）所需围堰的最小高度为 67.5m−49.3m＝18.2m，属深水基础，河床覆盖层较薄。

（1 分）

所以，完成主墩承台施工宜采用双壁钢围堰。 （1 分）

（2）正确排序为③→①→⑤→②→④。 （2 分）

3. 列式计算引桥 T 梁数量；结合背景资料，该桥预制场宜设几个？T 梁预制场还要配备哪两种主要机械设备？ （5 分）

（1）引桥 T 梁数量为 5×2×3×14＋5×2×3×15＝870（片）。 （2 分）

（2）由于引桥 T 梁数量总数是 870 片，数量较多；合同工期 1 年，工期较短，预制厂宜设置两个，两岸各一个。 （1 分）

（3）还需配备张拉设备和混凝土养护设备。 （2 分）

4. 结合背景资料，引桥适宜采用哪种架桥方式？说明理由。 （5 分）

（1）引桥适宜采用穿巷式架桥机进行架设。 （2 分）

（2）理由：

1）因为引桥处征地困难，穿巷式架桥机相对于跨墩龙门架设法占地少。 （1 分）

2）跨墩龙门架设对地形要求高，要求地形相对平坦，而穿巷式架桥机不受地形影响。

（1 分）

3）桥跨数多且各孔跨径一致，穿巷式架桥机架设速度比跨墩龙门吊架设速度要快 （1 分）

5. 断面图 1、断面图 2 哪个是 T 梁跨中断面图？在图上绘制出预应力管道位置。 （6 分）

（1）断面图 1 为跨中断面图。 （3 分）

（2）其中的预应力管道位置如下图所示。

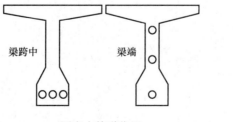

预应力管道位置 （3 分）

6. 如果普通钢筋与预应力筋位置冲突, 应如何处理? （4分）

（1）冲突时, 应尽量避免切断普通钢筋, 可移动普通钢筋位置, 不得改变预应力筋的设计位置。 （2分）

（2）若必须切割普通钢筋, 应征得设计人员同意, 在切断钢筋内侧补充相同数量和直径的竖向拉筋, 且需与结构表层钢筋网牢固连接, 不得浮置。 （2分）